论道路美学

熊广忠 著

人民交通出版社
China Communications Press

内 容 提 要

本书收录了熊广忠教授有关道路美学方面的论文共19篇。论文发表虽已有十多年,至今仍有学术价值,值得在道路建设实践中进一步拓展。

本书适合从事道路景观设计及相关行业人员参考。

图书在版编目(CIP)数据

论道路美学/熊广忠著. —北京:人民交通出版社,2009.8

ISBN 978-7-114-07944-3

Ⅰ.论… Ⅱ.熊… Ⅲ.道路工程—建筑美学 Ⅳ.U41-05

中国版本图书馆CIP数据核字(2009)第138983号

书　　名:论道路美学
著 作 者:熊广忠
责任编辑:高　培
插图设计:高静芳
出版发行:人民交通出版社
地　　址:(100011)北京市朝阳区安定门外外馆斜街3号
网　　址:http://www.ccpress.com.cn
销售电话:(010)59757969,59757973
总 经 销:北京中交盛世书刊有限公司
印　　刷:北京市密东印刷有限公司
开　　本:787×960　1/16
印　　张:15.5
插　　页:1
字　　数:304千
版　　次:2009年8月第1版
印　　次:2009年8月第1次印刷
书　　号:ISBN 978-7-114-07944-3
定　　价:32.00元
(如有印刷、装订质量问题的图书由本社负责调换)

序

改革开放30年,特别是世纪之交的十多年,我国开展了全球最大规模的交通基础设施建设,公路工程编织着中华锦绣大地。

2008年底我国公路网总里程已达373万公里(包括农村公路172万公里),换句话说,30年间新建公路284万公里(其中包括113万公里农村公路),年增新路9万公里。高速公路从无到有,1988年实现"零的突破"以后的20年间建设里程达到6.03万公里,跃居世界第二位。公路建设者的丰功伟绩永载史册。

世纪之交的公路工程建设中,交通建设者不断提升"统筹人与自然和谐发展"的科学理念,越来越重视交通工程的美学与景观设计。

熊广忠教授在20世纪80年代到90年代在西安公路学院(公路系)、西北建筑工程学院(建筑系)任教期间,长期从事道路美学研究,撰写了我国第一部《城市道路美学》专著和《试论公路美学研究与应用》等公路、城市道路、交通美学方面的系列论文。近年来他又从事交通建设监理工作,主编过《工程建设监理实用手册》等多部著作。

本论文集收录了熊广忠教授有关道路美学方面的论文共十九篇。

论文通过动视觉原理,研究用路者以不同车速在道路上运动,道路与周围环境随时间变化的四维空间形象,亦即分析路线自身协调(四维线形)、路线与周围环境协调(四维空间景观),以及用动视觉原理研究的公路绿化理论等。这些研究为公路景观与环境设计、公路景观评价,提出了一些新的理念与手法。论文发表虽已有十多年,至今仍有学术价值,值得在道路建设实践中进一步拓展。

建设资源节约、环境友好、经济适用的公路系统是时代赋予的光荣使命，希望这本论文集的出版，能为道路美学研究的“百花园”增光添彩。

（中国交通建设监理协会理事长，交通部原总工程师）

2009 年 5 月 22 日

前　言

道路美学(城市街道美学)研究的历史比较久远,关于街道构图、城市广场均有很多论著,但不少专家认为在现代交通条件下(城市交通现代化、立体化),一些传统的思想与构图方法显然有些陈旧,难以适应建设现代化城市的需要。F·吉伯德[英]讲"建筑艺术已趋向脱离城市设计,而由道路工程的科学代替了建筑艺术"。凯温·林奇[美]的名著《都市意象》一书中是通过人们在道路上的活动来阐述一个美的城市概念(意象)。20世纪50年代后汽车交通迅猛发展,公路美学引起了人们的重视,1970年德国的汉斯·洛伦斯著有《公路线形与环境设计》,1971年日本有大塚胜美、木伦正美合作的《公路线形设计》,美国1977年也编撰了《实用公路美学》一书,20世纪70年代前苏联也先后出版了《公路美学》、《公路景观设计规范》等著作,这些反映了那个时期国际上公路线形设计与环境设计方面的最新成就。

1972年OECD道路研究小组在"双车道设计与交通流"一文中总结了二十世纪公路设计发展的三个阶段:

第一阶段:注重车行道的铺面(笔者注:汽车在交通初期主要解决公路泥泞、晴雨通车及提高铺面强度等问题);

第二阶段:注重通行能力与安全(笔者注:车辆增加车速提高,因此提高道路通行能力与行车安全等问题提上日程);

第三阶段:建设在美学上、社会上、环境上经济适用的公路系统(笔者注:这是当今公路设计的方向,即公路不仅是几何设计对象,而且是景观、环境设计对象)。

在上述著作中对三维空间几何线形设计、公路环境设计多有论述,但尚未见到应用现代交通条件下由于车速提高视觉特性的变化，也就是应用动视觉特性（原理）等技术进步带来的新概念来系统阐述公路与城市道路美学原理的论著，即用这些新概念研究用路者乘坐交通工具在不同车速的情况下，视野中的道路线形及各项景观元素随时间变化的四维空间形象。

因此，笔者从用路者动视觉特性出发，对公路美学原理进行了构思，从1983年起在国内率先发表了“试论当前我国公路美学的应用问题”一文，文章宣读后引起交通工程学界的重视，陕西省公路局请笔者在全省公路系统领导班子里宣讲公路美学原理，紧接着又开展创建“美化路段”活动，继而又将“美化路段”在全国宣传，推动了后续的“GBM”工程，即公路美化、标准化。十年后发表了“再论公路美学应用”一文，文中系统地对现代交通条件下公路美学原理及实践进行了论述，就建筑美学而言实现了从传统的“步移景迁”审美理念，发展到用路者在现代交通条件下，视野中的三维空间随时间变化（四维空间）而对道路景观产生的新体验。这是技术进步给人们带来审美上的新概念。因此将动视觉原理作为公路美学的基础，以此来阐述路线的自身协调（四维线形）、路线与环境协调（四维空间景观），并在此基础上撰写了“关于公路绿化理论探讨”一文，文中提出现代公路绿化应研究不同车速下的栽植问题，以提高绿化的科学性与合理性，并根据不同车速计算植株与路面边缘的间距及植株距离，为公路绿化提出了新的理念与方法。

在城市道路美学的有关论著中，笔者充分地阐述了现代道路对城市美的构成的重要性，城市快速路由于车速的提高而带来道路大尺度、建筑大尺度、大体量以及道路环境中其他景观元素的扩大。因此，要用新理论、新方法将车速因素渗透到城市道路环境的研究与设计中。考虑到居住区、商业区道路与城市快速路、干道之间车速的差距，建议按城市道路功能和不同车速，将景观设计划为不同视觉等级。这样就能运用传统的街道美学理论、方法去处理步行及低速交通为主的道路环境，从而使现代交通条件下的道路美学思想与传统的街道美学理论都有各自应用的地方，既有传承也有创新，合乎事物与时俱进的发展规律。

笔者从用路者动视野出发来研究道路景观的思路在二十世纪八九十年代得到了交通工程界、建筑学界、美术界、医学界一些学者的肯定，论文的相关内容作为辞条写入“交通管理大辞典”，并以“道路景观”为一章写入《交通工程手册》。1996年笔者所带的西安公路交通科技大学（长安大学）第一位公路美学研究生，将道路景观设计与评价作为研究方向，在笔者指导下所写的论文获得评委的一致好评。

本集收入的论文均是十多年前的论著，由于当时条件限制，有些内容不够成熟甚至有些谬误，但与现在同类著作比较，至今仍有不少新意。故将这些文稿重新整理、修订，以此抛砖引玉，为繁荣我国道路交通美学学术研究尽些微薄之力。

本论文集出版得到人民交通出版社韩敏总编辑、陈志敏主任的大力支持与有关单位的资助，在此一并表示衷心感谢。

论文集出版资助单位：

中咨泰克交通工程有限公司

广西八桂工程监理咨询有限公司

中交建工工程咨询(北京)有限公司

厦门市路桥建设监理有限公司

熊广忠

2009 年 5 月 11 日

目　　录

试论我国"公路美学"应用问题

摘　要：建设在美学上、社会上、环境上能够经济适用的道路系统是世界上道路发展的第三阶段，应结合国情重视国外公路美学成果的应用，路线设计是美学的核心，路线要配合地形，重视用路者的视觉要求，注意对风景资源的利用，施工中要减少对环境的破坏，土、石方工程要注意修饰，将道路景观设计提上日程，为我国现代化公路建设作出贡献。

关键词：公路美学；道路景观设计；路线设计

近年来，由于高速公路写进技术标准，较高等级的公路修建比较普遍，设计部门已开始注意路线的线形美学问题，并对高等级公路进行一些线形配合上的视觉分析。但是公路美学应用问题还没有引起普遍的重视，美学问题在一些部门提不到日程上来，研究也列不上计划。因此目前对"公路美学"应用与研究的必要性还存在不同的认识。

国际经济开发机构(OECD)道路小组(有24个成员国)在1972年的报告中回顾七十年来道路发展史时指出，七十年来主要经历了三个阶段。第一阶段是发展初期，为了防止泥泞、保证车辆正常行驶，需要提供有一定强度、平整度的晴雨通车路面。随着车辆的增加，行车拥挤，事故增加，人们又在平纵横的几何设计以及提高通行能力，改善交通组织和减少交通事故等方面下了很大功夫，这就是第二阶段。然而世界性的汽车猛增，给社会、环境带来灾难性的影响，所以在美学上、社会上、环境上能够求得经济适用、美观的道路系统，就是世界上道路发展的第三阶段。因此在设计上必须应用美学，以减少工程对人类赖以生存环境的破坏。工程建设如果美观效果不好也会受到人们普遍反对。应该利用已有的公路美学成果，通过工程建设为祖国山河增添几分美色，工程建设者应成为环境设计师和建筑师，考虑社会的需要，保护自然环境，在设计上运用美学这是道路设计的必然趋势。因此尽早地进行研究，并在工程上注意这些问题，便可少走弯路，也避免今后为改善公路外观耗费国家财力与物力。

目前国内公路的绿化，以及养路部门强调的"路容"和其他交通设施上的美学考虑，对改善道路交通环境起到了积极作用，有些桥梁在造型上具有特色而成为景点，甚至变成地方风貌或城市的象征。如延河桥和宝塔山在一起象征着革命圣地延安。这种例子并不多。关键是从设计、施工直到养护部门都应重视美学问题。

搞好公路外观需要花一点钱，但它的效益不是用经济可以算得清的。在设计上也不是高级路才有美学问题，美学也不单纯只是三维或四维线形问题，还有道路与环境协调问题等。道路作为一个构造物，它自身就应该具有美的特征，特别是在动态的环境中，在美学上有自己特殊的规律，这些有待我们进一步探索。单纯运用几何标准进行“烹调式”的设计在美学上必然得不到好的效果。这就要求设计人员应具有这方面素质并善于同建筑师或其他方面同志协作，把公路不仅作为一个技术对象而且作为一个景观对象进行研究。

道路首先要满足行车上的要求，发挥它在交通功能上的作用。但它的作用应该是多维的，还应考虑路线与环境协调，道路是带状环境，是重要的景观元素，把它作为风景的一部分，就是它多维的作用之一，要把功能与美观结合起来。环境、生态平衡是当今至关重要的大事，一条好的公路可以给祖国山河增加美色，同时视觉上顺滑、优美、流畅的线形也可提高行车平顺性及增加安全度，并能为司机、旅客提供舒适美观的行车环境。因此好的道路环境要在设计、施工直到养护等方面共同努力下才能形成。

安全、经济、适当的照顾美观是我们当前路线设计的原则，我们讲的美观除指道路自身的美以外还包括自然环境的美，也就是工程与环境的协调及对环境的保护。因此道路环境的设计不在于等级的高低，而在于把美学放在什么位置，美学上的应用不应脱离今天经济情况盲目追求办不到的事情，这些问题应提到议事日程上来认真对待。

交通工程学会多次提出开展这方面研究工作是及时的、正确的，希望能引起各方重视，并在普及道路美学基本知识的基础上，改变那种单纯运用技术标准的设计方法，使公路在美观问题上能迈出一大步，否则我们的公路没有这个“美”字恐怕在四个现代化中也就跟不上“潮流”。下面就这问题谈谈个人的想法。

1. 重视国外公路美学成果的应用

公路美学的应用我们有很好的基础，也有路线优美与环境协调很多好的例子，应该很好总结。国外开展这方面工作已有五十多年的历史，值得借鉴。

首先开始在道路设计上运用美学的是德国，随着汽车工业的发展，尤其是高速公路的出现，公路美学的研究与发展得到了促进。世界上很多国家把公路美学列入环境项目。因此公路美学的深入研究与应用对减少道路对自然环境的破坏、创造优美公路景观、增加行车安全以及为司机乘客提供一个舒适、优美的旅行环境是十分重要的。

美国 1977 年出版的《实用公路美学》比较全面总结了这方面的成果，此外苏联的《公路美学》、《公路景观规范》以及日本、苏联分别出版的《直观图在公路设计中的应用》等书籍，国外近年出版的《公路几何设计》、《线形设计》等书中也涉及很多线形设计上的视觉原理和线形美学问题，这些都为我们提供了不少学习与借鉴的机会。

从这些材料中我们可以看到，从工程技术角度要研究的是实用美学，也就是工程技术措施上的美学原则，用它去改善公路线形设计和搞好公路与环境协调工作。工程技术人员重视的是这些原则的实际应用效果，而不是哲学上抽象美学的概念。

当前国外公路美学的主要美学原则归纳为下列几点：

①线路要有优美的三维空间外观（目前又开始注重四维并用来衡量舒适性），要求线形流畅不别扭，并强调动态过程中线形的连续性。

②路线要适应地形并与环境融为一体（图1）。

图1 路线与地形融为一体

③充分利用风景资源，视野要具有多样性，避免单调。

④保护和利用现有环境，减少施工对环境的破坏，施工痕迹要注意修饰，并适当恢复其自然外观。

从上述原则出发：公路美学讲了两个问题，即路线内部协调和路线与外部协调（与环境协调）问题，其关系大致归纳为表1。

路线内部协调和路线与外部协调的关系 表1

路线内部协调	二维线形（可以解决平面或纵面配合）
	三维线形（立体线形，可以解决平顺性）
	四维线形（加入时间因素，可以评价舒适性）
路线与外部协调	与环境的配合（在环境中恰如其分，成为风景的一部分）
	道路交通设施（要为道路环境增加美色、并有利于行车安全）
	道路绿化（有利于改善道路环境，美化环境，并有利于行车安全）
	其他影响道路环境的因素
	宏观的路线位置（路外的印象）

2. 重视对“公路美学”应用的宣传普及等方面的问题

当前美学还未提上日程，著者认为应做好下列工作。

(1)重视宣传与普及工作

公路美学与我们讲的社会主义精神文明、物质文明是一致的。一条好的公路怎么可以没有好的景观？优越的社会主义制度就有可能让我们在建立两个文明的同时，从公路这个窗口看到我们社会主义祖国的风貌，那种不顾环境，没有好路容的道路是与两个文明格格不入的。

交通部第一公路勘察设计院翻译的《实用公路美学》开了一个好的头。宣传普及了这方面知识，但还不够，很多人不甚了解公路美学的作用，把它看成管“看”不管“用”的东西。所以一提美学研究许多人认为提不到议事日程上来。有些设计部门的技术人员，只注意设计合乎“标准”，而对路线线形要素配合，路线与环境协调等基本问题都不甚注意，线形不流畅。土石方痕迹不修饰植被不恢复到处可见。所以应用视觉上的原理有助于我们改善线形设计，学习美学上的概念和原则将有助于我们设计出功能与美观相结合的好路来。因此要十分重视普及与宣传工作，充分利用各级公路刊物多刊登这方面文章，普及公路美学宣传教育工作。

(2)院校应开设“公路美学”讲座

国外有的院校开设有“公路美学”讲座。设有公路专业的院校，开设公路美学讲座有助于培养未来的工程技术人员的美学素质；另外公路透视图应用已比较普遍，在制图课程中应加强路线透视图的画法部分，使学生可以受到启蒙与训练。

(3)主管部门要重视“公路美学”的应用

主管部门要重视。下达任务要有公路景观方面的要求；审批设计文件要加强路线线形设计方面的审查，把路线与地形配合以及环境协调问题列入审查内容；在进行可行性研究或路线评价等工作时，道路环境方面问题要列入评价内容，对自然环境破坏很大的设计不予通过；施工部门要严格按设计施工，注意对土石方弃土的整修，注意恢复植被，不合格者，上级部门不予验收。

(4)处理好美观与投资和经济效益的关系

为满足美观要求会增加工程造价，从长远观点来看是必要的；但片面强调美观上的要求不适当地增加造价也是不妥当的。注意道路环境改善可以给行车的舒适性、安全性带来好处，但投资与美观问题是有矛盾的，在某些情况下应该找到一种合理的解决办法，处理好美观与投资的关系。

3. 对当前“公路美学”应用的想法

在设计方法上必须应用美学，这是毫无疑议的。如何结合我国目前情况，扎扎实实把这项工作开展起来，下面谈谈个人意见。

(1)重视路线设计中的美学问题

路线是美学问题的核心，现阶段公路设计对美学的应用最重要的是搞好路线设计。要搞好线形设计，就应了解视觉特性并对路线进行必要的视觉分析。车速高对线形要求也高，但低速车辆对线形也有它自己的要求。线形配合不当就会不平顺、行车会别扭，并易造成事故。要从动态的角度研究线形也就是研究四维线形，从路线设计着手，是我们贯彻美学原则的最重要方面。

道路要不断改善提高，旧路改造在线形上的改变是伤筋动骨的“手术”。目前新建的公路和大量有待提高的公路从长远观点看，首先要重视线型设计以免留下后患。

行车上功能的要求和美学上的要求往往是一致的，从路线设计角度看，功能与美观的结合才是理想的设计。

(2)重视旅客的视觉要求

研究旅客的特点，重视旅客的视觉要求。近年来公路客运得到很大发展，由于车辆条件不好，或路线条件不好，乘车往往是受罪的事情。车辆改善，道路条件的改善有助于发展公路客运事业。国外公路旅行乘小车者居多，线形上注意驾驶者的视觉特点，但我国是以大客车为主，应考虑到乘车者的要求。旅途中的优美环境可以减少乘车者的疲劳，增加旅行的乐趣，道路设计尤其要注意对路侧环境的保护，使旅客有机会观赏路侧自然景色。绿化应考虑车速因素，注意栽植株距与方式，不能靠近车行道，更不要过多的遮挡旅客的视线，过密的种植在车速稍大的情况下，使旅客看不清周围景色并使人头晕目眩，这些问题都应该重视(图2)。

图2 过密的栽植使旅客看不清周围景色

(3)注意对风景资源的利用

道路沿线经常有些好的风景点要尽量组织到道路环境中来，如前方可以对景、两侧可以借景。有几个好的景点可以使旅客精神振奋，以减少旅行疲劳，增加旅行的乐趣。田野的自然景色中也有单调枯燥的，这就需要我们在路线环境设计上采取一些措施来弥补。

要注意对文化古迹的保护。文化古迹是我们的光辉文化遗产与珍贵史料。不少道路施工中对道路范围以内和道路附近的文化古迹(如古树、古庙宇、古文化遗址等)保护不够，这些事以往目睹耳闻不少，这种现象应该制止。文化古迹与风景点若能很好的组织在道路环境之中，必然增添旅行的趣味，丰富旅行生活。

(4)要充分利用地形并减少设计与施工中对环境的破坏

路线设计要充分利用地形，与地形协调，这样可以减少对环境的破坏。任意取直，大填大挖，使得岩石、泥土外露，这样影响景观。与地形配合得好，会使公路成为风景的一部分，这一点十分重要。目前存在一种倾向认为配合地形，是低级公路的事情，公路等级高则直线长，半径大就不可能配合地形，因此大填大挖破坏了自然环境。

直线从行车上来讲并不一定好。高等级路应注意应用以曲线为主的线形设计方法，只要认真琢磨就可以获得与地形协调好的效果。如日本东名公路北海岸一段，地形复杂困难，但用适宜的曲线配合，获得了很好的效果，工程壮观，与地形十分协调。

(5)重视对公路外观的修饰

公路应有好的外观，不论从路上或路外看都应是好的。外观不好与设计有关，但施工中往往任意取土，随意弃方，边坡不注意修整等都极大地妨碍公路美观。土石方工程与景观关系密切，在路线设计时，平纵横断面均需要与建设地区环境作为整体进行设计。取土坑、弃土堆均要在考虑工程需要的同时，注意视觉上的美观问题，在不可避免的情况下对自然环境的破坏也要通过修饰加以弥补。整齐的边坡，圆滑的坡脚，均有助于改善道路外观。在土方边坡种草与种植灌木也有助于改善环境。因道路是狭长带状的线性构造物，所以路肩、路面边缘、排水沟、取土坑、弃土堆的整齐、规则，会使驾驶者、旅行者均能对路线优美的线形获得很深的印象。反之，路肩不整齐，路面边缘犬牙交错，即使线形设计再好，也很难给使用者以感官上的美感。

(6)绿化对于改善道路环境，美化公路十分重要

绿化是道路环境中的重要景观元素，公路绿化这些年来取得很大成绩，但这一工作有必要进一步提高。

绿化可以美化环境，减少污染，降低噪声，适宜的绿化对诱导视线、标示路线方向、增加行车安全有一定作用。道路上整齐的绿化对衬托道路线性美是重要的。

绿化树种不一定是单一的，有时乔木灌木同植才能达到遮荫、减尘、降低噪声的目的。绿化要有地方特色，南方道路要注意遮荫树的种植，北方绿化应注意防风防雪，风景点附近道路，树种可以名贵一些，并以整形种植为主，这些地方的绿化不宜遮挡对风景的观赏视线。绿化不能离车行道太近。高等级公路，高大乔木的树影，影响视线，妨碍行车，因此一般不宜种植乔木。分车带、方向岛弯道内侧的绿化也不要遮挡视线，树木成年以后树冠不应侵占车行道净空，弯道内侧绿化不应影响视线妨碍行车安全。高等级公路应在绿化设计中充分考虑车速因素，对不同车速应有不同绿化方式，尤其是树木距路石边缘及株距都应把速度因素考虑进去。

(7)关于标号志、道路划线、照明等问题

公路标号志要根据视觉特性，在大小、颜色、位置上都应十分注意。目前一些标号志对司机动视觉的特点注意不够，有的太小，在车速稍高的情况下分辨不清，甚至有的标号志被绿化所遮挡。不少道路上有很多“规格化”了的大型标语牌，颜色刺目，全是宣传口号，这种东西起不了宣传作用反而分散司机注意力，有碍交通安全，也影响美观。标号志对行车安全关系密切，它又是道路环境中的景观元素，今后对它的造型、大小、颜色、设置位置均应予以充分重视。

道路划线对组织交通保证行车安全有显著的作用。目前不少郊区公路与高等级公路开始划线，划线后白色线条在路面上十分醒目，整齐的划线显示了优美的线形。

在弯道处还可以诱导视线，是公路美的一部分。GBM 工程路面边缘整齐的混凝土条状铺砌，除对路面有保护作用外，还可把路肩与路面分开，也是对线形的一种强调并显示整齐的路面边界，增加安全感。

道路照明，人们往往注意的是灯柱造型问题，但一排长长的灯柱从车行道上来看美学效果并不好，可以用绿化遮挡一部分。但在高等级的公路分隔带上不能有高大树木种植，如何处理，有待探讨。照明上更重要的是照明效果，好的照明可显示道路轮廓，确保安全，并使道路有好的夜景。

(8)关于道路人工构造物

在不大量增加造价的情况下，注意它的造型和外表的装饰，要注意它美观上的效果，大型构造物，应请建筑师、美术家参与研究并听取他们的意见。

(9)"公路美学"应具有中国特色

工程技术上的成就是人类共有的，正如开始谈到国外美学成就的学习与借鉴问题，但各国有自己的文化传统与审美观点，我们祖先有不少形容道路美的词汇，如"国道如砥，其直如矢"。把道路平整笔直作为美，为什么有这种观点呢？大概当时好路少，路线过于曲折难走所致。中国的传统美学重视朴素美，认为以素为美，看重物的本质和真色，对于我们来讲就是要强调道路自身的美和与环境协调的美。如何使道路在美学上具有中国特色，并能适合中国国情，这是一个值得探索的课题。

道路还要注意地方特色。如道路经过水乡，经过山城，地方特色要在路的两侧得到反映。路线设计也要有特点，滨河路、沿溪线、傍山线均有美学方面的文章可做。道路的地方特色问题也是我们可以探索的又一课题。

(10)道路设计的时代任务——道路景观设计

将公路不仅作为几何设计对象而且要作为景观设计对象，不能单纯用技术标准搞"烹调式"设计，这种设计方法忽略了道路与环境的关系，应把道路与环境作为一个整体，要对与道路和环境有关的各个方面进行一体化设计。道路设计的一项重要任务就是线形与环境设计，应把道路置于环境之中作为一个环境整体来考虑。

道路景观要从动态角度来研究线形，注意路线的连续性，画面的连续性。十分重视司机、乘客的视觉特点，重视乘客观赏要求的同时从路外角度也应对公路有良好的印象。

4. 积极开展公路美学的研究工作

为了使公路美学的应用更加结合我国实际，积极的开展具有我国特点的研究工作是十分必要的。国外研究公路美学是从"高速"起家的，虽然也讲低交通量的美学问题，但很少。当前我国没有高速公路，我国车辆"中速"居多，低交通量的道路也较多，在注意高速的同时，还要重视中速交通与低交通量的道路美学问题。那些可作为视觉线形设计对象，有它自已的规律。这方面材料甚少，如果做一些工作，那么在路线设计上的根据就会充分一些。诸如这一类的基础理论研究应扎扎实实地做上一些。

对一些抽象美学原理，讲得十分细微但工程上难以实践。工程技术人员希望的是量化的研究成果。如平纵配合问题，从国外资料上可以抄到一些平竖曲线配合范围。如能具体一下，甚至规范化，那么线形设计就好掌握，多数人就有可能把平纵配合做得好一些，这些工作也有待我们去做。

目前国内尚无一本从原理到应用方面比较全面系统的论著，要找一点材料需东翻西找，一些数据还对不到一起，叫人无所适从。随着这方面工作的开展，资料的积累，编写出版一本这样的著作，对于大家提高公路美学应用水平无疑是大有裨益的。

研究工作应注意研究手段。目前公路透视图制作费时费工，只能对个别地点进行视觉线形检查，而且是静态的，这种方法国内已开始应用，目前仍是研究视觉线形和道路景观的主要手段。此外利用电子计算机绘制路线透视图，可以显示路线配合情况与土方开挖情况，还可以分析标志可见性、安全性等，是公路三维空间的外观检查的快速方法。目前设备与技术水平虽然没有困难，但应用不够普遍。近年来西欧一些国家用电子计算机算出透视图座标，再输入模拟电子计算机中，用示波器显示透视图，再用高速摄影机拍下，通过放映研究线形，这种方法可以研究四维线形。其他还可在模型中用微型电视摄象镜头沿路线前进，屏幕可以显示路线景观等。有些手段我们还不熟悉，应该加强学习、研究、利用。

公路美学是值得研究的新学科，随着公路建设新局面的开创，广泛的应用“公路美学”成果，定能为我国公路现代化做出贡献。

参 考 文 献

[1] 双车道设计与交通流——1972年7月OECD道路研究小组报告

[2] (美)AASHO. 实用公路美学. 交通部第一公路勘察设计院译. 北京：人民交通出版社，1981

[3] С. А. ТРЕСКИНСКИЙ，Г. П. КУДРЯВЦЕВ. Эстемика abtомобNдных дорог. МОСКВА：ТРКСПСРТ，1978

注：此文1983年在上海交通工程学术研讨会第一次宣读，此后在中国交通工程学会年会、陕西公路学会年会进行大会宣读，并分别刊登在1985年上海交通工程、陕西公路、北京交通工程以及中国交通工程学会论文选中。

再论公路美学的研究与应用

摘　要:建设在美学上、社会上、环境上经济适用的公路系统是世界公路发展的第三阶段。应用公路美学已是必然趋势,公路不仅作为技术对象,而且要作为景观对象加以研究。公路美学的重点是设计适应行车需要的流畅而优美的线形,并重视路线和环境的良好配合。根据我国国情要强调美学的要求与功能的一致性,不应搞一些与功能无关的修饰,以加速我国公路现代化建设。

关键词:公路景观;景观设计;动视觉特性;视觉线形

1985 年春陕西省公路局开始搞美化路段活动,目前国内公路部门实施"公路标准化美化工程"(GBM 工程),表明公路美学在国内公路建设中已得到了应用,特别是在一些高速公路及高等级公路修建中,公路美学作为公路景观设计问题已提上了日程。本文对此再作论述,供讨论参考。

1. 公路美学的研究与应用是交通建设发展的必然趋势

欧洲 20 世纪以来公路发展主要有三个阶段。第一阶段是发展初期,为了防止公路泥泞,保证汽车安全行驶,需要提供有一定强度、平整度的晴雨通车路面,注意力集中在车行道的路面铺装及其改进提高上。随着车辆增加,行车拥挤,交通事故增多,道路工作者在平、纵、横面的几何设计,以及提高公路通行能力,改善交通组织,减少交通事故等方面下了很大功夫,这就是第二阶段,这阶段中几何设计理论趋于完善,交通工程科学产生并得到发展。然而世界性的汽车普及,车辆数量猛增,给社会与环境带来灾难性的影响,汽车交通造成大量的交通事故,人员伤亡、经济损失、空气污染均十分严重。因此建设美学上、社会上、环境上均能达到经济适用的公路系统,就成为当今世界公路发展的第三阶段。也就是一条公路除完成其自身的功能要求外,还要为社会所接受,这种设计思想反映了当今公路设计的理论与应用水平。

公路设计不仅应当作技术对象,而且要作为景观对象加以研究。设计公路线形时,在平、纵、横三方面要有良好的配合,使其具有三维含义形象以及四维空间的印象。这对行车快速、安全、舒适都是十分重要的,也有利于形成好的公路景观。应将路线设计、景观设计、环境设计作为一个整体考虑,使公路设计提高到新的阶段。公路美学的应用可以改善公路外观，减少因公路修建对自然环境与景观造成的破坏，并使公路成为风景的一部分。同时也可以增进行车安全，并为司机与乘客提供一个舒适、优美的旅行环境，反映出社会主义的物质文明与精神文明。

2. 公路美学基本理论的构思

建设在美学上、社会上、环境上经济适用的公路系统是当今公路交通发展的趋势。认为应用美学是搞修饰，为公路建筑涂脂抹粉，这是一种误解。我们所追求的是美观与功能的一致。流畅、顺适的线形，良好的视线诱导，科学的绿化栽植，本身具有实用性，也是交通功能的需要，而这些正是公路美学研究的基本内容。公路美学是要在现代交通条件下，根据司机、乘客的视觉特点（特别是动视觉特性），从动态角度来研究线形的连续性、可预知性、视线诱导以及路线与环境的配合等。

笔者根据近 10 年的研究与实践认为公路美学的基本理论大体上归纳为以下三个方面。

(1)动视觉特性的应用

传统的建筑美学是从静态角度来研究建筑物，即使是动态观赏也是指“步移景迁”，即从不同的观赏位置来研究观赏对象，而公路则不同，它是一个线形构造物，由于现代交通的发展，人们乘坐汽车，在一定运动速度下，连续地观察公路及周围的环境，司机的动视力、动视野随车速而变化。当车速提高时，动视力随之降低，视野也变小，司机的注视距离也随之变大，当大到一定程度时，就形成管状的隧道视。一般情况下，车速较低辨认距离较远，车速增加能够清晰辨认物体的距离相对缩短，因此司机能够分辨物体的能力也随之降低。对这种降低的原因说法不一，有的认为眼和大脑感受静止物体和运动物体分别有专门的细胞；有的认为是快速运动时人眼调节能力减弱所造成的；也有认为不同车速下辨认距离变化原因是人的生理与心理负荷不同，如车速增加，生理负荷加重，造成辨认距离降低。不论是上述何种原因，均说明在现代交通条件下，由于车速提高，动视觉特性的变化必然带来一些新的概念。如快速交通减少了距离感，道路两侧景物在行车中快速向后移动，乘坐汽车旅行已成为一种连续审美的体验，所以有必要应用这些新的概念去研究与评价公路景观设计。因此研究动视力、动视野与高速公路、高等级公路、城市快速路、交通干道等设计的关系以及公路与环境的关系，均有着重大理论与实践意义。

用路者在公路上进行有方向的活动，驾驶人员只有在行车不紧张的情况下，才有可能观察与公路交通无关的事物或注意两旁景物。行车过程中两侧景物在中等车速下，驾驶员或乘客看清目标需有 1/16 秒的注视时间，视点从一点跳到另一点时，中间过程所看见的景物是模糊的。行车时两侧景物向后移动得快时，一旦辨认不清，就失去了辨认的机会。同时外界景物在视网膜上移动过快时，视网膜分辨不清，景物就会模糊。当注视的物体相对于眼睛以大于每秒 72°回转角运动时，景物在视网膜上就会模糊不清。从以上论述中我们知道视野大小也随车速而变化。路面在驾驶员的视野中的比例也因车速提高而变大。车速低时，路面在驾驶员的视野中所占的比例是8%，而根据地形与种植情况，此时公路两侧景物在视野中占80%以上。如车辆以40km/h速度在6车道公路上行驶时，路面占视野中的比例为20%；以90km/h速度行驶时，视野缩小，路面所占的比例为50%，公路两侧景物所占的比例减少到20%以下，特别是平坦地形时还要降到5%。德国的德尔·卡默波认为，驾驶员长期注意的只是玻璃上10cm×16cm的长方形，视野角度在视轴左、右各为9°，合计18°。上述各种动视觉特性，是我们研究线形、视线诱导、标志设置(含尺寸)、路边绿化的位置及间距以及眺望路边景物的重要参考依据。对公路空间视觉特性的研究与分析表明，车辆低速行驶时(40km/h以下)，用路者的视觉问题没有受到十分显著的影响。高等级公路由于车速快，则此影响显著。因此景观空间的构成要考虑车速因素，根据动视觉特性的要求，车速加大则一切景观尺度需要扩大，建筑细部尺寸也需要相应扩大，道路上传统的园林绿化方式也需要改变，而且车速越高，这种变化越大。汽车时代产生的新的视觉问题要求设计人员用大尺寸来考虑时间、空间变化，同时公路环境中也需要有特殊的吸引人注意力的景观，这是技术进步带来的新概念，是对传统观点的冲击与挑战。用路者视觉特性已成为景观设计的主要依据，高等级公路环境设计要充分考虑行车速度的影响，才能创造出具有时代特点与风格的公路景色。

(2)公路线形自身的协调

从视觉特性出发，一条具有优美景观的道路，在美学方面有两个关键：一是要求公路线形自身的协调；二是要求公路线形与环境协调。

公路本身在用路者视野中占有重要位置，是主要景观元素，因此良好的公路景观必须要有优美流畅的公路线形，需有线形自身的协调。二维线形只能解决平面线形的配合或纵断面线形的配合，而三维线形亦即立体线形，则能解决平、纵线形的三维空间配合，可以用来评价道路的平顺性。目前研究的四维线形，还增加了路线随时间变化的因素，反映了行车时的运动感与路线随时间变化的韵律与节奏，它是衡量舒适性的重要标志。

一条好的公路线形各指标之间还必须有良好的配合，以使它具有优美的三维空间外观，线形平顺、流畅，行车舒适感好，并且具有连续性，同时线形有良好的视线诱导与可预知性。因此要使一条公路具有优美的景观，首先要解决好线形的自身协调，这样才能使路线具有优美的外观，使用路者行车时感到舒适，而且富有安全感。

(3)公路线形与环境的协调

线形要与地形配合，这是线形与环境协调的主要内容。线形与地形配合首先取决于合适的技术标准，地形特征是影响选择设计速度的主要因素。美国早在40年代就开始搞“平衡设计”，什么设计速度是适宜的呢？即在某种车速下，在工程造价与用路者的运营费用之间寻找平衡，只有在适宜的设计速度下，采用相应的技术指标才能更好的适应地形。适应地形另一个要注意的问题是公路不应支配环境，而要与环境融为一体，在环境中不刺目，要有合适的视觉比例（尺度），如视野中公路所占比例过大，也必然显得生硬单调。与地形不协调的路线极难形成优美的景观，因此公路与环境协调第一位的工作是抓住地形特征，充分利用地形，避免对地形的任意切割，使路线与地形有机结合起来。沿河线、傍山线、越岭线均是很有特点的路线，只要处理的好，就能产生令人难忘的印象。当然公路与环境协调还包括充分利用当地的风景资源，使其成为路边富有吸引力的景观，以丰富旅行生活，有利于克服行车的单调感。

一条与地形配合良好的路线，必然会成为风景的一部分，不但用路者有舒适感，而且路外人对公路在宏观上也会有良好的印象。

路线与环境协调还应包括在不同等级的道路采用不同的绿化方式，路边的交通设施、建筑小品与公路环境的协调，以及对土石方工程的修饰等内容，在此不一一赘述。

综上所述，公路美学的基本原理是：要充分考虑现代交通条件下的动视觉特性，解决好公路自身协调及公路与环境协调的问题，使美学上的要求与公路自身的功能一致。

3. 我国公路美学的实践问题

我国目前有些高等级公路已建成通车，有的正在修建之中，部分原有公路也在不断改造与提高，公路现代化的进程已大大加快，公路美学的研究与应用问题应提到重要日程，以适应公路现代化的需要。

(1)公路要形成优美的景观，首先要搞好线形设计

要正确地掌握和恰当地运用技术标准，使路线与地形协调，并有良好的平纵配合，这是公路美学的核心。

车速是公路设计的主要依据之一。一个很重要的概念希望能引起公路工作者的重视，这就是只有车速较高时，路线才能成为视觉线形的设计对象。通过对动视觉特性的分析，大致可以 60km/h 以上车速和 40km/h 以下车速作为两个重要的线形设计考虑因素，即对计算车速在 60km/h 以上的公路，要将路线作为视觉线形设计对象，为了使平、纵、横有良好的配合，应进行线形的视觉分析，强调线形的连续性与视觉的连续性。对车速在 40km/h 以下的公路，则强调线形与地区（环境）特点相配合，一般不作为视觉线形设计对象，也就是要求路线与地形、周围环境、区域特点有机结合，并恰如其分地得到协调，不成为环境中的突出因素。而对于 40～60km/h 之间的计算车速，则要根据实际情况确定。上述 3 个方面可以理解为在不同车速下按动视觉特性划分的视觉等级，即 60km/h 以上作为视觉线形设计对象；40km/h 以下不作为视觉线形设计对象；而 40～60km/h 的一段为过渡。这种说法将有助于提高我们对线形景观设计的认识，研究公路美学考虑车速因素是基本出发点，脱离这点泛泛讲美

化，则容易对公路美学产生误解。实践中只有在车速较高情况下，路线才考虑视觉线形问题，而不应盲目的在低等级公路或车速较低的公路设计中，对线形配合提出过分要求。旧路改造的“美化”，其重点仍应放在线形的改善与提高上。

(2)要保护好自然环境，设计、施工不应对其有大的破坏

公路与自然环境要有良好的配合，充分利用地形特点布线是最重要的原则，高等级公路线形以曲线为主的设计手法容易配合地形与地区特点，这样公路与周围风景可以融为一体，如生硬地切割地形，自然景观受到破坏，公路与环境就会显得格格不入，自然环境也变得满目疮痍。土石方工程是修筑路基的基本形式，因此对路基边坡的绿化无论对其本身防护还是改善公路外观都是很重要的。从文明施工角度看，施工也应减少对环境的破坏。土石方工程必然留下许多施工痕迹，有必要适当修饰，以恢复其自然外观，如弃土堆的修整，挖方边坡的防护、绿化等均应重视，其基本的修饰方式就是绿化。根据实践的经验，为了便于绿化，边坡坡面不宜修成平整光滑面，而应有一定的粗糙面，这样植草时易于固定。

(3)科学的绿化有助于改善公路交通环境

对高等级公路与一般公路应有不同的绿化方式。绿化栽植与路线的平、纵线形要严格保持一致，这样有助于显示公路线形特征。弯道、凸形竖曲线部分的绿化应能诱导视线。高等级公路行车道两侧不应种植高大乔木，因树影中的光斑在车辆高速行驶时耀眼，影响行车安全。绿化应尽可能利用地方树种与植被，以加强公路的地方特征。

①科学绿化

公路绿化可以改善交通环境(条件)，但公路绿化不同于园林绿化，它有着自身的特点。公路是一种带状的环境，公路自身的美首先是来自公路的优美线形。公路绿化也有明显的线形特征，它是对公路线形的一种强调，也是公路上最主要的垂直景观要素，对用路者的视觉具有明显的影响。希望公路绿化能更好的突出公路形象，有好的视线诱导与增进交通安全，并使用路者能从绿化上获得公路的距离感。因此对绿化植物的树种、树身高度以及种植方式的选择，首先要考虑的是与交通功能的一致性，如视线诱导，绿化与线形保持高度的一致就是对线形的强调，平面弯道的绿化，凸曲线顶部的高大种植，平面交叉口位置的预示等。此外从交通功能要求考虑，有中央分隔带的高等级公路应考虑防眩种植。防眩对在内侧车道行驶的小型车辆最为重要。从视觉原理上研究，高速行驶时，司机视野偏离视轴中心约 1.5°左右，而当高速行驶时，视野超过 60°清晰度就会逐渐减少，若灌木树冠直径为 d、植株间距为 S，汽车行驶方向视角为 2α 时：

则

$$S=d/\sin\alpha$$

当 $\alpha=30°$ 时，$S=2d$。

因此只要灌木超过视线高(小车 1.50m 以上，卡车 2.0m 以上)，并且植株间距满

足上述要求时，即具有一定的防眩效果(防眩要求高时，则需专门设计)。如考虑前大灯与照射角度时，一般在株距为树冠直径的5倍时，即能满足要求。防眩问题目前在有分隔带的汽车专用公路上已很突出，这种方法简单易行，可以考虑采用。因此科学的绿化是要根据视觉特性，使绿化的美学要求与交通功能取得一致。

②从用路者观赏要求确定合理的绿化间距

路边的栽植不仅要有合理的间距，并且离路边也要有一定的距离，以免影响用路者观赏路外景色。根据上述视网膜上回转角大于每秒72°时景物就会模糊的原理，笔者推算的绿化(树干)距外侧车道的行车轨迹的距离如表1所示。

路边景物距外侧车道行车轨迹的最小距离 表1

车速								
	(km/h)	20	40	60	80	100	120	140
	(m/s)	5.56	11.11	16.67	22.22	27.8	33.3	38.9
最小距离(m)		1.71	3.39	5.09	6.79	8.50	10.99	12.84

而上述情况仅对司机注视前方而言，在防眩中提到当 $S=2d$ 时，司机侧方视线可以遮断。但用路者有时透过树列观看路外景色，如车速高，行道树则成连续影状并与后面风景重叠，发生前后融合时的最小周波数称临界融合频度(CFF)，一般为50～60周波/秒。如具备下述3个条件视线则会遮断：

a. 树木的重复应在CFF值以下，即当中心视角1.5°时，$F=v/S$，在18周波/秒以下(F为重复频度、v为并列树的相对速度、S为株距)。

b. 行道树露出时间，应能在觉察它的形状的露出时间以上，即 $t=d/v$，为0.03秒以上。(v意义同前；d为树冠直径)。

c. 相邻每棵树的树间休止时间 $T=W/V$，为0.2秒以上。(W为列树树宽之间间隙、V为车速)。

因为遮断视线或树木与后边风景重合均不是我们希望的，为了方便对景物欣赏，必须有足够的间隙与露出时间，辨认时间分反应时间和露出时间两部分。反应时间一般为0.2秒，从上述遮断论述中知露出时间应在0.03秒以上，两者合在一起最少在0.23秒以上。而这时间相应的行程，则为观看景物的最小间隙，如上述最小间隙不能保证，则观看景物是不可能的。笔者希望上述分析能作为不同等级公路的最小绿化间距的考虑因素。以上仅是不产生遮断能看到景物，若想看清楚景物，这时间还得加长，对景物的眺望一般要有5秒注视时间与相应的行程(也有用4秒)，如表2所示。

5秒注视时间获得景物印象的车速与距离的关系 表2

车速(km/s)	20	40	60	80	100	120	140
距离(m)	27.8	55.6	83.4	111.1	139.0	166.5	194.5

上述 0.23 秒的辨认时间,5 秒的注视时间以及它们的相应行程,可以用来作为合理布置路边绿化株间距与连续树丛(包括高大灌木)间隙的理论依据。绿化的合理纵向间距另有专文论述。

③反映地方特色与公路特征

要强调地方特色以及用绿化来反映公路特征。从美学上讲一条公路要有自身的特征,有特征的公路才能与其他公路区分开来,这种特征就是它们相互区别的特殊性。线形、地形、沿线建筑可以赋予公路特征,然而绿化的地方特色也是重要特征,只有兼备地方特色的公路才能区别于其他公路的性格与个性。在实践中可以强调一条路线或一个地方通过某种绿化形式或树种来表现它的特点,犹如一些城市搞市树、市花一样。

(4)整齐的路肩与路面边缘是对线形的一种强调

好的线形是最优美的公路景观,公路本身能反映线形的是路面边缘(或缘石)以及路肩和分隔带,如这些边缘不整齐将会严重损害公路的形象。醒目的路缘带,整齐的缘石,白色的路边划线,将会突出线形特点,增加公路线形的优美感,是公路美化最简单、最有效、最重要的手段。这些特征还有显著的视线诱导功能,具有实用性。

(5)重视交通划线对加强线形特征的作用

公路上的划线是交通渠化手段,是反映交通管理水平的一个方面,它对组织交通与保证行车安全有很大作用,划线与不划线对用路者来讲有不同的心理与视觉印象。从美学上看白色划线对路线、行车道均是一种强调,加强了线形的特征,除有很好的视线诱导外,使人得到了强烈的线形美的感受。

(6)要减少路边的视觉公害

沿线不应有过多的广告以及与交通无关的标语牌,这些会分散注意力,甚至影响司机对标志的识别,破坏了公路交通环境,是视觉上的公害,应尽可能避免或减少。

4. 公路标准化美化工程(GBM 工程)

GBM 工程是公路美学在我国实践的一种重要措施。标准化自身有美学内涵,这几年的实施对改善路容,创造良好的交通环境起了很大作用。

①关于“美化” 标准化本身就有美化要求,两者是相互依存的。我们讲的美化是强调功能与美观的一致性,GBM 工程的美化措施多与功能有关,是很正确的。但实践中也有一些地方的公路搞了一些华而不实的与交通功能无关的修饰,这是对美化的片面理解。我国处在社会主义初级阶段,资金有限,要用最少的投资获得最大的效益,使之符合国情。要在标准化与交通设施上多下功夫,这才是当前 GBM 工程的重点。

②普及公路美学知识 建议高等公路院校尽快增设公路美学课程,出版部门可出版一些公路美学普及性读物,让更多的从事这方面工作的同志掌握这方面的基本知识,减少盲目性,并在普及的基础上提高一步。

③GBM 工程的内容要向前延伸到设计阶段　目前 GBM 工程主要是管养部门在抓。这对工程实施来讲已是使用阶段。笔者建议高等级公路的重点路段及构造物要做景观设计，这项工作应该提上日程，把高等级公路设计提高到新的水平、也可以理解为目前开展的 GBM 工程向设计阶段的延伸。

④要总结以利再发展　GBM 工程是我国公路美学实践应用的开端，但还有不够完善的地方，这几年已有一定经验可以总结。国外有的国家有公路景观设计规范，可以借鉴。特别是根据动视觉原理对绿化方式 、交通设施等方面做些定量研究与规定（视觉线形方面已有成熟的经验），使其在理论与实践上更为完善，并在不断实践的基础上，逐步形成具有我国特色的景观设计规范，对设计、施工、管养部门均有指导意义。

参考文献

[1] 熊广忠.试论当前我国公路美学的研究与应用.陕西公路，1984(创刊号)

[2] 熊广忠.对道路交通美学的粗浅意见.汽车运输研究，1985(1)

[3] 熊广忠.城市道路美学——城市道路景观与环境设计.北京：中国建筑工业出版社，1990

[4] 实用公路美学[美].北京：人民交通出版社，1981

[5] 公路线形设计[日].北京：人民交通出版社，1981

[6] 汉斯・洛伦茨[西德].公路线形与环境设计.北京：人民交通出版社，1984

[7] 新田伸三[日].栽植理论与环境设计.北京：人民交通出版社，1983

[8] С・А・ТРЕСКИНСКИЙ，Г・П・КУДРЯВЦЕВ МОСКВА. Эстетика автомобидвных дорог. ТРАКСПСРТ，1978

注：本文发表于《中国公路学报》1994 年第 1 期

关于公路绿化理论的探讨

摘　要:由于车速提高对动视觉特性产生的影响,现代公路的绿化种植要考虑车速因素,因此需要研究不同车速下的栽植问题。本文的目的是研究在不同车速条件下绿化规划与栽植的科学性与合理性。

关键词:公路绿化;公路景观;美观与功能;动视觉特性

公路绿化对改善行车条件有重要作用,同时绿化也是公路景观的重要元素。公路绿化不同于园林绿化,公路是线性环境,用路者以一定车速在公路上进行有方向性的运动,车速成了影响视觉的主要因素,因此要充分考虑动视觉特性,以此来研究公路绿化,以提高公路绿化的科学性与栽植合理性。

车速对视觉的影响,作者认为 40km/h 以下不很显著,设计车速为 60km/h 以上的公路应充分考虑动视觉特性的因素。本文将对考虑视觉影响的有关绿化问题进行讨论,特别是绿化的合理位置与植株间距等。

一、公路绿化的一般要求

绿化是公路交通环境的组成部分,是公路上主要景观元素之一,绿化是为了改善道路交通环境,因此要注意它的美学上的要求。这里说的美,是美观与功能的统一,功能是第一位的。改革开放以来,高等级公路有了较大发展,特别是 GBM 工程在全国的推广,公路绿化已被摆到很重要的位置,引起国内学者广泛重视。1983 年4 月在南京召开的全国交通工程学会年会上,也将高等级公路绿化作为研究方向之一。

公路绿化有两方面要求,一是功能上要求,二是景观上的要求。公路绿化也可分为功能上的栽植与景观栽植两个方面。功能上的栽植如视线诱导的栽植、指示性栽植、遮光栽植(防眩)、防音栽植等;景观栽植则是为了改善景观,创造优美的公路环境,可采用的方式有整形的栽植、自然风景栽植、自由栽植、群落栽植等方式,后三种形式目前国内公路绿化中采用的还不多。当然采用的绿化植物要有适应性,并能反映地方特色,同时也要能反映不同路段的自然特色(个性)。近几年公路建设发展,客货运量的大量增加,为司机和乘客提供舒适的交通环境,这也是公路现代化的一部分，为了适应这一现代交通发展要求，绿化种植在原有基础上应更加科学合理。

二、关于栽植理论的探讨

关于栽植理论，国外在这方面已有一些成果，在此基础上作者结合动视觉特性及视网膜上成像的清晰条件，就绿化合理植株间距做了一些定量的研究与分析。

1. 前方遮蔽的一般条件

如在路线前方有连片的林木，则会遮蔽观赏景物的视线，侧视也是如此，其关系如图1所示。

从图1可知，应遮蔽的范围与树木及视线的高度有关。

$$\tan\beta=\frac{e}{D};\tan\alpha=\frac{H-e}{D}$$

则
$$h=d\cdot\tan\alpha+D\cdot\tan\beta=\frac{d}{D}(H-e)+e$$

式中：h——遮蔽树木高度；

d——视点与被遮蔽树木之间水平距离；

D——视点与被遮蔽物体间的水平距离（实测）；

H——被遮物的高度；

e——视线高度，人站立1.50～1.60m，小车1.1～1.2m，大客车2.2m；

α——水平视线上部与被遮物上部连接的仰角（可实测）；

β——水平视线下部与被遮物下部连接的俯角（可实测）。

从上述关系可研究树木遮断的范围，以及需要遮蔽时树木应有的高度。

2. 在汽车行驶条件下成行树木的遮蔽问题

在车行道上车辆以一定速度行驶，假若司机或乘客只注视前方，此时能否从树间看到树木侧景物除与树形、树冠大小有关外，关键决定于树木的间距S（图2）。一般人视线最容易看清的地方是偏离视线中心1.5°左右范围内，60°的平面视野角度范围内也能清楚可见，虽然两侧平面视野可达160°，但超过60°范围的清晰程度就会减少。当树冠直径为d，遮断视线时的间距为S，则有如下关系：

$$S=\frac{d}{\sin\alpha}$$

式中：d——树冠直径（m）；

α——汽车行驶方向的平面视角（°）。

当平面视野为60°时$\alpha=30°$，此时$\sin\alpha=0.5$，$S=2d$，故可认为当$S\leqslant 2d$时，则司机只有注视前方时，侧方视线才可以遮断，此时路侧景物可被认为看不清或看不到。

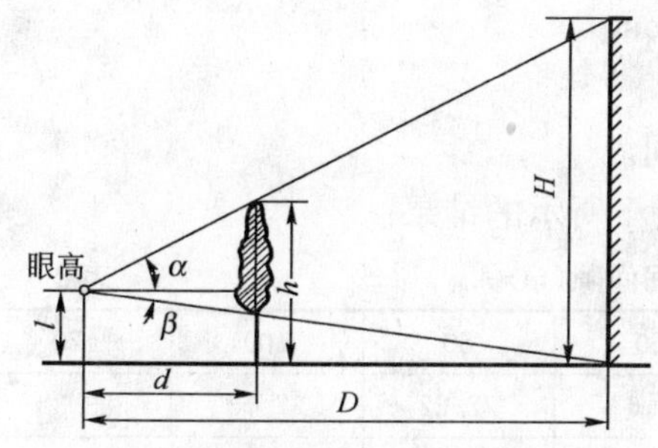

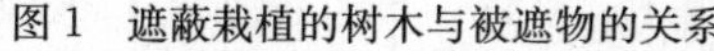

图 1　遮蔽栽植的树木与被遮物的关系

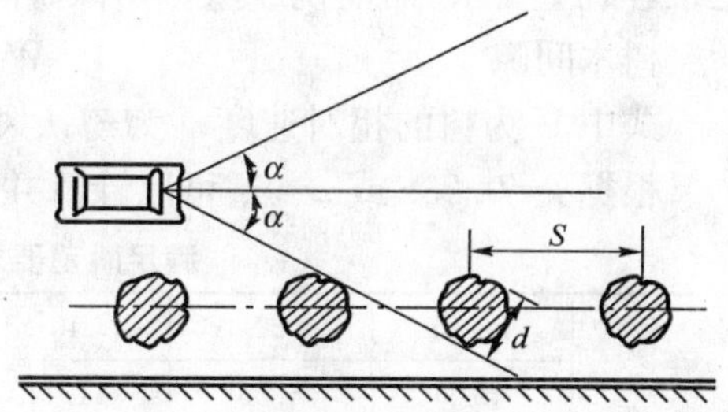

图 2　汽车行驶时排树与驾驶者视线的关系

上述仅考虑的是司机只注意前方，这种情况只有在高速行驶时才会发生。通常速度不高情况下，司机有时会左顾右盼，特别是乘客会透过树间看景色，视线不只是前方而时有侧视，因此 $S \geqslant 2d$ 时不能遮断侧方视线，使乘客可从树干间隙中观看景色。当车速提高影像会重叠连片，则景色模糊不清，因此考虑乘客视觉要求就必须有合理的株距。

在高速行驶时行道树和后面风景相叠，这种物像在极短的露出时间内不断重复可以看作融为一体的状态。发生这种融合的最小周波数叫融合频度(CFF)，一般定为 50～60 周波/秒。如达到下述条件，则树后景物会被遮断：

(1)树木的重复应在 CFF 值以下，当中心视角为 1.5°时，$F=V/S$ 值在 18 周波以下；

(2)行道树的露出时间，应能在觉察它的形状的露出时间以上，即时间 $t=d/V$，为0.03s以上；

(3)如相邻树不重叠，则树木间休止时间也应保留在一定值以上，即 $T=W/V$ 为 0.25s 以上，大体相当于视觉反应时间。

以上关系如图 3 所示。d、S 意义同前；W 为一列树的间隙宽度；F 为一列树间的重复频度；T 为一列树间的休止时间；t 为一列树的露出时间；V 为一列树的相对速度。

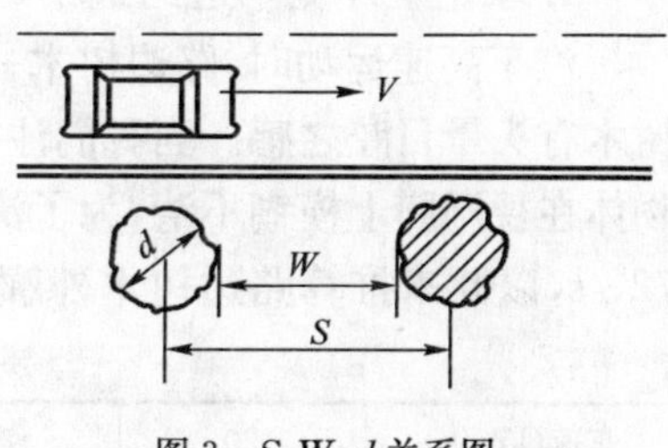

图 3　S、W、d 关系图

如满足上述条件，树后景物则会被遮断，但景物与树木不会融合，而且可以看清一列树的形状。

3.司机乘客透过树间空隙看清景物的必要宽度

从树木之间观赏风景必须有足够的间隙与露出时间，辨认时间分反应时间和露出时间两部分，反应时间为 0.2s，从以上景物遮断条件讨论中露出时间应为 0.03s 以上。因此辨认时间最小，应为 0.23s。如果树木之间没有足够间隙就不能保证此时间，则从间隙中观看景物也就不可能，但最少的辨认时间并不能辨认清楚，要辨认清楚一般要有 4s，汉斯·洛伦茨所著“公路线形与环境设计”中也应用这 5s 视野，以满足乘客眺望要求，而电视或电影始像时间也为5s。

树木间隙 $W=V\cdot t$

式中V为树的相对速度；t为辨认风景时间。

根据$t=0.23$s或$t=5$s可以计算并得到表1所示的结果。

满足眺望要求的树间间隙(m) 表1

车速	km/h	20	40	60	80	100	120
	m/s	5.56	11.11	16.67	22.22	27.78	33.33
$W_1(t=0.23s)$		1.23	2.56	3.83	5.11	6.39	7.67
$W_2(t=5s)$		27.80	55.55	83.35	111.10	138.9	166.65

以上我们讨论了视线在什么条件下会发生遮断，列树与后面景物产生融合的条件和在树间眺望风景的必要距离，因此绿化间距是否考虑到上述车速的因素，决定绿化是否科学合理。

三、应用方面一些问题的探讨

我们希望每条道路都有良好的绿化，好的绿化要有好的树种，它能加强道路特征，并具有地方特色而且能形成优美的景观，如果绿化形成的仅是绿色“通道”，而乘客不能很好欣赏自然景色，那么这种旅程也是单调的，同时过密的栽植，斑斓树影会影响行车安全。关于这方面问题有过不少文章论述，本文仅根据上节讨论就合理的理论间距及树木高度等问题进行分析。

1.绿化距外侧车道的最小距离

汽车高速运动时，路边树木一晃而过，形象有时连续不清，则注视快速后掠的路边树木有头晕目眩之感。当我们注视一景物时，若景向后移动的回转角大于72°/s时，则物体在视网膜上模糊不清，为了清楚辨认景物，则被注视景物向后回转角度必须小于72°/s，以此来推算路边树木外廓距外侧行车道司机位置的最小距离，如表2所示。

满足回转角72°/s时的横距 表2

车速(km/h)	20	40	60	80	100	120
距离D_1(m)	1.80	3.61	5.42	7.22	9.03	10.83

注：D_1是距外侧车道司机位置的距离。

如考虑车辆外侧乘客也能看清，假定乘客位置距路面边缘为0.5m，则绿化距外侧路面边缘的最小距离D_2如表3所示。

表3

车速(km/h)	20	40	60	80	100	120
距离D_2(m)	1.30	3.11	4.92	6.72	8.03	10.33

注：D_2是距离外侧车道路面边缘的最小距离。

从距离 D_2 来看，各级公路不宜在路肩上绿化。若以平原、微丘标准为例，高速公路绿化应距土路肩约 7m；一级公路约 5m；二级公路约 5m，三级路约 4m，大致在边沟以外。如考虑树木高度及树影的光斑对行车影响，则要考虑最不利季节的树影长度。

如考虑回转度不大于 72°/s（表 2），同时注视景物需 5s 的清晰辨认时间，推算所需的距离 D_3，如表 4 所示。

注视景物能清楚辨认所需距离　　表 4

车速(km/h)	20	40	60	80	100	120
距离 D_3(m)	9.03	18.05	27.08	30.10	45.3	54.15

从国外的一些实验资料看，车速 64km/h 时能看清车辆两侧 24m 外物体，车速 90km/h 时能看清车辆两侧 33m 之外物体，这结果与作者根据动视觉特性推算结果（表 4）基本一致。考虑到用地困难，这距离作为绿化树穴的位置可能难以接受，但可以作为建筑红线。从景观考虑，建筑物退到此位置时，其细部均可清晰辨认。上述推算的数据是对道路两侧绿化横向距离从动视觉特性进行定量研究的初步意见，研究高等级公路绿化带位置时可供参考。

2. 关于合理的纵向绿化间距讨论

绿化距道路外侧保持最小距离可使行车时路边树木在视网膜上不会产生景像模糊，但不能解决透过二树之间眺望景物的问题，透过树间观看景物还应满足下述条件：

（1）应避免树干间距过小，车辆行驶时，透过绿化看景物时会产生景物与树干的融合，故应满足树木重复值 $F=V/S$ 在 18 周波以下（当中心视角为 1.5°时），此时在不同车速下树干间距大于表 5 要求。

$F=V/S$ 为 18 周波时的 S 值　　表 5

车速	km/h	20	40	60	80	100	120
	m/s	5.56	11.11	16.67	22.22	27.78	33.33
$S=V/F$(m)		0.3	0.62	0.93	1.23	1.58	1.85

从表 5 值可知一般乔木植距均大于上述要求，不会产生融合现象。我们看到桥梁栏杆中往往有小于上述间距的一些竖向杆件，透过这些竖杆看景物时，就会有这一融合现象。

（2）为了更好观赏风景，不使路边树木在视网膜上形成模糊不清的画面，同样应满足树木在行车向后移动时的角度不能大于 72°/s，假若树干的株距为 S，外侧车道司机距树木的距离为 X（最不利的是外侧乘客，这样距离要再增加约 2/3 车辆宽度），此时应满足下列条件：

即

$$\tan 72° = S/X$$

$$S = X \cdot \tan 72° = 3.0777X$$

式中：S 为绿化时乔木的株距(m)；X 为用路者视线距树木的横距(m)。

因此不同车速下较理想的理论株距如表 6 所示。

当树木与路面外侧距离为 D_2 时，树木株距 S 表 6

车速(km/h)	20	40	60	80	100	120
横距 D_2(m)	1.30	3.11	4.92	6.72	8.03	10.33
株距 S(m)	4.00	9.57	15.14	20.68	24.71	31.79

注：表中 D_2 是外侧路边距树木距离，同时乘客边座在外侧。

如能满足表中 D_2 和 S 要求，树木在视网膜上就不会模糊，也就是说车辆行驶在车道外侧，乘客在边座时，注视路边树木不会连在一起。从表中株距可见，当车速在 40km/h 以下时，株距小于 10m，也就是一般种植行道树的株距，它说明目前传统的栽植方式，在速度较低时影响并不显著。当车速大于 60km/h 时，株距则需要 15～30m，而且要有足够的横距，因此高等级公路绿化是否科学合理必须考虑车速因素。

(3)注视景物要清晰辨认，必须有充分的露出时间。从遮断条件与眺望要求的分析结论如表 1。根据上述三方面要求，汇总乔木纵向株距要求如表 7 所示。

绿化间距分析汇总表 表 7

株间距离(m) \ 车速(km/h)	20	40	60	80	100	120
树穴距外侧路面边缘的横距 D_2	1.30	3.11	4.92	6.72	8.03	10.33
当满足回转角不大于 72°/s 时的株距 S_2	4.00	9.57	15.14	20.68	24.71	31.79
当满足树木与景物不产生融合时的株距 S_1	0.30	0.62	0.92	1.23	1.58	1.85
满足树木间隙有 0.23s辨认要求时的株距 S_3	1.28	2.56	3.83	5.11	6.39	7.67
满足眺望要具有 5s 行程的要求时 S_1	27.80	55.55	83.35	111.1	138.89	166.65

注：表中所列数值是横距为 D_2 时的计算结果。

表 7 中的各项数据反映了不同车速下，考虑绿化在视网膜上不产生模糊景象，以及观赏景物时树木与风景不相融合等要求。景物与树木不产生融合的要求一般容易满足，而表中 S_3 的 0.23s 仅仅能满足辨认时间，要清晰地看清风景是不可能的，因此可以认为这数据是最小株距。而 S_2 是比较理想的株距，可作为推荐的株距，采用这种株距可以清晰的看到树外风景，注视树木也可以在视网膜上不产生模糊，如表 8 所示。

乔木种植间距(m) 表 8

车速(km/h)	20	40	60	80	100	120
权限最小株距	1.50	2.50	4.00	5.00	6.50	7.50
推荐株距	>5.00	10.00	15.00	20.00	25.00	30.00

注：横距为 D_2。

表 8 中，当车速在 80km/h 以上时，株距为 20～30m，如种植乔木，树木已很稀疏，不能形成很好的景观，因此高等级公路种植乔木除斑斓树影影响行车安全外，按动视觉特性要求株距要增大，如仍采用一般列树的种植方式，则在景观上收不到预期效果。这时可采用自然风景栽植方式来造景，沿线配种些灌木、草皮、花卉，也许可以获得较好的绿化效果。上述各表所讨论的树木间距均是考虑树干下有足够的净空以满足用路者观赏要求，没有考虑树冠的遮蔽问题。

如路边有较高灌木(或是较密的常绿树)会遮挡视线，此时相邻两段灌木应有足够的间距，供用路者观看路边景物，其要求见表 9。

满足观赏要求的间距(m) 表 9

车速(km/h)	20	40	60	80	100	120
连片丛林(灌木)间隔	30	55	80	110	140	160

3. 关于遮光种植

防眩是夜间行车的重要问题，对中央分隔带中除采取防眩的设施外，当分隔较宽时，防眩也可以采用绿化措施，简便易行，造价低廉。

防眩种植的基本理论如图 2 所示的侧方遮蔽原理，汽车行驶方向平面视野按 60°考虑，植株间距等于或小于两倍树冠时便可遮断，防眩要考虑到车灯照射(表 10)，而中心光束角度为 6°。因此防眩种植的要求比侧向遮断要求还低。

汽车司机眼睛高度、汽车前照灯的高度及照射角 表 10

种　别	眼睛的高度	前照灯的高度	照射角
轿车	120cm	80cm	12°～14°
卡车	200cm	120cm	12°～14°

若按照射角为 12°，则防眩遮蔽视觉的种植间距与树冠的关系如表 11 所示。

防眩种植间距与树冠直径　　表 11

植株间距(cm)	树冠直径(cm)	备　注
200	40	
300	60	
400	80	
500	100	
600	120	$\sin 12° = 0.207 \approx 0.2$
700	140	
800	160	
900	180	
1 000	200	

从高度上看小车应在 1.5m 左右，大车应在 2.0m 以上，但高等级道路一般内侧行驶小车，以 1.5m 比较合适。故中央分隔带栽植不宜过高，否则白天空间有分隔感而影响一条路的整体环境。若分隔带宽在 1.5m 以下时，一般采用防眩隔栅而不采用绿化防眩。

4. 关于功能栽植问题

道路绿化体现了对人的一种关怀，应该对它有新的认识，当然绿化对改善道路景观有着其他任何方式都不能替代的作用，但绿化必须要充分发挥其功能。功能栽植有视线诱导性栽植、标志性栽植、遮光栽植、明暗适应栽植、缓冲栽植、护墙防护、防风、防噪声、遮蔽栽植等方式。上述各种栽植方式都应根据道路交通功能要求合理布设，以改善公路环境。

5. 关于高等级公路栽植问题

高等级公路因车速高，司机行驶时视线几乎固定在一定距离，动视野比较狭窄，前方景物迅速接近，视野中两侧风景也迅速向后掠过，景观变化很快，因此单一树种的列树不是好的栽种方式。应采用集团式的栽植形式，如自然风景栽植，群落栽植、遮蔽栽植等形式。同时也要应用地被植物与成片的花卉。在高速公路进出口，可有不同树种的指示性栽植作为一种地方特色的标志。如果采用列树，必须在横距、纵距上考虑车速影响因素，以适应现代交通的要求。

公路绿化不是园林绿化，应该根据公路环境的特点，考虑动视觉特性等因素以提高绿化的设计水平。

参考文献

[1] 赖田伸三. 植栽の理论と技术——环境绿化地Ⅱ. 鹿岛出版社，1975

[2] 尹家骍等译. 汉斯·洛伦茨.(西德)公路线形与环境设计. 人民交通出版社，1984

[3] 熊广忠. 城市道路美学——道路景观与环境设计. 中国建筑工业出版社，1990

注：本文发表于 1995 年《中国公路学报》第 3 期，中国交通工程 1994 年 4 期。

桥梁美学初探

摘　要：在汽车交通条件下，一般桥梁出现在用路者视觉中是短暂的，因此用路者对桥梁美的体验和感受有别于传统的审美观。桥梁作为建筑物有自身美的属性，那就是应遵循一般建筑美的形式法则，首先要强调桥梁美与功能的一致性，同时桥梁与道路协调也要表现出桥梁建筑的结构与道路美学要求的一致，并从建筑形式上得到体验。桥梁是风景的一部分，要和自然融为一体，只有和环境融为一体的设计在美学上才是好的。

一、概述

桥梁是道路环境的一部分，一些桥梁往往成为环境中最吸引人的景观，它反映了一个时期人们在工程上、建筑艺术上的成就，人们驱车跨越大河、山谷、海湾的壮观景象，使人们久久难以忘怀。在汽车交通条件下一般桥梁在用路者的视觉中出现与通过时间是暂短的，从用路者角度讲这种对桥梁美的体验和感觉肯定有别于传统的审美观。由于新技术、新结构、新材料的出现，在现代交通条件下，轻盈的结构，简洁的线条，明快的色彩，都反映了时代的特点与桥梁建筑艺术的新风格。

从用路者角度讲涵洞是路基的组成部分，跨越时没有什么印象，而桥梁则可从上部构造的栏杆、灯柱或其他桥头装饰等看到这种变化。如桥在竖曲线、平曲线，或桥头有平曲线等情况，此时用路者则可能有较明显的感受，并产生鲜明的印象。观赏桥梁的典型位置如图 1。其中正侧视线 I 的印象，只有在水道中或离桥很远的路外人才能得到。视线 IV 是顺桥向的印象，这是多数用路者的印象。而 II、III 是在大约 45°～60°斜上方看到的桥梁形状，通常认为这是比较合适的立足点，是表现桥梁特点的极好地方。

如何从美学角度来评价一座桥梁建筑的优劣呢？根据众多学者的论述可以归纳为以下几方面。

1. 形式美

桥梁作为一个建筑物它应自身具有美的属性，建筑形式美的法则是统一、均衡、比例、尺度、韵律、高潮、设计中的序列等。无疑这些法则是桥梁造型设计的主要原则。一些美学家认为表现材料的强度与荷重之间的斗争是最富动力的美，它的形式

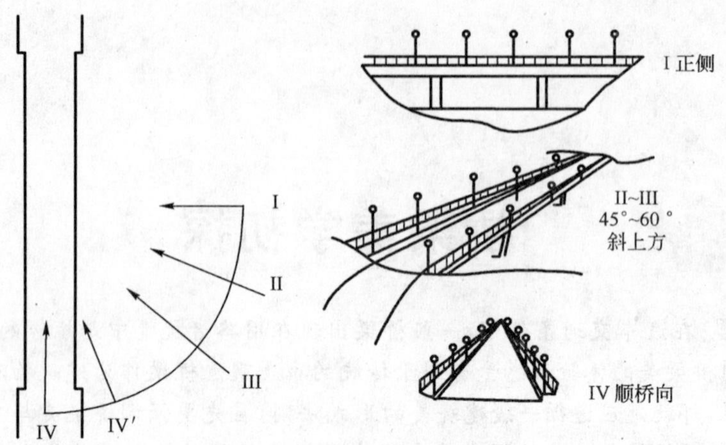

图 1　观赏桥梁的几个典型位置

也是美的，并将结构看成美的基础。

2. 功能美

我们追求的美是强调美与功能的一致性。近代一些评论家认为建筑美学的基础是表现建筑物的功能或使用目的。

3. 桥梁与道路协调

桥梁线形是道路线形的一部分，从功能上讲，桥梁与道路协调也要表现桥梁结构和道路功能的一致，在建筑尺度上也应力求体现这一点。

4. 与环境协调

桥梁是风景的一部分，要和自然环境融为一体，有些情况下不应突出，有些情况下也可能成为环境的主导因素，只有和环境融为一体的设计在美学上才是好的。

二、桥梁景观

1. 桥梁与道路协调

桥梁的平、纵线形以及桥头两端的平纵面线形均是道路整体线形的一部分，务必保持其整体线形平顺、流畅。桥梁在景观中的重要性很大程度取决于它在平面线形中的位置。如桥头是曲线用路者则能看到桥的侧面，桥梁的位置取决于道路跨河时的走向，只有大桥或重要桥梁对路线才起主导作用。一般希望过大桥前，桥梁能展现在用路者眼前，这样就希望桥头前有曲线段，以透视桥梁侧面。在高等级路上弯桥或S形桥梁是不可避免的，而且弯桥和S形桥梁都能成为有很大吸引力的线形。桥梁的纵断面线形应与引道两端协调以保持纵断面的平顺性，因此有些情况下也可能出现坡桥。特别是中小桥更应要求纵面与两端纵坡尽量一致。过去有些桥梁上有较大驼峰，从侧面看也许是美的，对排水也是好的，但从行车方向看，线形连续性被中断，破坏了纵断面线形视觉上的连续性，中断了道路连续的意象。

桥梁横断面一般要求与道路横断面配合，要防止横断面在桥梁部分突然收缩而产生狭窄感，并且出现交通瓶颈。桥面栏杆一般应简单、轻型和敞开。繁杂、笨重和封闭的桥面栏杆就使得通过桥面时感到比正常断面窄而且压抑，甚至认为断面产生变化。

2. 桥梁与环境协调

桥梁与环境协调这是美学的重要原则，桥梁是风景的一部分，有些情况下桥梁可能成为支配环境的决定因素，但从整体环境上看它在环境中必须恰如其分，并能和周围环境融为一体。要和环境协调必须分析环境的特点，并结合桥梁在景观中的地位进行考虑。从桥梁自身讲要和环境协调应考虑桥梁自身的形式、材料、材质（质地）、色彩等因素，考虑形式美、功能美与环境的结合，这样才有可能取得桥梁与周围环境的协调。

要使桥梁与环境协调除考虑上述因素外，可采取下列手法：

(1)消去法

当桥梁修建后破坏整体环境，应尽可能使桥梁不引人注目，使其淹没在环境之中，因此采取一定措施，在有害的视线方向将其掩蔽。

(2)强调法

当桥梁在环境中起支配作用时，则可以突出桥梁的存在而使其引人注目，这就是强调法。这种情况下桥梁是主景，其他环境因素均要在这一景观要求下统一，创造一个美的整体环境。

(3)融合法

没有上述两种情况时，应使桥梁和环境按基本相同的格调互相融合，对环境中的桥梁存在既不否定，也不强调，而修建的桥梁为环境增添了美色。

3. 桥梁造型设计的美学原则

根据建筑形式美的法则与桥梁功能美、形式美，与环境协调的美学因素归纳为以下原则：

(1)桥梁建筑形式与目的和功能的一致性

桥梁的功能首先是交通要求，有些还要求通航，功能进一步分解还可能有不同等级对车速要求，不同交通量下对宽度的要求，结构上的要求有抗震、抗变形等能力。有些桥梁建成后能成为环境中的重要景观，这可理解为目的。从上述目的与功能出发就要求有与之相适应的建筑高度、跨度、上部与下部结构。上部构造如梁、拱、悬索等结构要表明它的单纯、清楚和给人足够的稳定感。这些基本结构又和材料有关，反过来材料的选择也必然影响结构形式的选择。而形式又取决于它的功能。因此桥梁的质量和美的统一首先表现在形式和功能的一致性上。

(2)桥梁要有精炼的结构形式

要想获得精炼的结构形式，就要求在桥梁构图上做到有引人入胜的统一。桥孔布置与上下结构的均衡，同时桥梁的线条要有力，简洁而且具有连续性。

①统一　要使一个复杂的桥梁建筑有高度的统一，使其成为一个和谐的整体。统一首先要注意不同的结构体系不要混杂使用。如梁式桥上部构造简单明了，有大量水平线条，那么墩台造型也要简洁与上部构造相协调。统一还可以通过桥梁次要部位，对主要部位的从属关系来达到，如以主跨为主，则两侧为从属关系如图 2。

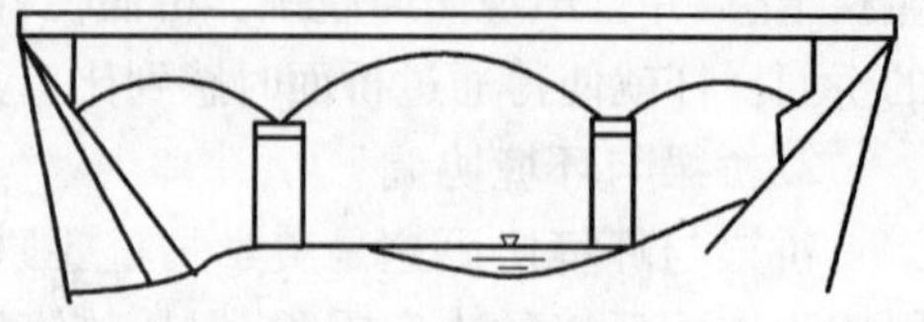

图 2　以主跨为对称轴布置桥孔，以达到结构统一的目的

统一还表现在结构形式上的协调与几何尺寸的协调。其他方面的统一，还表现在色彩的协调，功能与使用目的协调等。

②桥梁结构造型的均衡　稳定均衡是观赏对象美的属性。均衡即要求桥梁中心的两边视觉份量是相等的。如奇数的桥孔，两侧对称，就是简单的均衡。比较复杂的均衡则是不对称的或不规则的均衡，如河滩不对称，主孔不在对称轴上，此时均衡中心的两边结构中心可能不同，但在美学意义上两边能等同时，也就是对均衡中心加以强调，同样使观赏者获得均衡感。均衡与稳定关系是密切的，均衡可以体现构造物的基本功能，表现出构造物的稳定感。

③桥梁的连续性　桥梁的连续性首先表现在桥梁线形与道路线形的一致，即平、纵断面与道路线形的连续性，这样道路上视觉的连续性不致在桥位处因为平面、纵断面线形的突然变化而使连续性中断。这样桥梁的连续性得到加强，特别是曲线桥往往有好的线形连续性而产生很强的流动感。桥梁的连续性还表现在桥梁的侧面构图上，其纵向通过水平线条或平顺曲线与两端相连，与道路纵面平顺相接，而产生一种流畅的美感，这种连续性、流动感将给桥梁带来生动的形象。

④简洁的线条　桥梁精炼的结构形式还表现在结构上简洁的线条。过去粗笨结实的桥墩，厚厚的拱圈，或其他复杂的上部构造，使人感到这座桥梁的力量与安全。如果结构单薄，反而使人感到不安全，并由于对结构安全感到担心而丧失美感。低速交通时代，桥上复杂的装饰物可供用路者品赏，因此这装饰是美的。而现代交通使这些条件产生变化，由于新材料的出现这些概念也有了变化，线条简洁、明快、有力，则表明结构合理有力量。

(3)适宜的比例与尺度

具有优美比例与恰当尺度是桥梁美的重要条件，比例反映了桥梁整体与桥长、高度、宽度之间的关系，也反映了桥梁整体与局部，或局部与局部之间的大小关系。细高的桥墩与上部构造若不成比例，会使人缺乏安全感；粗笨的上部与低矮的墩台不相协调，图 3 中桥孔结构比例不当，使人感到轻重不一，两端沉闷压抑。尺度也是建筑美的又一特性，合适的尺度会使桥梁呈现预期恰当的尺寸，并

图 3　桥孔结构比例不当的例子

使人产生寓于物体之中的美感。人们可以通过所熟悉的尺寸来判断桥的长度与高度,从而使人们对桥梁产生尺度感(图 4)。

(4)序列原则的应用

对一座桥的观赏是一种连续不断的审美体验。序列分有规则和不规则两种。规则的序列产生一种庄重、爽直明确的印象,而且强调高潮。一般对称的序列是常见的规则序列。如河槽偏于河流一边或山谷两边不对称时,在结构上的序列则是不规则的。而这种不规则反而加强了流动感,产生引人入胜的效果。在序列中并不是不允许构件有变化,如一种梁组成的系统,它的中间能用一种拱来中断一下,如配合得好,也可以获得好的美学效果(图 5)。

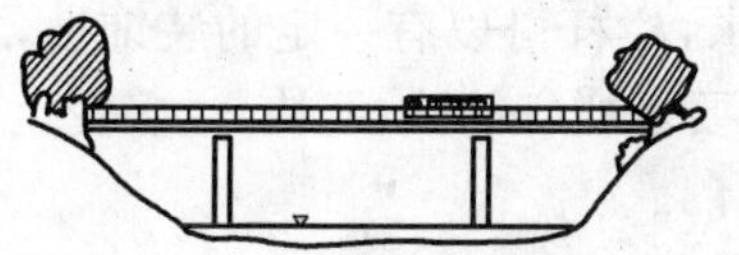

图 4　桥梁的尺度举例

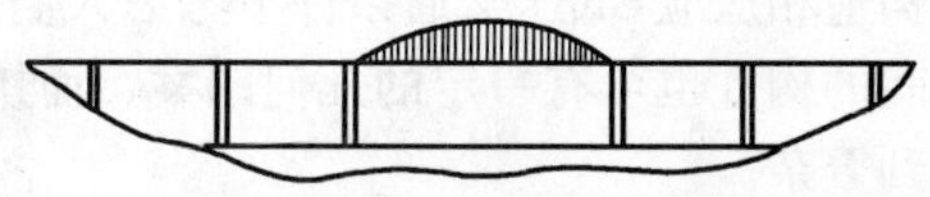

图 5　由不同的上部构造组成的序列

在序列中包括一些相同构件的重复使用,这种重复使人们产生韵律与节奏感。桥梁设计的韵律最简单的应用是采用形状或尺寸的重复。而比较复杂的则是不同的形式或不同的结构尺寸组成的序列,也就是以不同的重复产生的韵律,这种韵律往往更有魅力(图 6)。

图 6　以不同重复构成的韵律

(5)桥梁的风格与性格

桥梁的风格是桥梁自身的一种格调,建筑学中是指设计者以某种观念与理想施加于设计。桥梁风格表现了时代、民族、社会以及文化的特点。桥梁建筑的性格和其他建筑物一样,是反映建筑外部观瞻和内在目的之间关系的一种特性,任何一座桥梁都有区别于其他桥梁建筑的特点,这些特点的综合便形成了它的性格。桥梁的风格从外形上便可获得印象,而性格比上述概念更为深刻,这种性格可以引起人们深思。如果一个桥梁建筑有真实的性格,那么一定是引人入胜的,为了使桥梁具有自己的性格,可以利用重量与支持的效果;线条和韵律的效果;复杂和简单的效果以及色彩的效果等手法。

(6)表面质地与色彩

桥梁为了能与环境协调,并反映它的风格与时代特征就必须依靠选择合适的色彩。桥梁表面的色彩美学效果是显著的,一些结构轻盈、色彩明快的浅色调的桥梁,在绿色背景的环境中是美的,反之深色调使人感到沉闷、陈旧。表面的质地粗糙或细致与结构形式有关,如墩台表面可以粗糙一些,而梁及比较细致的立柱则可以光滑一些,但表面宜无光,也不需修饰。

(7)其他方面

阴影的应用:桥梁构造上有许多突出部分,特别是水平方向突出部分在阳光下产生阴影,这种阴影对水平线起了加强与渲染的作用,同时使桥梁表面的构造立体感得到很好表现,纵向的阴影对表现桥的连续性有重要作用。

复杂性与多变性的魅力:桥梁的结构简洁、统一是重要的,但创造性的变化必然在有序的排列对比中加强了美感。如一个多跨长桥其主跨能有所变化就会带来更大魅力。

桥面附属设施:桥面系中对桥梁美有显著影响的是栏杆与灯柱。它们既是一种装饰,也对安全、行车视线诱导有显著作用。

栏杆由古到今经历了由繁到简的过程,栏杆除安全可靠以外,从美学上看应与主体构造相适应,低速交通条件下考虑人们观赏要求,栏杆可以有一定的装饰性,立柱之间的构件也可有一定的几何图案。而快速交通要求栏杆简洁、明快,过多变化则会感到繁杂。

灯柱是桥面最突出的垂直要素。灯柱的美学问题,一是造型,二是灯柱高度与照明效果。灯柱造型要与桥型相适应,灯柱造型宜简单,不要有过多的装饰性。灯柱高度取决于照明要求,过高往往显得桥面狭窄,过密两侧视线有封闭感。桥梁的灯柱、灯具在白天是桥面的景观元素,而夜间要使桥梁有好的夜景。

4. 桥梁景观规划与设计

桥梁景观规划与设计实际操作应注意以下几方面:

(1)资料调查与搜集

在初测阶段根据路线布局确定在景观上有影响的重点桥梁,分析桥梁位置的景观特点,搜集与景观设计有关的资料,如环境的类型、地形特点、自然条件等。

(2)规划阶段

规划的主要内容有桥梁的宽度、跨度及形式等。而造型方面根据桥梁在环境中的作用决定在消去法、融合法和强调法中采用什么手法来处理它的景观问题。对于对环境有主导作用的桥梁,在规划时可以做出若干方案进行比选及评价。

(3)设计阶段

规划方案决定后进行设计时要根据规划方针,在形式美、功能美方面通过结构设计具体化,并充分利用前述的桥梁造型的美学原则以及处理好与环境协调问题。

在规划与设计过程中都应通过主要观赏方向(位置)的桥梁透视图和全景透视图来分析造型和与环境协调问题,并对景观问题做出全面评价。

三、高架路与立交桥的景观

1. 高架路景观

当高速公路穿越城区以及城市快速路的修建均会出现高架路,尽管高架路给环境带来不少问题,但它必竟是适应现代交通而产生,并给城市带来新景象。

(1)高架路景观设计的一般方法

高架路的景观问题,主要是因连续高架对平面以及空间的上下分割所涉及的有关视觉效果问题。高架路的景观规划与设计大致有以下步骤:

基础资料搜集;

路线的选定;

研究高架构造;

用视觉检查方法来研究景观配合;

景观设计的评价;

其工作阶段可分为规划阶段与设计阶段。

(2)规划阶段的景观设计

景观问题要注意两方面,一方面是高架路自身景观问题,另一方面是高架路与环境的配合。

①路线选定

路线可利用原有道路高架,也可利用城市水道或在居住区边缘的次要道路上通过,路线要尽量选择在城市需要改造的区域,这样便于今后改造时能创造一个好的环境。

②高架路构造选定

高架路形式的选择主要考虑要与周围景观协调。其上部构造有三种形式,即上、下车行一体构造;上、下行线分离构造;上、下行线二层构造。这些形式要由所在地区情况来定。处理高架路与地面关系有三种方式,一是地面道路很宽时在其上部直接高架;二是在高架路一侧或两侧设辅道;三是在居住密集区两侧设有辅道,可在下面设休息和儿童游戏场所。

③线形设计

高架路平、纵面线形要与地形和区域特点、土地利用方式相配合。线形要平顺流畅。纵断面线形要充分考虑周围环境,如纵断面压得过低,桥下就有压抑感,桥下近景要有开放感,而远景要尽量减少对空间的分割。

④高架路周围环境的改善

高架路对环境的影响除废气、噪声、震动以外,主要是景观问题。改善环境的主要方式是对高架路下空间的运用,如商业区可利用高架桥下空间做商店与公司办公点。为改善环境也可在路下设置绿化带,也可以利用它做车行道、停车场、步行道等。

⑤构造规划

从景观角度要注意以下问题:

a. 注意高架路构造与周围环境配合;

b. 构造选择时要注意明确的力的表达形式,使人有安定感与安全感;

c. 注意高架路视觉的连续性，即平、纵线形的连续性与构造上的连续性；

d. 注意构造形式上的统一；

e. 合理的桥脚位置，如设置在原有道路的分隔带，不宜设在步行道位置。

(3)高架路构造设计阶段的景观问题

①结构力量的表现

高架结构本身除应有优美的结构造型以外，构造物自身要有明白的力的表达，构造物内部力量的传递方向要表达清楚。同样上部构造与下部之间均应有明确的关系，只有具备明确的力的表现的结构才是美的。

②安定性的保证

高架结构本身除有优美造型、力的表达以外，还必须有安定感，有些结构从受力上看虽然是稳定的，但从形式与外形上看不稳定，同样会使用路者与路外人的宏观印象中缺乏安定感。如高架路一侧伸出的匝道由于用悬臂支撑或立柱的两侧与上部不对称，在一侧看上去很单薄都会产生不安定感，安定感的另一问题是注意构造物的上下配合，上下构造配合协调就容易使人获得安定感。

③压迫感的改善

构造物的压迫感是指高架下与高架路对周围环境的影响两个方面。高架路下的空间往往使人有重压感，而高架路对周围是一种威压感(威胁、压抑)。为减少重压感首先要注意高架路下空间因光线稍暗，容易感到压抑。为进行改善，首先要保证有一定净空即净空不得少于 5m，同时上部结构如是整体的箱形结构，若其底部能向上弯曲可增加桥下的开放感。如上部构造比较轻盈则威压感就会缓和。下部构造也可以采取一些措施，如上、下部适当配合以及改进立柱的造型等。

④连续性的保证

高架路平面和纵断面的连续性首先是在线型设计时使之有良好的组合，这样可使用路者和路外人都能获得有优美线形的印象。连续性也要通过梁高的连续性，材料质地与色彩的连续性，高架桥下部构造的连续性得到保证。等截面梁容易使人获得与线形一致的连续性，而变截面梁，最好用外侧护栏部分来强调这种连续性。

⑤杂乱感的改善

连续高架路和人们活动空间接近时，构造细部容易引人注目，因此易产生对细部的杂乱感，为减少这种杂乱感，在梁的底部可以采用装饰板，将复杂的结构掩蔽起来。此外高架路相交处立柱要统一安排以减少杂乱感。

⑥构造物的修饰

对于人们接触比较密切的地方，构造物要注意修饰以增加人们的亲切感。有的地方表面还可以用装饰材料镶面，立柱也可以着色，立柱的根部也可进行装饰，甚至两侧下部也可以绿化。

(4)附属构造物与景观配合

附属构造物是指隔音墙、紧急停车带、安全梯、收费站、照明设施、电力线等。这些设施应与高架路的整体相协调,同时也应和周围环境相协调。隔音墙要有连续性,也不应很粗笨、单调,使用路者应有良好的视觉印象。排水管要注意设置在合适的位置,并与结构物有相同色彩,安全梯要注意造型,要与环境配合。

(5)色彩与环境配合

连续高架路的视觉影响除构造外,就是色彩,色彩要与周围环境协调。同时上、下部构造要有自己的基本色调,下部构造一般比上部要浅,这样视野中突出了上部构造的连续性,同时上、下两部也不容易混淆。上、下部色彩既要有一定对比,也要能够融合。

(6)高架路的景观评价

高架路的景观评价工作,主要采用视觉检查的方法。视觉检查评价分三阶段如表1所示。

评价阶段的视觉检查方法 表1

评价阶段	评 价 目 的	视觉检查的方法	评价的内容
第一阶段	景观中典型位置的抽样检查	通过典型位置的横断面图来检查	通过横断面图,检查上下部型式的配合,两侧道路以及建筑物与道路的关系等
第二阶段	典型的高架结构的抽样检查	通过制作部分模型和部分高架结构物的透视图来检查	通过模型和结构物透视图检查构造物造型是否合理,上、下部有无良好配合
第三阶段	最佳方案选择,选择和周围环境最协调的结构物设计	通过景观模型,或与周围环境配合的全景透视图来检查	通过中景、远景的全景模型或全景透视图检查构造物与环境配合

上述各阶段检查中,均应对构造物与环境协调,土地利用情况的变化,材料质感,高架路下的利用等内容进行评价。对构造物本身的力量传达表现,安定感的保证,重压感、威压感的缓和,以及附属构造物等也应分三阶段做出具体评价。通过评价工作,可对不同方案进行优化筛选,以求得景观设计上的最佳方案。

2.立交桥景观

立交桥处是道路相交点,用路者在此要做出方向抉择,同时立交也是道路用路者在行驶过程中看到的道路上主要垂直景观。

(1)视觉环境特点

在主干道上行驶车辆可以透视立交桥正面,此时如为降低跨线桥高度而桥下出现凹形竖曲线,则用路者前方视线受阻,连续性中断。次要道路一般跨线,用路者在引道和桥上可获得立交部分宏观印象。城市立交在附近高层建筑上可俯视全景，而公路立交多数难以获得这种印象，环境设计应考虑上述特点。

(2)立交桥景观设计要点

道路立交以它宏伟优美的造型、体量、现代的建筑风格，使观赏者与用路者为之振奋。

一座立交桥首先要有满意的功能，这功能是要适应于它服务的对象，而不在于功能如何完善，从美学上讲只有具备满意的功能，才能使人产生美感，也就是要求立交构造物的功能与美学要求的一致性。

①立交桥景观要与周围景观配合

立交桥的形式、结构、规模在很大程度上取决于交通量、交通组织方式与功能方面的要求。立交及其附近的环境在很大程度上是一种人造环境，在城市立交周围有建筑物为背景，如果要形成优美的景观，其周围建筑群的体量、尺度、风格等都要与立交相协调，但这建筑群不应是吸引人流的公共建筑。而公路立交周围缺乏一些景观元素来衬托，因此显得比较单调。一般在立交绿化时多以地面植被来衬托优美的线形，同时种植部分灌木花卉加以点缀，在匝道进出口处，还应有指示性种植与视线诱导种植。绿化应使立交构造物环境与周围有机的联系在一起。

②立交线形设计的美学问题

立交桥的平纵线形是两相交道路线形的有机部分，立交的交通组织方式对平纵线形设计有一定影响，立交桥各组成部分线形一定要和两端的道路线形配合一致，使其有良好的平顺性与连续性。在跨线方向，要注意纵坡不宜过大，纵坡过大线形的视觉连续性中断，因此在跨线方向往往较长的纵坡视觉效果好。在下穿部分，一般情况下因立交上部结构遮挡视线，当纵坡稍大时跨线桥中断了前方的连续意向，同样希望纵坡稍缓或桥下净空较高，这样凹形曲线视线条件会有所改善。多层立交由于结构重叠对视线影响大，设计时应注意要有一定的视线诱导。

③构造物设计

对构造物的设计要注意上部构造与下部构造有良好的配合，上部构造不要太厚，以减少重压感，厚度小的则感到轻盈，同样墩台不宜粗笨，桥下应有较开阔的净空，这样桥下压迫感会有所缓和。多层和带有单向匝道的立交上部结构重叠，墩台关系容易混乱，从而产生杂乱感而影响周围景观，因此要处理好它们之间关系。

关于桥梁造型与高架桥造型的美学原则，均适用于上述立交桥结构设计。

④立交的景观修饰

城市立交因行人较多应注意适当修饰，但必须与环境协调，立交桥的栏杆、灯柱造型要简单，并要与主体结构风格一致。下穿部分两侧挡墙宜采用水平线条以避免垂直线条的不舒适感。

参 考 文 献

[1] 熊广忠. 城市道路美学—城市道路景观与环境设计. 北京:中国建筑工业出版社,1990
[2] (美)AASHO. 实用公路美学. 交通部第一公路勘察设计院译. 北京:人民交通出版社,1981
[3] (日)大塚胜美,木仑正美. 沈华春,译. 公路线形设计. 北京:人民交通出版社,1981
[4] (日)岩间滋,七官大. 任力译. 透视图法在公路设计中的应用增订版. 北京:人民交通出版社,1984
[5] (日)正木光,等. 王太同,林贤光,戴风昆译. 道路照明. 北京:人民交通出版社,1982
[6] (日)新田伸三. 赵力正译. 栽植理论和技术. 北京:中国建筑工业出版社,1982
[7] (美)托伯特·哈姆林. 邹德农译. 建筑形式美的原则. 北京:中国建筑工业出版社,1982
[8] (德)汉斯·洛仑茨. 尹家译. 公路线形与环境设计. 北京:人民交通出版社,1984
[9] С. А. ТРЕСКИНСКИЙ, Г. П. КУДРЯВДЕВ. Эсбтемика автомобиˆъных дорог. МОСКВА: ТРАКСПСРТ,1978

注:本文摘自《交通工程手册》道路景观设计一章。

道路景观设计方法研究

摘　要：道路景观是指用路者在乘坐交通工具时以不同的车速运动中道路及环境的四维空间形象，要以动视觉原理作为基础，将车速作为景观设计的重要因素，去研究三维空间线形的配合，解决线形平顺性，并以四维线形(时空变化)在解决线形的平顺性以外，研究路线随时间变化反映出行车时的运动感与路线随时间变化的韵律与节奏，并以此作为衡量舒适性的重要标志。

一、概述

(一)定义

道路景观是指用路者在道路上以一定速度运动时视野中的道路及环境四维空间形象。如用路者的运动速度为零，视野中看到的则是道路与环境的三维空间形象。前者是动态的，后者是静态的。道路景观也包含路外人对道路及其环境配合的宏观印象。

道路景观的设计任务主要有下述几方面：

(1)要有优美的道路空间线形，平、纵线形要有良好的配合，线形平顺流畅，行车舒适并富有安全感；

(2)路线要有良好的视线诱导，对路线的变化要有可预知性以保证行车安全；

(3)道路及路边所有建筑物及周围环境应有良好配合，以形成优美的道路视觉环境；

(4)科学合理的道路绿化，可突出道路形象，改善沿线景观。

(二)研究道路景观的重要性

道路的发展史说明，道路路面铺装、道路几何设计理论、道路的通行能力研究以及道路交通的综合治理，都取得很大成绩，理论也日趋完善，因此研究在美学上、功能上、环境上能够被人们所接受的经济适用的道路系统已成为当今道路发展的必然趋势。道路设计不仅作为技术对象，而且要作为景观对象加以研究，道路设计除满足其自身功能的要求以外，还应有好的道路景观。应将路线设计、景观设计、环境设计作为一体化来考虑，使道路设计提高到新水平。道路景观设计，要求公路能成为自然风景的一部分，要求城市道路与周围环境配合得恰如其分，成为其有机部分。道路景观设计可为驾驶员、乘客及各种用路者提供一个舒适优美的道路环境。使用路者心情愉快，处于最佳精神状态，减少驾驶疲劳，保证行车安全。

(三)道路景观设计的研究方法

公路美学要研究的是在现代交通条件下，根据司机、乘客的视觉特点，从动态角度来研究线形的连续性、可预知性、视线诱导以及路线与环境的配合等；城市道路美学主要根据用路者的视觉特性、行为特性研究以道路组织城市艺术，探索城市道路与视觉环境一体化的设计方法。

1.道路景观设计的基本理论

根据各种文献与研究分析可归纳以下几点。

(1)动视觉特性的应用　传统的建筑美学是从静态角度来研究建筑物，即使讲的动态观赏也多指“步移景迁”。而公路是一个线性构造物，人们乘坐汽车，在一定车速下运动，连续的观察道路及周围环境的变化。当车速提高时，动视力随之降低，视野也变小，驾驶员的注视距离也随之变大，当大到一定程度时，就形成管状的隧道视(图1)。一般情况下，车速较低辨认距离较远，车速增加能够清晰辨认物体的距离相对缩短，因此驾驶员能够分辨物体的能力也随之降低(表1)。

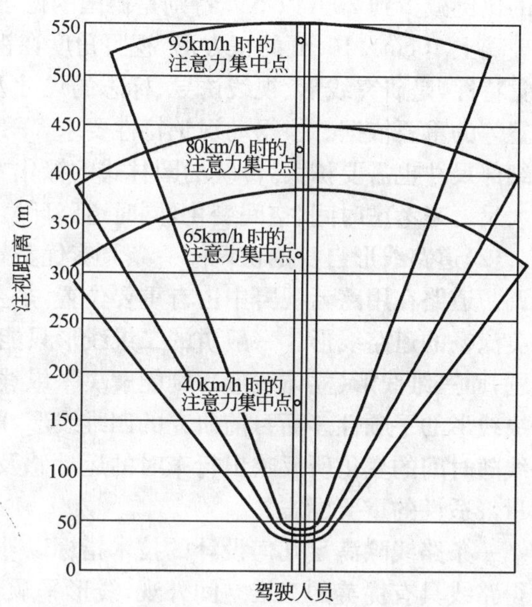

图1　注意力集中点、视野与车速关系图

驾驶员视野中前方能清晰辨认的距离　表1

设计车速(km/h)	60	80	100	120	140
驾驶员视野中前方注视的距离(m)	370	500	660	820	1 000
驾驶员清楚辨认的汽车零件或其他物体尺寸(cm)	110	150	200	250	300

在现代交通条件下，由于车速提高，速度已成为景观设计的重要影响因素。如快速交通减少了距离感，道路两侧景物快速向后移动，乘坐汽车旅行已成为一种连续审美的体验，因此有必要应用这种概念去研究与评价道路景观设计，用动视觉特性研究道路景观设计有重大的理论与实践意义。

驾驶人员只有在行车不紧张的情况下，才有可能观察与道路无关的事物或注意两侧景物。在中等车速下，驾驶员或乘客需要有(1/16)s 的注视时间才能看清目标，视点从一点跳到另一点时，中间过程景物是模糊的，如要看清，注视点则需相对固定。行车时两侧景物向后移动得快时，一旦辨认不清，就失去了辨认的机会，当注视的物体相对眼睛以大于每秒 72°回转角运动时，景物在视网膜上模糊不清。我们知道视野大小也随车速变化，路面在驾驶员的视野中的比例也因车速增加而变大。车速低时，路面在驾驶员的视野中所占的比例是 8%，根据地形与种植情况，此时道路两侧景物在视野中占 80%以上，如以 40km/h 车速行驶时，在 6 车道的道路上，视野中路面占 20%；以 96km/h 速度行驶时，视野缩小，路面所占的比例为 80%，公路两侧所占的比例减少到 20%以下。特别是德国的德尔·卡默波认为，驾驶员长期注意的只是玻璃上 10cm×10cm 的正方形、视野角度在视轴左、右各 9°，合计 18°。上述各种动视觉特性，是研究线形、视线诱导、标志的尺寸及设置位置，以及研究路边绿化间距、位置等的重要依据。根据动视觉特性要求，车速加大时，一切景观尺度需要扩大，建筑细部尺寸也需要扩大，传统的园林式的绿化方式需要改变，因此要求景观设计人员用大尺度来考虑时间、空间变化，同时道路环境中也需要有特殊的吸引人的景观。

(2)道路线形自身的协调　一条具有优美景观的道路，首先要求的是线形自身的协调。道路在用路者视野中占有重要位置，是主要景观元素，好的道路景观必须要有优美流畅的道路线形。一般讲的二维线形只能解决平面线形配合或纵面线形配合的问题，而三维线形（立体线形），则能解决平纵线形的三维空间配合，如配合得好则可解决线形的平顺性。而目前研究的四维线形，即除解决线形的平顺流畅之外，还研究路线随时间的变化所反映出行车时的运动感及路线随时间变化的韵律与节奏，它是衡量舒适性的重要标志。

一条路线除满足几何设计的技术指标以外，各个指标之间必然要有良好配合，以使得路线具有优美的三维空间外观，线形平顺、流畅，行车不别扭，并具有连续性，同时线形有良好的视线诱导与可预知性，使用者行车舒适，富有安全感。

(3)线形与环境协调　线形要与地形相结合，这是线形与环境协调的主要内容。要根据平原、丘陵、山区不同的地形特点布线，使线形与地形有机的配合，并使其融入自然，成为风景的一部分。线形与地形配合首先取决于合适的技术标准，而地形特征是影响选择设计速度的主要因素。美国在 40 年代就开始搞“平衡设计”，即在某种车速下，在造价与用路者的运营费用之间寻找平衡。只有适宜的设计速度与其相应技术指标才能更好的适应地形。适应地形即要求道路不应支配环境，要与环境融为一体，在环境中不要刺目要有合适的视觉比例（尺度），如视野中道路比例过大也必然显得单调。

道路与环境协调还要求有良好的绿化。绿化有利于加强线形特征，视线诱导，富有地方特色，美化道路环境。

道路与环境配合还包括沿线的附属设施、交通标志等，除有良好的交通功能以外，能成为道路景观的一部分。

道路与环境配合还要求其在环境中恰如其分，使路外人对路线宏观上有良好的印象。

2. 道路透视图

根据用路者立地点位置、视线高度、视线方向来绘制的透视图，称静态透视图；如果采用计算机处理并将画面加密，再经过拍摄使其成为连续画面者，就是动态透视图。这样设计图纸与设计文件经过处理就可以令人在道路上行驶时看到道路景观形象。

(1)道路透视图分类

①按绘制目的分

a. 研究道路线形的透视图　检查立体线形是否顺适，路线是否具有可识性，一般仅对平纵横配合有疑问的路段进行绘制，作检查之用。

b. 研究道路与环境协调的透视图　一般先绘制线形透视图，然后再绘制有全景的道路景观透视图。用以检查道路与地形、道路与绿化、道路与建筑等配合问题。

c. 研究人工构造物造型的透视图　为研究桥梁及人工构造物而绘制，可从用路者或路外人印象等视线方向绘制，一般需绘全景透视图用来检查构造物与风景，构造物与道路，以及构造物与街道环境协调等。

②根据观察者不同的视线位置分

a. 驾驶员透视图　从驾驶员的视觉出发，将立地点取在车行道上，视点放在驾驶员的视线方向所绘制的透视图，用这种透视图来研究线形与驾驶员视野中的视觉环境。立地点的取法如表 2。

b. 路旁透视图　主要从路外来观察道路景观，用以研究路外人对线形配合、路线与环境协调的印象。

c. 鸟瞰图　将视点放在空中，鸟瞰图可以了解较大范围的路线情况，可以从高处看到道路与环境的关系，它是一种宏观印象。

用路者视点位置　　表 2

用　路　者	视点高(m)	在道路平台上的位置
行人	1.5～1.6	双车道距中线 1m，四车道距外侧车道内边线 1m
小汽车驾驶员	1.3	
货车驾驶员	1.9～2.2	
平均值	1.5	

③按精度分

a. 概略透视图　先正确绘制路中线，横断面其余特征点只进行概略计算，可用来检查某一路线的总体顺适程度。

b. 精密透视图　图中物点坐标是经计算后绘制的，费时费工，除研究超高过渡段或其他过渡段的特殊需要外，一般不需要这种精度。

c.普通透视图　介于上述两者之间,可以用来绘制线形透视图,局部透视图以及全景透视图。

(2)透视图的应用　透视图是对道路景观的直观研究方法,用以检查平纵配合,以及研究线形与风景的协调,同时也用来研究构造物,及构造物与环境的协调。

(3)透视图的绘制　可采用人工绘制与计算机绘制,其具体绘制及计算方法可参考有关公路透视图绘制的文献或书籍。

3.其他直观研究方法

(1)设计模型　用泡沫型聚氨基甲酸脂塑料板做出纵断面来,再将其侧影板竖粘于公路平面图上,则塑料板顶边线可以反映出路线的三维空间配合情况。

(2)模型的模拟检查　将道路或桥梁按一定比例制成模型,用微型电视摄像镜头按一定路线高度和速度移动,屏幕上可显示出模拟各种用路者在道路上看到的道路景观。

二、公路景观设计方法

(一)公路景观的设计任务与原则

公路景观设计是公路设计的一部分,勘测设计阶段和养护、维修时均应对景观上的要求给予充分重视与考虑,公路应有优美的空间线形,不应破坏自然环境与景观,而且应与周围风景相协调。设计任务主要有四方面:

(1)空间线形设计　要求平、纵、横协调,具有良好的三维空间形象,使驾驶员感到线形流畅,行驶舒适安全,其任务是要有对线形设计做出的评价;

(2)视线诱导设计　诱导是指在一定范围内使驾驶员可以预见道路方向和路况的变化,以便选择安全的行驶措施。景观设计中应有诱导视线的措施及说明;

(3)路线环境设计　根据路线的特点,划分为若干景观区域,进行规划设计。各路段应有自己的特色,要使公路与自然条件融为一体,并减少因修路而造成对自然景观的破坏;

(4)公路绿化设计　利用绿化来改善道路环境及反映线形特征和地方特色。

根据国外数十年对公路美学研究的总结,公路美学应遵循下列原则:

(1)路线在所经过的地区要最佳地利用风景特征,避免单调;

(2)路线应与地形有机结合,避免大填大挖。设计车速与几何设计标准的选择都应考虑与地形配合的因素;

(3)公路应和周围风景融为一体,并成为风景的一部分。土石方工程造成的施工痕迹,应通过绿化及其他方式进行修饰以恢复其自然的外观;

(4)路线应具有优美的三维空间外观,线形流畅,具有连续性与良好的视线诱导,行车舒适安全,与周围环境协调;

(5)桥梁及其他构造物、交通设施等设计要考虑道路自身的协调并成为其有机部分，只有大型桥梁才有可能成为风景的主导因素，一般情况下桥梁都从属于路线；

(6)科学合理的绿化以改善公路外观，特别是路基以外的绿化有助于道路与周围环境连成一片。

(二)线形美学

1.平面线形的美学特征

(1)平面直线

直线为平面常用线形，这种线形便于选择与设计。这种线形具有明确的方向性；强烈的线形特征给人以整齐简洁之感。在古代由于行路困难，历来把"道路如矢"作为道路美的象征。但在现代工程中，汽车高速行驶的情况下，直线线形在视觉中比较呆板、单调、缺乏变化，静观时没有动感，长直线，容易引起驾驶员的疲劳、导致交通事故的发生。因此，在设计中，应尽量缩小直线段长度。

(2)平曲线

曲线包含圆曲线、缓和曲线等，是公路设计中采用的基本线形。圆曲线是基本线形要素，由两个或两个以上不同半径的曲线衔接构成复合曲线，当直线向曲线过渡或一个平曲线和另一个平曲线连接时应插入缓和曲线以达到线形平顺过渡。曲线线形容易配合丘陵及山区地形，同时便于绕越平面地物与障碍，曲线线形流畅、生动具有动感。在曲线上行驶容易形成优美的道路景观。

2.立体线形要素

好的道路景观首先取决于优美的三维空间线形，因此平面线形、纵面线形设计及它们良好的配合作为道路景观设计来讲是最基础的工作。

平面线形与纵面线形的组合有多种方式。在前联邦德国《市郊道路技术标准(RAL)》中提出线形有4种组合方式(表3)。此外，日本东京大学中村良夫建议线形有6种组合方式。见表4。

立体线形组合方式(前联邦德国)　　表3

组合内容	立体线形组合方式			
	I	II	III	IV
平面线形	直线	直线	曲线	曲线
纵断面线形	直线	曲线	直线	曲线

现按德国(RAL)的分类方法对其透视形状做一些简单的视觉分析，因组合时纵面曲线可分为凸凹两种情况，所以实际上是6种组合(图2)。

六种组合方式的主要特征如下：

①组合方式Ⅰ　线形上比较单调，景观缺乏变化，如直线过长容易引起驾驶者高速行驶，是平原区的主要线形。

②组合方式 $\mathrm{II}_{凹}$　在纵断面上设置凹形大半径竖曲线后成为组合方式 $\mathrm{II}_{凹}$，这种情况下视觉效果得到改善，可以弥补平面直线段的单调性与生硬性。在凹形竖曲线上行驶时，驾驶人员可以获得运动感与路线的动态印象。但这种动态上的愉快感往往造成司机高速行驶，是产生事故的隐患，故两端纵坡不宜过陡。为了保证视觉上的平顺性，一般半径要比公路工程技术标准规定值大 3～4 倍（表 5）。此外从行车要求出发各类竖曲线最小长度也不应少于 3s 行程。

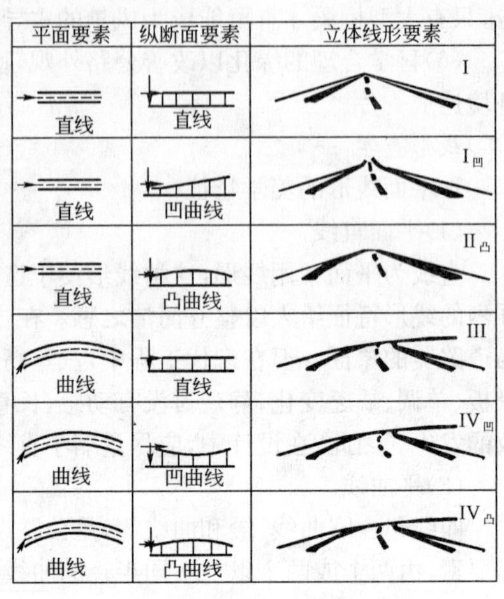

图 2　平纵线形组合的立体线形透视形状

如在两个 $\mathrm{II}_{凹}$ 之间插入直线段，则线形有局部浮起的印象影响平顺性。为了改善这种情况，则宜将两凹曲线做成半径相差 3～5 倍的复合曲线，以保证视觉上和行车上的平顺性。

立体线形组合方式（日本中村良夫建议）　　表 4

组 合 内 容	立体线形组合方式					
	I	II	III	IV	V	VI
平面线形	直线	直线	圆曲线	圆曲线	缓和曲线	缓和曲线
纵断面线形	直线	曲线	直线	曲线	直线	曲线

从视觉要求出发的凹形竖曲线最小半径　　表 5

设计速度（km/h）	120	100	80	60	50	40
满足视觉要求的凸形最小竖曲线半径（m）	12 000	10 000	8 000	6 000	3 000	2 000

③组合方式 $\mathrm{II}_{凸}$　平面线形为直线与纵面线形为凸形竖曲线组合成为 $\mathrm{II}_{凸}$。这种线形的好坏取决于前方视线情况，如前方线形不能确认，则驾驶者就会降低车速，线形连续性也会因前方视线受阻而中断，道路景观深度也相应受到影响。因此凸形竖曲线半径应考虑行车平顺性与行车视距、安全等方面要求，采用大于技术标准的极限最小值，从视觉上的要求考虑一般应达到表 6 的要求。

从视觉要求观点出发的凸形竖曲线半径数值　　表 6

设计车速（km/h）	120	100	80	60	40	20
从视觉要求的最小半径（m）	20 000	16 000	12 000	90 000	4 500	3 000

④组合方式 III　由平面曲线与纵面线形要素直线组合而成的立体线形。这种

线形纵面上没有大的起伏，只要平面曲线半径大小选择适当就会获得良好的视觉效果。在这种线形上行驶可以在前方看到路侧景观，这种变化使用路者感到新鲜，如配合不好或在两种组合方式 III 中插入立体线形 I（产生断背曲线）均会破坏线形的平顺性，后者一般将两个平曲线做成复曲线或同一曲线，使线形得到改善。

⑤组合方式 $IV_{凸}$　平面线形为曲线与纵断面为凸形曲线组合而成的立体线形。这种线形只要线形要素配合适当就能得到视觉平顺性并具有良好的视觉诱导的线形。

⑥组合方式 $IV_{凹}$　将平面曲线与纵断面凹形竖曲线组合而成的立体线形。这种线形的关键是平曲、纵断面的曲线要素大小配合适当，平衡良好，就可以得到最平顺流畅的视觉线形。

3.线形设计的视觉分析

好的线形既要满足汽车运动学和力学上的要求，又要满足视觉、心理方面的要求。并且与环境协调。满足汽车力学要求，不一定能满足视觉与心理方面要求。

汽车行驶时，驾驶员是通过视觉和动感来感觉立体线形，因此视觉是联系公路与汽车的媒介，运动感是一种补充。研究立体线形的直接方法是透视图，通过透视图来判断是否满足汽车行驶与视觉上的要求。

良好的线形它的平面与纵断面要有好的配合。一般平坦地形主要以立体线形组合 I 或纵断面上起伏较小的线形 II 为主，这种线形便于绿化与建筑布置。但地形有一定起伏时，如线形中有适当大小的立体线形组合 $IV_{凹}$、$IV_{凸}$ 与之连接并配合时，线形就显得富有连续性与平顺性并对视线有良好的诱导。我们可以将三维线形分别分解为平面与纵断面各自的二维线形，如果平面曲线的曲率变化点与竖曲线变曲点位置大致相同（即通常讲的互相对应），如能做到这一点，无论从视觉上、行车上、排水上都是好的立体线形。一般要使曲率变化点具有相同位置，就需要在驾驶员的视觉能瞭望到竖曲线顶部范围，平曲线才开始弯曲。这样车行道的视觉形态就能反映到驾驶人员的眼中，使驾驶人员感到线形是平顺的而且是连续的，并且前方线形也是可预知的。在纵坡较大的路段如受地形限制，应该使平面的曲率变化点接近竖曲线底部起点，使驾驶员可以尽早察觉下面的变曲点。只有线形是平顺的、连续的对视线有良好的诱导性，才能说配合是好的，行车是舒适的，有安全感，在美学上也是令人满意的。

如线形配合不好，则线形往往缺乏平顺性，线形不连续，缺乏视线诱导。一般直线坡道上插入小半径竖曲线则破坏了平顺性，并使路线变得曲折，这种线形在视觉上和心理上都是不好的。另一种情况就是平曲线插在竖曲线顶部，这样驾驶人员不能察觉前方的明确方向，判断不清平曲线变化曲率，这样对行车安全不利。但若插在顶部能察觉前面平面变化的范围，这种线形则得到改善。如线形在较短路段内呈凹凸起伏，在视线的前方短的路段内起伏或多次起伏，也破坏平顺性，在夜间行车的灯光下这种起伏尤为明显。此外路线呈蛇行弯曲,车行道突然跳起或落下,这两种情况均坡坏了路线行车的平顺性与线形在视觉上的连续性。平纵配合不好的线形对行车不利,在美学上也不可取,应避免。

综上分析,线形设计要注意下述各点:

①平曲线和竖曲线要重合,即一一对应,平曲线比竖曲线长,做到"平包竖";

②平曲线和竖曲线半径要保持均衡,一般竖曲线半径为平曲线的10~20倍,可获得均衡感;

③要选择适当的合成坡度,一般在8%以下较好;

④避免在凸形竖曲线顶部,凹形竖曲线底部,插入急转弯的平曲线;

⑤在凸形竖曲线的顶部或凹形竖曲线的底部,要避免设置断背曲线的变曲点;

⑥在一个平曲线内要避免同时出现凹形与凸形曲线。

4. 线形评价

线形评价的主要因素是安全性、舒适性、迅速性、经济性。在可行性研究与初步设计阶段是经济性和迅速性,而在技术设计阶段安全性与舒适性就成为主要的项目。

本段的评价主要是从路线设计的美学角度考虑对它的评估。作为一条公路不管多么优美,如没有安全感在美学上是不能令人满意的,安全感与舒适性是成比例的,有安全感的道路则是舒适的。但安全感与安全性不同,有些道路缺乏安全性但却让驾驶人员心理有安全感,这样则导致大意疏忽,造成事故率高,有些道路安全性高(事故率低),但驾驶员缺乏安全感。因此从美学角度出发,我们希望路线自身安全性高也让驾驶人员充满安全感。作为公路美学有关的舒适性与景观设计问题,应贯穿在设计的全过程,从宏观上来讲,路线的位置要和外部环境协调成为风景的一部分,因此要求选择一条与环境协调和配合良好的路线。从景观元素上来讲,即路线自身协调,再细分还有路侧、边坡、中央分隔带、路边交通设施以及绿化等均应从景观角度精心设计、修饰。舒适性是可以通过三方面获得的:即通过视觉器官感受到的;通过车辆运动感觉给与的;通过时间变化得到的。视觉是联系用路者与环境的媒介,道路环境的信息等主要是从视觉中得到的,因此线形的平顺性和连续性以及带来的安全感是评价线形协调与舒适性的重要方面。另外,舒适性是通过运动感觉或平衡感觉来体现的。曲线段行驶时感到的离心力,不同曲率的曲线段行驶时的离心加速度变化率,上、下坡道时的加、减速度以及车辆运动时的其他变化感受等是舒适感的又一个来源。车辆行驶时视觉环境随时间的变化以及运动感觉随时间变化等都会产生节奏感,这些有时间概念的四维现象提供了道路的舒适性。如果视觉环境和运动感觉没有动态变化,用路者会感到厌倦,但这种变化过于急骤也会使人惊惶失措,然而这种变化缓慢出现,时而缓慢消失,或者是刺激的绝顶期和驰缓期适当反复交替,则提供一种节奏感,使人产生行驶过程中的愉快变化,这就是舒适性。上述是舒适性的感觉,但如何具体判断舒适性还不能定量掌握，即使通过仪器检测人们对这些的反应，也因对同一种事情人们反应有很大差距而不能定量判断。

从上述分析可以看出，为了形成行驶空间的视觉舒适性，需要谋求：

第一：路线和线形与周围景观和地形相协调；

第二：确保线形本身的平顺性、连续性。

5. 线形与景观设计

公路景观所有部分，如路线、车行道、各种桥梁、沿线建筑物、绿化植物、装饰和设施等，应形成统一的建筑群体。在保证全路统一建筑风格的同时，不同路段上的景观还应有自己的特色。

(1)路段的建筑小区

①建筑小区　对较长的公路，可分段建设，使之各具特色。这些建筑各异的路段，称建筑小区。建筑小区的长度一般为 3～5min 行程，其参考长度如下：

高等级公路	8～10km
一 般 公 路	6～8km

建筑小区的两端边界一般可选在凸形竖曲线的转折处，这样在竖曲线顶点可看到小区大部分。小区边界也可选在风景区变化的交界处。在景观设计时建筑小区应有一景观主轴线，小区内所有景观元素的布设均应以主轴线为准进行协调，以获得好的视觉效果。此外还应注意在一个小区只能有一种主导建筑，这主导建筑可成为小区的标志，也就是区别于其他小区的个性。

建筑小区是景观规划的单元，一个小区内绿化、沿线设施应该协调，如有可能，风景应有一个主题。

②关于空间线形设计　立体线形设计，除一般讲的线形配合之外，为了获得好的视觉效果还应注意以下各点：

a. 在景观单调的平原区内，居民点以外的道路直线段长度，一般小于 3km。

b. 路线平纵布设要反映地形主要特征。

c. 直线和曲线长度变化要有规律，线形要舒顺，避免断背曲线等不利的衔接方式。

d. 除采用最小半径的情况以外，半径选择应考虑转角大小，转角越小半径取值越大，以保证线形视觉上的平顺性。

e. 平曲线与竖曲线配合上，应尽力做到一一对应，平曲线长度与凹形竖曲线长度要保持一致。而平曲线长度比凸形竖曲线的长度应长出 20～100m，其参考值如表 7 所示。但从对应来讲一般认为良好线形应该是平曲线的变曲点与竖曲线的变曲点置于大致相同位置，这样无论从视觉上、排水上或汽车行驶上都好，此外还应注意平、竖曲线半径大小的均衡，一般认为竖曲线半径为平曲线半径的 10～20 倍时可以取得均衡的效果，其参考值如表 8 所示。

平曲线延长值(m) 表7

平曲线延长值(m) \ 平曲线半径(m) \ 车速	500	1 000	1 500	2 000	2 500	3 000	4 000
120～100km/h	25	30	40	45	50	60	80
80～60km/h	20	25	30	35	40	45	50

平曲线与竖曲线半径的均衡 表8

平曲线半径(m)	竖曲线半径(m)	平曲线半径(m)	竖曲线半径(m)	平曲线半径(m)	竖曲线半径(m)
600	10 000	900	20 000	1 200	40 000
700	12 000	1 000	25 000	1 500	60 000
800	16 000	1 100	30 000	2 000	10 000

f. 当转角较小时(0°50′～8°)，为改善曲线的外观，应采用合适的回旋曲线参数，一般$\frac{R}{3}\leqslant A\leqslant R$或$A\leqslant R\leqslant 3A$，其参数值如表9所示。

小转角回旋曲线A参数选用参考值 表9

小转角值(°)	回旋曲线的参数值A(m)	小转角值(°)	回旋曲线的参数值A(m)
2～3	>1 400	5～6	500～700
3～4	1 000～1 400	6～7	600
4～5	700～1 000		

g. 两反向回旋曲线之间的直线段最大长度按$L_{max}\leqslant\frac{A_1+A_2}{40}$取值，且$\frac{A_1}{A_2}\leqslant 2$(其中$A_1$、$A_2$为相邻两回旋曲线参数)。两反向曲线半径比值不能超过3倍。

h. 建筑小区内的纵断面设计线，通常应当是缓顺的凹曲线，小区内纵坡是由若干纵坡组成，小区底部纵坡宜缓，两侧纵坡可以采用较大值。

(2)各种地形下路线的布设

①路线测设时为了获得好的宏观印象，应沿着景观外貌的边界，如山坡坡脚、林边、河谷台地等有明显地形特征的位置布线，或沿着景观的天然轴线，如分水岭、水系边岸，以及水渠和铁路线布设。

②平原地区地面自然坡度小，主要障碍物是地物，直线是主要线形，但长直线行车单调容易造成事故。因此布设时绕越地物增加适当的转折(也就是插入曲线)，克服单调感，带来生动的道路景观。

③丘陵地区路线宜布设在景观要素的过渡区内。如丘陵呈丘状，则宜在坡脚之间穿越，这样与地形有好的配合，纵面不会有大的起伏。

④河谷路线也就是沿溪线。这种路线傍山依水一般容易形成优美的道路景观，布线时应合理利用台地，沿河岸布线景观较好，但有大量的防护工程，如台地很宽沿坡脚布线也是可行的，沿该线布线时主要直线与曲线要与岸边的走向相适应，如经济上允许有些与线形不顺适的河湾应该跨越。

⑤山岭路线，低等级公路的平、纵要求容易满足，根据地形布线以求得路线与环境协调。高等级公路布线时应配合采用隧道、半山桥、栈桥等构造物来适应地形，这样也可能形成优美的道路景观，对原有地形大的切割与破坏不可能有好的视觉效果。

(3)路线设计各阶段景观设计任务

①初步设计阶段

a. 确定建筑小区和路线要素。

b. 根据路线平、纵面图编制景观设计布置图。布置图除了标有道路纵断面和取直后的平面图以外，都要标明建筑小区界限、长度、主要建筑、建筑小区基本风格等，其参考图见图 3。

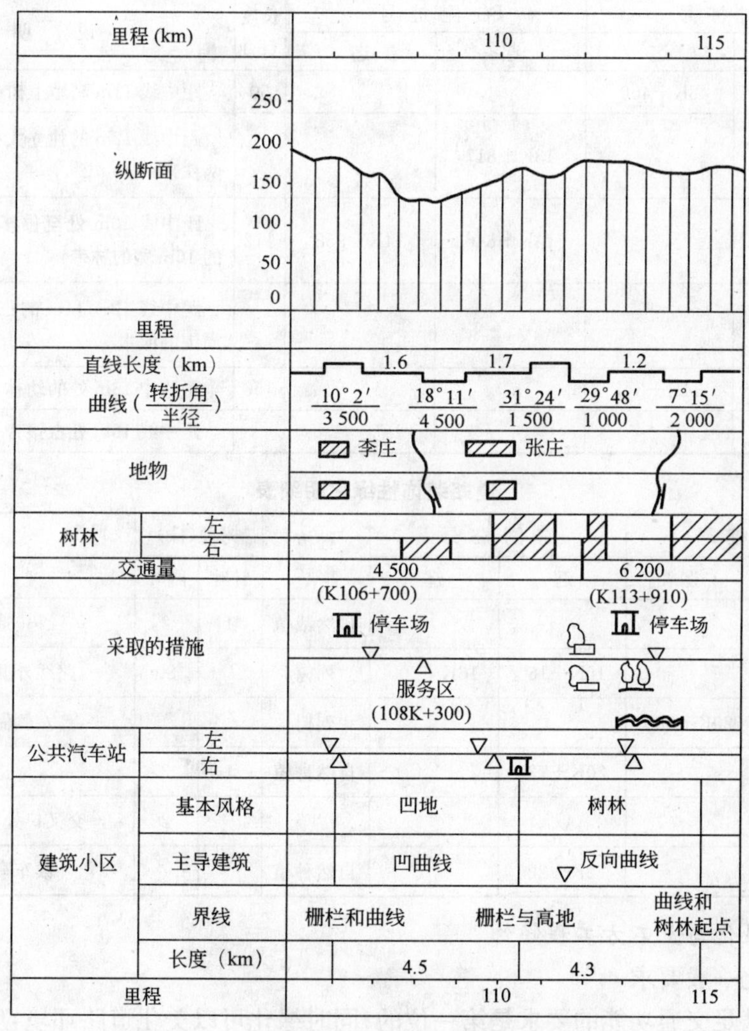

图 3　沿线景观设计布置图

②施工图设计阶段

a. 检查平纵配合以及路线与景观的协调，对主要路段或需要检查的路段做出透视图。

b. 根据初步设计时的景观设计布置图，做出详细的道路绿化方案、景观改善方案、土石方集中点修饰方案等。

c. 编写交通设施明细表，包括道路交通标志明细表、汽车停靠站、候车亭、服务区、停车场等明细表、装饰性绿化及保留树木明细表。

绿化及交通设施布置参考图 4，保留树木及装饰性绿化参考表 10、表 11。

公路用地范围内保留树木明细表 表 10

左侧桩号		右侧桩号		长度(m)	说明
起	讫	起	讫		
8K+400	8K+450			50	距中线 11m 高地上树林
13K+816		13K+817			距中线 12m 的独立大杨树（每侧各两株）
		14K+846	14K+958	112	距中线 10m 处至停车场中间留出的 16m 宽的林带
30K+295					距中线 12～14m 的三颗大松树及周围的灌木
34K+297	34K+347			150	距路中 13m 处的幼林
34K+600					距中线 16m 处古银杏一株

道路装饰性绿化明细表 表 11

左侧桩号		右侧桩号		种植形式	树种(株)		说明
起	讫	起	讫		针叶	阔叶	
15K+110				自然栽植	1	2	造景
		16K+160	16K+200	列树		80	路线外侧视线诱导
20K+156	20K+260			列树			左侧做遮蔽用
		20K+720		自然种植	1	2	造景
21K+520						2	交叉口处指示性标志
		22K+225		自然种植			候车亭边造景

(三)公路绿化与土石方工程修饰

1. 绿化一般要求

绿化满足交通功能的要求是第一位的；同时绿化可以美化道路环境，反映地方特色，加强某一路段的特征，为旅客创造舒适的旅行环境。

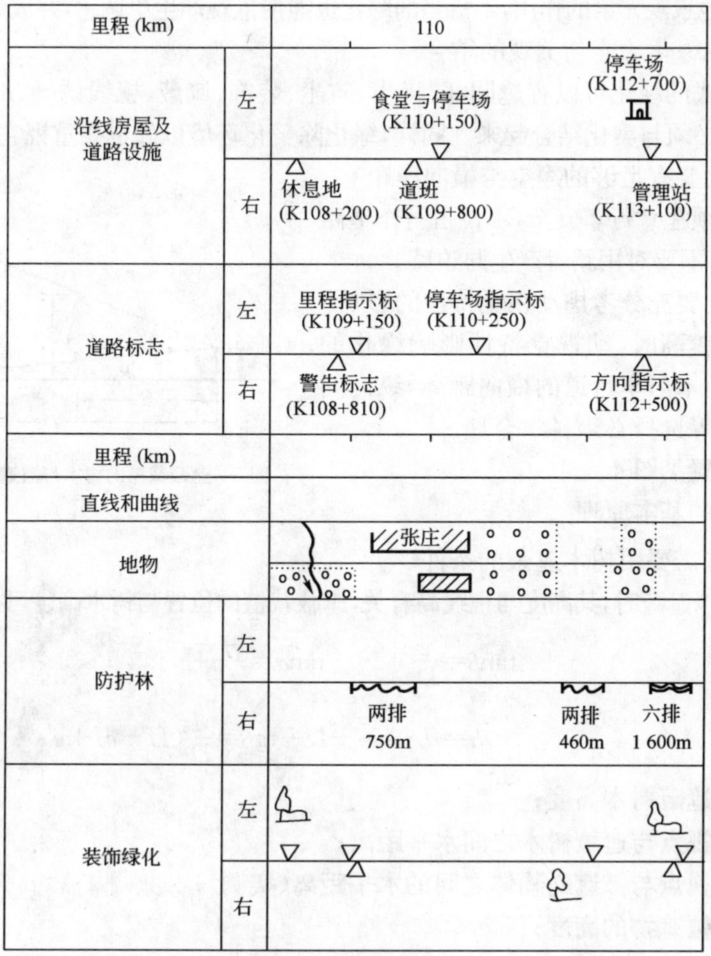

里程(km)		110
沿线房屋及道路设施	左	食堂与停车场(K110+150)；停车场(K112+700)
	右	休息地(K108+200)；道班(K109+800)；管理站(K113+100)
道路标志	左	里程指示标(K109+150)；停车场指示标(K110+250)
	右	警告标志(K108+810)；方向指示标(K112+500)
里程(km)		
直线和曲线		
地物		张庄
防护林	左	
	右	两排 750m；两排 460m；六排 1 600m
装饰绿化	左	
	右	

图 4 绿化及交通设施布置图

(1)利用绿化加强道路特征

现代道路环境容易雷同,不同的绿化方式有助于加强道路特征,把不同的道路或路段区分开来。绿化有助于加强道路的连续性与方向性并使驾驶者产生距离感。

(2)绿化要有地方特色

地方特色会使本地人感到亲切,外地人喜爱。本地绿化植物适应性强,容易收到预期的效果,这种绿化有助于强化地方特征。

(3)要有适宜的树种

要有多品种的协调和多种栽植方式配合,适宜的树形、色彩、香味、季相,在景观上、功能上会有较好的效果,要能四季常春,都有相宜的景色。

(4)绿化要与其他景观元素相协调

道路景观是由多种景观元素组成的,各种景观元素的作用、地位应恰如其分。不能用绿化代替其他景观元素的作用,不恰当的绿化也能使景观产生单调感,并成为视线障碍。

(5)重视绿化功能与美观的结合

不同方式的绿化可以有遮阴、防噪声、防尘、装饰、遮蔽、视线诱导、地面覆盖等功能。但功能必须与美化结合起来。同样,绿化除美化环境以外也要重视它的交通功能。

(6)绿化要有足够的净空与横向净距

绿化必须注意行车安全,不侵占行车道路必要的净空,不要对用路者产生胁迫感。

(7)绿化要充分考虑动视觉特性的影响

当车速较高时,动视觉特性影响绿化的方式,因此树木与车行道的横向距离,纵向间距以及树形等选择必须科学合理。

绿化布置见图 4。

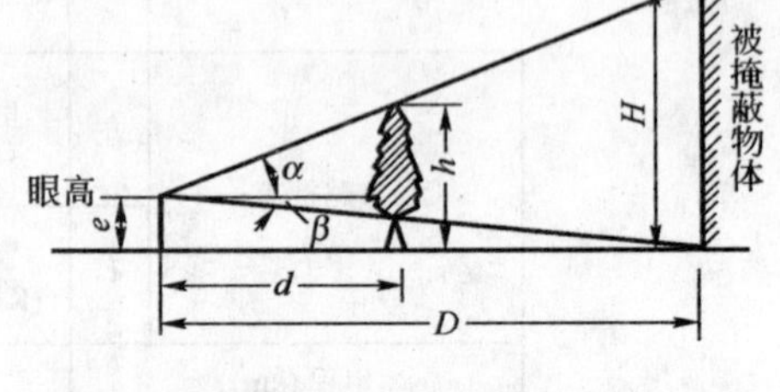

图 5 遮蔽裁植的树木与被遮蔽物的关系

2.绿化的基本原理

(1)前方需要用树木遮蔽的条件

树木用以遮蔽时,其高度与视线高有关,遮蔽裁植的位置与树木高度可按图 5 确定。

$$\tan\beta=\frac{e}{D} \qquad \tan\alpha=\frac{H-e}{D}$$

则

$$h=d\cdot \mathrm{tg}\alpha+D\cdot \mathrm{tg}\beta=\frac{d}{D}(H-e)+e$$

式中:h——遮蔽树木高度;

d——视点与遮蔽树木之间水平距离;

D——视点与被遮断物体之间的水平距离(实测);

H——被遮物的高度;

e——视线高,直立 1.50~1.60m,小车 1.10~1.20m,大客车 2.2m;

α——水平视线上部与被遮蔽物上部相交的仰角(可实测);

β——水平视线下部与被遮物下部相交的俯角(可实测)。

上式中 e、H、D 确定后树木离视点越近时,树的高度可以越小。其中 D 是要根据从什么位置开始遮蔽来确定。

(2)在汽车行驶条件下成行树木的遮蔽问题

汽车行驶时如只注视前方,能否看到两侧建筑或其他景物主要取决于树形(包括树干高度)、树冠大小以及树木的间距,其关系如图 6。

则

$$S=\frac{2r}{\sin\alpha}=\frac{d}{\sin\alpha}$$

式中:S——树的间距;

d——树冠直径;

r——树冠半径；

α——汽车行驶方向的视角。

一般人的视野最清晰的地方是偏离中心 1.5°左右的范围，60°的平面视野角度也能看清，但超过 60°的范围清晰程度会减小。因此当 $2\alpha=60°$时，$\alpha=30°$，则 $\sin\alpha=0.5$、$S=2d$，所以当 S 小于或等于 $2d$ 并且树木重复出现时，就可将驾驶员侧方视线遮断。

(3)驾驶员、乘客在侧方透过树木观看景物的条件

当车速提高以后乘客要从树间观看树后景色，树和后面景色就会重叠，这种对象物在极短露出时间内不断的反复，可以看作融合一体状态。这种发生融合的最小周波数，叫做临界融合频率 *CFF*。一般定为 50～60 周波左右，如满足下列三条件，树后景物则会遮断。

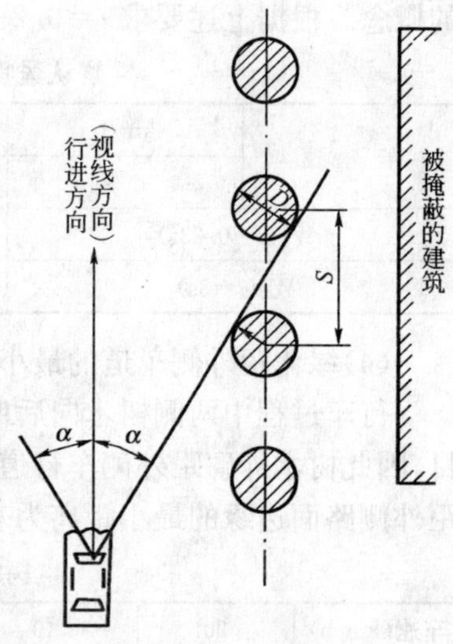

图 6　行车时排树与驾驶人视线关系

①树木的重复应在 *CFF* 值以下，即 $F=v/S$ 值在 18 周波以下(中心视力 1.5°时)；

②行道树的露出时间，应能在觉察它的形状的露出时间以上，即 $t=d/v$，为 0.03s以上；

③为看清相邻的每一棵树，则树间的休止时间也应大于、等于某一数值，即 $T=W/V$，为 0.2s。

上述公式中：d——并列树的树冠宽度；

S——并列树的间隔；

W——并列树中间的宽度；

F——并列树的重复频度；

T——并列树间的休止时间；

t——并列树的露出时间；

v——并列树的相对速度($v=V$)。

如要在行驶过程中从树间识别风景，必须要有充分的露出时间，那么树间最小间隔为：

$$W=vt$$

式中：W——树的间隔(m)；

v——树的相对速度(m/s)；

t——辨别确认风景的时间，t=反应时间+露出时间。

其中反应时间为 0.2s，露出最小时间为 0.03s。如果没有足够时间就不能辨认景物，能清楚辨认一般要有 4s，而电视与电影始像时间为 5s，因此也有 5s 眺望行程

的概念。根据上述要求 $t=0.23s$、$t=5s$ 的计算结果如表 12 所示。

辨认景物与满足眺望要求的树间间隙(m)　　表 12

车　速							
车　速	km/h	20	40	60	80	100	120
	m/s	5.56	11.11	16.67	22.22	27.78	33.33
$\overline{W}_1(t=0.23s)$		1.28	2.56	3.83	5.11	6.39	7.67
$\overline{W}_2(t=5s)$		27.80	55.55	83.35	111.10	138.9	166.65

(4)绿化距外侧车道的最小距离

行车过程中两侧树木向后回转角大于 72°/s 时,视网膜上景物模糊不清,同时眩目,因此树木外廓距外侧车行道驾驶员位置的最小距离不得不小于表 13 所示数值,距外侧路面边缘的最小距离为表 14 所示数值。

树木外廓距驾驶员的最小距离　　表 13

车速(km/h)	20	40	60	80	100	120
距离 D_1(m)	1.71	3.39	5.09	6.79	8.50	10.83

树木外廓距外侧路面边缘的最小距离　　表 14

车速(km/h)	20	40	60	80	100	120
距离 D_2(m)	1.21	2.89	4.59	6.29	8.00	10.33

注:此距离考虑到车辆外侧乘客的视觉要求。

上述距离含路肩宽度在内,据上表数据要求,绿化位置一般应在边沟之外,假若考虑回转角不大于 72°/s,同时考虑注视时间需要 5s,则所需的距离如表 15 所示。

考虑回转角及注视时间的距离　　表 15

车速(km/h)	20	40	60	80	100	120
距离 D_3(m)	8.55	16.93	24.45	33.95	42.5	54.15

表 15 所列距离考虑到用地困难,作为树穴位置难以接受,但可作为建筑红线,建筑物退到上述位置方可清晰辨认建筑细部。

目前绿化对现代交通条件下的视觉特性注意不够,绿化原理中的一些定量分析均根据不同车速对视觉的影响来确定合理的绿化间距,操作中应予以重视,以使绿化能够科学合理。

3.公路绿化

(1)绿化植物的性质与状态

道路绿化植物有树木、花卉、草等。绿化植物的性质、状态等分述如下:

①树形　分为乔木、灌木、蔓生三种,决定树形和尺寸的主要因素有树高、树冠高度、自测树干周长、树下高度、树形等。

②色彩　部分树木的叶子,如山茶、樱树、枫树等都有鲜艳的颜色,一般常绿阔叶

树是浓绿色，落叶树为翠绿色。而不同树种的树干也有不同的颜色，如梧桐为蓝绿、白桦呈白色、红松呈红褐色等。

③香味　不少树种的树叶、花或果实有各种不同的芳香气味，有的树干也可能散发香味。

④质地　树冠的质地构成要素有叶和花的形状，以及树冠大小，生长密度和生长状态等。如大叶的树木和高大建筑较协调，小叶树木适宜庭园、路边及分隔绿化。

⑤季相　指的是树木萌芽、展叶、开花、结果叶红(叶黄)、落叶等现象，它与环境的季节变化密切相关。由于植物的季相变化，可以使人们感受周围景观的变化与季节更换。

⑥树势　指的是树木生长度，萌芽性与移植的难易。有的树木生长得快，有的树木生长慢，生长快的树到一定程度要修剪。树木移植后的成活率是不同的，有的树木移植困难，一般春季发芽期前是移植的适当时候。

(2)栽植形式

道路绿化是道路环境的有机组成部分，绿化要从景观与功能等方面考虑它的种植形式。

①景观栽植　基本形式有整形种植；自然风景式种植；自由式种植；群落种植四种:其中前三种应用于道路绿化较多。

整形种植有设定轴线的栽植、对称栽植、直线栽植、花样栽植等。其中对称栽植如三车道分隔带与行道树种植等均是，这种形式秩序明确、种植物之间有强有力约束。直线种植具有明确的方向性，花样栽植可以用于分隔带与环岛立交桥的绿化。

景观栽植的基本形式，有单植、对植、列植、叠植、群植等方法。

②自然风景种植　主要用于造景、路边休息场所等，模拟自然景色，以立面效果为主，要根据道路环境来决定。

自然风景种植的基本形式有随意栽植、寄生栽植、群植、零散栽植、主树、背景栽植等。

③自由栽植与群落栽植　自由栽植即栽植形式不像整形式那样有规则，也不像自然风景式那样没有规则，它是一种与现代艺术新倾向相适应的一种形式。其手法是动用整形栽植手法及自然风景式栽植手法。

群落栽植又称生态栽植，它是利用生态学的观点进行栽植的方法，将一群绿化植物组成生物共同体，实用于大面积绿化。

④功能栽植　功能栽植主要是通过绿化来达到某种功能上的效果，如遮蔽、装饰、遮阴、防噪声、防风、视线诱导、地面的植被覆盖等。但功能不是唯一的要求，不论采取何种形式都应考虑多方面效果。

a. 遮蔽种植　把视线某一个方向加以遮挡以改善道路景观。

b. 遮阴栽植　我国不少地区夏天比较炎热，道路温度也高，所以对遮阴树种植十分重视。遮阴栽植对改善道路环境，特别是夏天降温效果是显著的。遮阴树品种应选择树冠大、叶片大、枝下有一定净空、不防碍交通、夏季有树荫、冬季日照良好的落叶树，同时树木要没有臭味、无刺、少虫，同时根部要经得起践踏。

c. 装饰栽植　用于道路绿化带及道路沿线建筑用地周围，一般采用各种树篱，厚度 30～60cm，高度 120cm、150cm、180cm、210cm，如采用低灌木镶边，高度为 30～90cm；宽度 30～90cm。要求所选择的树种萌芽力要强，枝叶细密，能长久保持下部性质坚实、姿态美丽。而且要耐修剪，树势能长期不衰。

d. 地被栽植　指具有面上扩张力能覆盖地面的植物。地被栽植就是使用地被植物覆盖地表面，可用以防尘、防土、防雨水冲刷，如坡面上的绿化等。地被植物对小气候有缓和作用，绿地也可以调节道路景色，同时反光小、不眩目。高度一般要求在 30cm 以下，要求是多年生植物、生长力要强、少修剪、病虫害要少、耐践踏。

e. 防噪声栽植　在汽车专用道、高速路两侧可栽种绿化植物，衰减噪声，防噪声栽植的树种最好是常绿的高树，枝干下部要低，要高低树搭配，一般注意距中心线 3～15m，宽度 6～9m。

(3)高等级公路绿化

高等级公路绿化要充分反映汽车专用路的特点，功能与景观结合是主要问题。

①视线诱导种植　通过绿化种植来预示或预告线形变化以提高行车的安全性，这种诱导主要表现在平面曲线与纵断面的线形变化上。诱导种植要有连续性，同时树木也要有适宜的高度与位置才能达到预期的目的。

②指标种植　主要作为一种标志性种植，用以指示服务区、停车场、道路进出口位置等。

③遮光种植　遮光种植也称防眩种植，行驶速度高时这种眩光往往容易引起驾驶员操纵上的困难，影响安全，采用遮光种植，防眩种植的间距、高度与驾驶员视线高和前大灯的照射角度有关。

④适应明暗的种植　当汽车进入隧道时明暗急剧变化，眼睛不能适应，应在隧道入口栽植高大树木，使高度逐渐变化，以缩短适应时间。

⑤缓冲种植　目前路边设有防护栏，冲撞时车体与司机受损很大，如同时种植又宽又厚的低树群，可以起到缓冲的效果。

⑥立体交叉处的绿化　一般立交地面有地被以衬托立交优美的线形，不宜沿线栽植高大乔木，这样影响立交景观，立交的绿地可以种有较高观赏价值的少量常绿乔木、灌木与花卉。出入口可有指示性标志的种植，曲线部分可栽植诱导视线的绿化植物。

⑦其他栽植　如坡面绿化，路边有碍景观的遮蔽种植，防噪声种植，点缀路边风景的修景种植等。

4. 土石方工程的修饰

土石方工程造成对原有环境的破坏，施工中的痕迹应该整修，才能使公路与环境融为一体。

填方、挖方的边坡要与自然地面相连接，这种连接应很顺适。因边坡是道路与原地面的过渡带，可用翘曲和圆滑边坡来改善视觉效果。边坡不是用生硬的折线，而是用圆弧来代替转折，以使坡角圆滑顺适，这样可以增进边坡坡面弯曲的自然效果，一般可将坡面1/3做成圆滑形状。边坡应有一定的粗糙面以便防护或植草，坡面较陡时可以设置挡土墙，墙面可种攀缘植物加以改善，挖方以后的边坡也要在有条件情况下加以绿化。

（四）公路附属设施的美化

道路附属设施及交通管理设施是公路环境的一部分，是发挥公路功能与保障道路交通安全不可缺少的，由于对视觉环境的影响美学问题应予重视。

1. 公路附属设施

公路附属设施有公路管理及道班用房、停车场、加油站以及道路照明等，它们是道路景观的组成部分。

(1)公路用房

公路管理及道班用房应有合理位置与合理服务范围，为了突出是公路景观的一部分，可作为建筑小区的主导建筑之一，因此不要与一般居民点混杂一起而失去它的特点，从建筑上来讲一条路线要服从建筑的总体风格，但不同路段也可有不同的特点，反映它们的个性。一条路要统一规划，与道路总体环境相协调，以成为道路风景的一部分。

(2)停车场、加油站、观景台

高等级公路(或交通量大)沿线要设置停车场、观景台、加油站等综合休息区或技术服务综合设施。

①休息场所应设在风景区旁，如湖泊、河流、林间草地，有条件的地方可在路边高地修筑观景台以便眺望。休息地应提前2～5km设立标志，对通往休息地的支路要有指示标志，路边休息地要处理好停车与行车道的关系。休息地有条件可以设置亭、椅等。

②加油站应合理分布，做好建筑上的规划与设计，有合理服务半径，可以作为建筑小区标志性建筑，并处理好与环境的关系。加油站的功能应向多样化发展，使其具备临时停车、供司机小憩或进餐等功能。

2. 公路交通设施

公路交通设施包括交通信号灯、标志、标线、安全护栏等，是重要的视觉因素，前已论及，不再赘述。

（五）干线公路标准化、美化工程

交通部制订的公路标准化、美化工程，简称GBM(汉语拼音字头缩写)工程，其实施标准是结合我国实际情况为提高公路建设、养护、管理和服务水平，以及为社会提供良好的交通环境而采取的重大举措。

GBM工程实施标准包括总则(指导思想)、路基、路面、桥涵构造物、沿线设施、绿化、管理等内容。对于新建干线工程标准化、美化应该列入设计内容。设计文件也要有道路景观设计，对于改建或已建成的干线公路也应按GBM工程实施标准来进行改造。

1. 标准化

标准化是强调路线、桥涵、路基、路面、交通设施都能满足设计、施工、养护的技术标准、规范的要求。以形成交通流畅、安全、舒适、优美的公路交通环境。

线形要符合技术标准这是美化的基本;路面设计要有与交通量相适应的结构形式,路面要有良好的平整度、整体强度,汽车专用路应有足够的粗糙度。同时路面与路肩分界要醒目,使路面、路肩边缘齐整与线形一致。路基宽度应符合标准、稳定坚实。路肩植草或硬化。

桥涵构造物承载能力与宽度要符合标准要求,防护工程设施与环境相协调,桥梁技术状况良好。

沿线标志、标线设置准确、完整、醒目、美观,路肩逐步设置边线轮廓标志(间距100m)。平原地区路基高于4m以上、山岭区提高6m以上路段应在路肩埋示警桩,或按公路养护技术规范设置护栏、护柱、护墙。

2. 美化

强调线形达到技术标准,路肩植草或硬化,突出线形特征,这是美化的基本手段。因此整齐的划线,醒目的路缘带是美化路线最有效的措施。

绿化可以加强线形特征,同时对道路环境可以美化。绿化要突出地方特色,本着"因地制宜、因路制宜、宜乔则乔、宜灌则灌、宜花草则花草"的原则。绿化结构变化长度一级路和汽车专用线为15km,普通二级路为10km,最短不少于5km,不宜变化频繁,大体可以与建筑小区划分相结合。绿化要不影响弯道内侧与平交道口视距要求,纵断面竖曲线以及桥头行道,隧道洞口外均应按前述的公路绿化原则进行绿化。中央分隔带绿化以树篱式,群植式为主,空白地要植草。高等级路两侧应按"近草、中灌、远乔"的原则绿化,土路肩植草皮、坡面植草皮灌木。对路堑外边坡有条件可栽植攀缘植物。

GBM工程实施还有一个重要方面就是加强养护工作与路政管理,使这项工作规范化、科学化以提高干线公路的管理水平和服务水平。

3. GBM工程的重点是强调美观与功能相结合

GBM工程的美化内容都是与交通功能有关的,美化不单纯是修饰,功能是第一位的,线形的美是强调达到技术标准,用美化的手段突出线形特征,形成顺适、流畅、行车安全的良好路线,而美化的其他措施可以加强视线诱导,美化交通环境,提高行车安全性与舒适性。

三、城市道路景观

(一)概述

城市的道路网是由不同性质、功能分层次的道路系统所构成,城市生活离不开在道路上的活动,路在人们的印象中是控制因素,人们沿着它观察城市,各种建筑及其他景观元素都是沿着道路布置并与之相联系，从而构成千姿百态的街道景观。

建筑学家长期对街道景观有许多论述，但多从建筑学角度来分析街景构成，由于城市现代化交通系统的建立，特别是城市快速交通系统的形成，这些景观设计的思想已产生变化。我们大致以车速 40km/h～60km/h 作为界线，在此之上，街景要考虑车速影响，反之车速不成为环境控制因素。也就是将快速路、主干道作为线形景观设计对象。商业街、居住区道路仍可根据一般传统的街道美学概念处理。

影响道路景观构成的主要因素是道路性质与用路者的视觉特性。由于这些性质、特性不同，因此对景观设计、建筑尺度、体量也会有不同要求。道路的交通量的大小影响道路尺寸，对道路系统来讲，交通量加大，它的交叉口应减少，也就是交叉口间距要加大、路段长度增加。对路段来讲，交通量增加，宽度也增加，道路空间一切环境元素的尺度也随道路尺度的加大而变大。

对城市的印象主要是在沿道路上进行有方向性、连续性的活动中形成的，一切环境的景观元素都依附于道路。作为城市影响形象的因素是路、边界、区域、节点、标志五种，又称城市形象五要素，它是分析城市美的尺度，也依据它来探索城市美的规律与普遍性。然而这五个要素中路是第一位因素，人们沿道路路线来观察城市，所有城市要素只有与路联系才能反映它们相互的关系，因此研究城市道路景观是指导我们创造一个美的城市所必不可少的基础。

(二)道路网美学

城市路网与城市布局及城市美的形成关系密切，路网是城市骨架与动脉，科学合理的路网是形成城市美的基础。城市形象五要素只是城市形象的原始素材，它需要以一种图形构成一种令人满意的形式，即依靠道路网、标志群、区域的拼联来构成环境形象。一个城市应该有鲜明的清晰的形象。城市景观在现代交通条件下作为一种动态艺术，那么道路网就是这种艺术形成、创造的关键，合理的道路网从景观角度及城市视觉要素看，均有利于组成连续空间以丰富人们的观感，并创造新奇的景色，从而可以避免景色的雷同。因此科学合理的，同时考虑到城市美学要求的道路网络与城市建筑艺术的结合，就有可能形成一个美的城市。

道路网规划设计的美学要点如下。

1. 道路的特征

主要道路要有特征。在一些道路上有名的大商场、剧场或有名的建筑物往往赋于道路特征，商业街、居住区道路、交通干道以及道路自身线形不同的断面是自身的特征，沿街的建筑形式也赋于道路有不同特征，具有特征的道路才能区别于不同道路。

2. 道路的方向性

主要道路要有明确的方向性，特别是有引人注目的端点。如以公园、广场、纪念性建筑物、美术馆等尽人皆知的地方作为端点。一般观察者认为道路有明确的起终点可增加用路者对道路的识别，有助于判定道路在城市中的位置，有助于识别用路者的位置。

3. 道路的连续性

道路应具有连续性，连续性可能通过临街建筑的空间特征，建筑的形式，绿化等得到体现。连续性还表现在运动感上及道路空间的动态变化上。对一条长街的街名也能使人心理上产生连续感。

4. 重视交叉口的作用

道路网的结点就是交叉口。两条路的交点，反映了道路的局部结构，它的形式应简单明白，呈现清楚的形象。现代立交比简单平交容易引起混乱，因此用许多标志来表示它们之间相互关系。立交容易使道路连续性受到破坏，并使连续的意象中断。因此交叉口对道路的联结，无论从功能上还是视觉上，都应重视用路者的心理特点，使之不产生形象上的混乱。

5. 路网中街名的作用

道路网的格局与道路之间的关系往往是通过街名来体现的，如上海中心区街道以省名命名南北街道，以市名命名东西街道，使人对中心区街道关系有清晰的印象。一些城市用东西南北大街来命名主干道，使人清楚了解这些干道在网络中的位置，有的以经、纬来命名南北与东西街道，国外还有用数字做为街名，都是出于同一种目的。一些街名反映了地方的文化与历史。上海南京路很长，街名起了连续作用。上海宝昌路有些交叉口错位很远，但仍用同一个街名将一条很长的路统一起来。因此好的街名系统不但具有实用性同时具有美学价值。

6. 道路网中交通路线上的韵律与节奏

现代交通工具的运用、运动、时空快速变化已成为时代特征。在道路网的活动中，由于这种时空变化而产生了在道路上活动的韵律与节奏，这已成为用路者在城市中乘坐交通工具快速行驶时一种必不可少的体验。沿街活动的特征、标志、空间的变化，道路自身线形的变化等必然使用路者产生节奏感。道路视觉环境的变化和运动感觉的时间变化的四维空间所提供的舒适性正是韵律与节奏的体现。这种韵律与节奏正是城市道路舒适性的要求，可以理解对新的交通干道、道路网的设计新方法，也是城市交通现代化带来的新概念。

（三）城市快速路与交通干道景观

城市快速路与城市交通干道的修建给城市带来新的景象，创造了富有时代气息的城市景观，这些道路以它独到的功能在城市中得到发展。

这些道路是交通性的，设计车速较快、交通量大，构成了景观设计的控制因素。其景观设计与环境设计要点如下。

1. 要选择合理的位置

一般快速路选线其平面宜选在改建地区，或建筑质量较差的地区，主干道新建也是如此，这样处理容易使新建筑与环境和快速路相协调。如果勉强让这些道路在建成区通过是很难与周围环境有机结合的。快速路也有利用原有街道位置修建的做法，主要是在这些路上修建高架路，采用这种方式可最大限度的保护原有环境。

2.线形上要符合快速行驶要求

我国目前主干道、快速路计算车速为 40～80km/h，因此线形设计应有一定要求，而不同于一般传统的街道，可以作为视觉线形设计对象。除考虑经济性外，线形要优美平顺，满足汽车行驶要求，并有足够的安全性和舒适性。而且要与地形和地区特点相配合。

3.快速路、主干道与环境配合

交通干线对城市环境的冲击是严重的，特别是快速路穿过城市，把城市分割，如果处理不好，产生的问题要比解决的问题更多。

快速路、主干路与环境协调问题，主要是快速路、主干路具有很大的断面宽度，同时具有高的行驶速度，因此景域的空间构成要考虑上述因素。即由于道路的尺度加大与车速提高，建筑物的尺度、体量也要增大，环境设计也需要用大尺度来考虑时空变化，有必要修建一些特征建筑与具有吸引力的景观。从路外的宏观印象看也应有路与环境协调的良好印象。

4.环境保护问题

快速路与主干路众多车辆所产生的噪声与废气的污染造成环境问题。对高架路要尽量采用箱形上部结构，有些地方要加隔音墙以减少对周围的影响。视觉环境保护也很重要，快速路上的广告是一种视觉公害，容易引起交通事故。

关于城市快速路与主干路景观问题可归纳为两条。

首先是线形设计要突破以往街道设计以交叉口作结点的折线连接手法，要将自身作为几何线形设计对象。再就是两侧建筑要打破以往街道将两侧或前方封闭的传统手法，过去讲的街宽与建筑高的比为 2～3 的要求也不适用。因车速较快两侧建筑也要有变化，宜高低有错，其中低者可以按路宽：建筑高＝1：4 来控制，这样可以从天际看清建筑物的轮廓线，这种高低变化和必要的绿地配合形成一种虚实变化，会使环境充满时代气息。

(四)商业街与居住区道路

商业街、居住区道路均属于生活性道路，不是以交通性为主。在这种道路上虽有公共交通车辆通行，但车速较低，或者用路者多以自行车或步行为主要交通方式，动视觉特性不起主导作用。

1.关于街道美学

按意大利式的构思，街道两旁必须排满建筑物以形成封闭的空间，由于这些建筑物的连续性与韵律而形成美丽的街道。如果一个建筑物拆掉或某一座建筑不平衡就会打乱街道平衡。B·鲁道夫斯基在“人的街道”一书中讲“街道不会存在于什么也没有的地方,也即街道必定伴随着那里的建筑存在。”他又讲“街道正是由于沿着它有建筑物才能成为街道,摩天大楼加空地不可能是城市。”因此街道两边也要有密排的建筑物,以形成街道的轮廓,使其具有轮廓清晰的“图”的性格。所谓“图”,可以埃德加·罗宾的“杯图”为例(图 7)。如对看杯的人来讲,黑色的杯子就成为“图”,两边无色的部分就成为“地”。而对看无色两个面孔相对的人来讲,面孔就成为“图”;而黑色部分就成为地。“图”与“地”之间可以相互转换。

图 7 埃德加·罗宾的“杯图”

街道上道路与建筑,也就是室内与室外,它们的边界是墙,室内为内部空间,内外部之间是有联系的整体,在街道的空间也渗透着生活的部分,使生活的气息洋溢在街道上。同时街道与建筑应有适当的比例,以达到均衡,一般认为建筑高与道路宽的比例为 1∶1～1∶3 比较适宜。在道路与建筑连接部分是内部秩序与外部秩序过渡的地段,要用有魅力的空间方式加以处理。

2. 商业街与步行街

商业街与步行街一般是城市中心或区域中心,是主要购物地点。

(1)商业街区道路平面布置

商业街是最普通的购物空间形式,由一侧或两侧商店所组成,主要道路通行公交,具有大量的个体交通工具与步行人流。其平面布置要有利于形成美的街景,商业区内的道路一般不通行机动交通工具,停车场可设在区域之外,人们可以自由地在道路两侧橱窗之间往来。商业区中有些是步行街,有的街道车辆可以进出,路边也可停车,如商业区很大而不准车辆进出,人们就感到不便。商业街不宜过长,如很长前方没有对景或其他建筑将视线封闭,则往往将视线引向地平线,过长的商业街使人感到厌倦,过长很难保持它的性质与规模,如设计成许多短的街道,则容易受到欢迎。过长商业街中间弯曲或有凸出的建筑物封闭或半封闭视线,则有利于改善商业街的气氛。商业街中心可以布置广场供购物者聚集休息。

(2)商业街的横断面

一般宜用一块板形式,街道要有足够的宽度,这样对客运交通有利,但在满足自身交通要求的前提下尽可能窄一些,这样便于行人在街道两侧往来,同时也增强商业街的气氛。如东京银座大街为 27.3m。南方地区两侧可以做成骑楼的形式,这种既可遮阳避雨,又可在狭窄的街道上加宽人行道。

目前我国有些商业街兼作交通干道,功能混杂,有些商业街两侧用栏杆封闭,过街购物极为不便,有些商业街做成三块板式断面,也有的商业街对面厨窗被绿化遮挡,这些都应改进。同时断面规划时要充分考虑购物的便利,除生活交通以外,其他交通不应引入。

商业街两侧建筑是横断面的边界。建筑物本来外观的形态为建筑物的“第一次轮廓线”。把建筑外墙突出物和临时附加物(如商业牌匾等)所构成的形态称为建筑物的“第二次轮廓线”,“第一次轮廓线”有序,结构清晰容易描绘,而“第二次轮廓线”无序,非结构化,不能描绘成画。但整齐有韵律的突出物可以组合在第一次轮廓线中并融为建筑的一部分。第二次轮廓线混乱影响街道美观,但这些突出物有助于加强商业街气氛。

(3)步行街与步行街区

步行街(区)为步行专用线(区),实行交通管制,人们可以自由漫步,被称为步行者的天堂,人们有安全感与舒适感。辟为步行街后,商业销售额增加,城市中心的大气污染现象显著缓和。步行街交通管制的办法有两种,一是全面地人行道化,另一种是一定时间内禁止车辆通行。在步行街或步行区周围应设公交站点并设置小汽车与自行车停车场,步行街以道路广场形式为好,这样增加环境亲切感。

3.居住区道路

居住区道路分为居住小区道路、居住生活单元级道路及宅前小路,也有分三级的。对环境直接产生影响的是前二类道路。

(1)平面布置

从美学上来讲,主要道路设计有曲线,或者在直线上有小的弯曲时均能产生一系列的景色变化和产生封闭的透视。同时线形流畅自然,不拘泥于一定几何形式。如居住区中有小河、小丘或地形上的高差变化,这样的居住区道路在规划时应与地形、地物相适应,使景色富于变化,形成优美的居住环境。坡地上的居住区道路布置要有利于形成多层次、多景象的道路景观。

(2)横断面与街景的关系

住宅的高低、体量与道路横断面要有合适的比例,通常道路宽与建筑物高度比为1∶1～1∶2,道路在满足交通需要的前提下断面不要太宽,太宽难以获得封闭的效果,会使道路两侧住宅关系松散,道路空间缺乏亲切感。住宅区道路如果又长又宽且与建筑物比例不协调容易使道路有强烈线形特征,这些特征又会因人行道、道牙等得到加强,使视线引向道路前方而破坏环境的静止感。住宅与人行道之间空地是道路与建筑之间的缓冲地段,可用软铺装形式绿化来处理。

(3)建筑布置

一般居住区的建筑平面布置反映了建筑的平面位置与道路的关系。其布置形式主要有4种。行列式布置,即住宅与道路成正交或成一定角度成行成列的排列,行列中也可以前后有规律地交错。周边式布置,即建筑沿道路或院落周边进行布置。混合式布置是既有周边布置也有行列式布置。还有一种,是建筑沿道路走向结合地形、日照等因素自由地布置。选用何种形式取决于道路现状及地形等条件,不论采用何种形式都要有利于形成好的街道景观,使道路与建筑及绿化有机组合成一个整体。平行布置比较单调,为获得好的视觉效果,可将平行的排列错开,使端墙封闭行间的空间,造成一种矩形空间效果。

(五)交叉口与街道广场

交叉口与街道广场是城市道路联结点,是城市形象五要素之一,应有强有力的物质形式和一定的空间形状,使用路者获得对其深刻的印象。

1. 平面交叉路口

(1)十字形、X形交叉口景观设计要点

传统的交叉口街景构图不符合现代交通要求,强调前方视线封闭,必然造成行车不便、车速降低,因此要采取新的处理手法。

两条路相交时,要保证主要道路线形及特征不因交叉而破坏,在不同交叉口都应有一定特征建筑,使驾驶员或行人能在一定距离外识别交叉口位置,并获得距离感,便于选择方向。如没有特征,不熟悉路的驾驶员难以识别。交叉口处建筑高度与体量要与交叉口的大小相协调,小型交叉口的高层建筑与大型交叉口的低矮建筑都是不相称的。

(2)T型与Y型交叉口

T型交叉可以封闭一条路的前方视线,从而形成引人注目的亲切道路空间,Y型交叉口,在街景处理上宜保留一条道路的前方建筑形成一个视线焦点,有可能时,在一个或两个以上方向上形成视线封闭。

(3)环行交叉

是平面渠化的方式。环交的景观重点是环岛的布置及周围建筑的配合。环岛应该绿化,在有良好通视条件下中间可形成微丘使绿化有层次,中间可设高杆照明或纪念性建筑及雕塑。环岛四周建筑要与环境协调,传统"四大金刚"守环岛不一定是好的布局,商业区与生活区环岛的外围布置适当的绿化供休憩用。

2. 街道广场

现代城市利用广场进行集会、商业贸易、组织交通、人流集散、休息游览等活动。但不论什么广场均与道路联系在一起,并成为通道的一部分,有的可以看成道路空间的扩大。人们有可能从各种位置观赏广场景色,可能是静态的也可能是动态的。从美学角度考虑广场应具备4个条件:第一,广场边界能清楚的成为"图",此时边界最好是建筑的外墙,而不是遮挡视线的围墙;第二,具有良好的封闭空间的阳角,容易构成"图";第三,铺面直到边界,空间领域明确,容易构成"图";第四,周围的建筑具有某种统一和协调,建筑高度与广场长宽度有良好的比例。对于"阴角",可以量具"升"为例来解释,"升"的突出部分为"阳角",凹进部分为"阴角","阴角"可以创造出一种把人们拥抱在里面的温暖和完整的城市空间。

广场大小与建筑高度应是均衡的,根据经验,广场的最小限度必须同控制广场的建筑物高度相等，最大限度不能超过建筑物的两倍，建筑的层次不宜太多，细部处理不必太精细，以横向扩张为主。广场长宽要有一定比例，但这比例也因观察位置不同而存在感受上的差异，因此是相对的。一般认为正方形广场效果不好，但长度为宽度三倍以上的效果也不好，同时宽度也受相连的道路宽度影响。

(1)交通集散广场

交通广场有两种情况：一种是因道路相交为组织交通而设置的，如城市环交构成的广场，以及桥头的交通广场等；另一种是集散广场，如车站、码头、公共建筑前的广场。

车站广场要处理好人流、货流、车流的进出关系，确定合理的停车场位置与公交站点位置。车站是城市对外交通的进出口，是外地乘客对一个城市的第一印象，因此除站房的自身建筑以外，对站场四周建筑及各种设施都应反映一个城市面貌。影剧院、体育场的广场主要处理好人流车流集散问题，体育场前的广场没有比赛时是空闲的，可以布置一些水池、雕塑或椅凳供人们漫步或休息之用。

(2)集会、游行广场

有城市中心广场或区域中心广场，供节日庆祝活动用。其面积根据集会规模大小决定，用地按 $0.5m^2$/人计算，一般集会游行广场和城市交通干道联系在一起，并设有若干辅助性通路以保证人流迅速集散。主席台前游行道路，通常作为城市主要道路的一部分。

(3)生活游览广场

在城市有些具有较高艺术价值的建筑或设有雕塑、水池、喷泉等设施可供人们休息游览的广场，有的生活游览广场还可以与纪念性广场结合在一起，设有历史人物的雕塑等。这种广场应有较高的要求，合理的布局、空间组织、观赏视线等。

上述几种广场的几何形状大致有正方形、长方形、梯形、圆形、椭圆形等。正方形广场无明显主次，长方形能分清广场主次方向，有利于主次建筑布置。梯形广场只有一个纵轴，容易突出主题。

广场铺面要考虑功能与美学要求，广场铺装材料的色彩要与四周建筑相配合，起到衬托作用。生活广场铺面色彩可以丰富一些，地面也可以组成图案，使之具有一定吸引力。

广场绿化在平面上可以花卉、草地、灌木组成图案进行装饰，但绿化不能遮挡广场观赏视线，建筑前的绿化必须与建筑协调分清主次。

(六)街道绿化

街道绿化目的是为了美化街道环境，同时盛夏能让步行者遮阴。街道绿化包括人行道绿化、分车带绿化、基础绿带、防护绿带以及广场、街头休息绿化等形式。我国城市道路绿地一般占道路总宽的15%～30%，如从环保角度要求，绿带要有6～15m才能起保护作用。

1. 行道树种植

一般用落叶乔木，在暖带南部和亚热带种植常绿树。树种可有地方特色，不同街道行道树树种可以不同，可以作为道路特征。一条路应有一种主要树种作为行道树，以突出它的特色，但也应辅助以其他树种或绿化植物，以丰富街道景色。

行道树要有足够的横净距并保证行车道净空。种植带宽度有 1.5m 左右，也有方形的，树池有与步道同高和高于步道两种，从观赏街景角度讲，树干要有一定高度，不遮挡橱窗，但树木不宜过高，这样会影响对建筑物的观赏。从遮阴与树木生长等方面考虑株距参考值如表 16 所示。

行道树的株距参考值 表 16

树种类型	准备间移		不准备间移	
	市区	郊区	市区	郊区
快长树树冠在 15m 以上	3～4m	2～3m	4～6m	4～8m
慢长树树冠 15～20m	3～5m	3～5m	5～10m	4～10m
慢长树	2.5～3.5m	2～3m	5～7m	3～7m
窄树冠	—	—	3～4m	3～4m

2. 人行道绿化

一般宽度 2.5m 以上的绿带种一行乔木，宽度大于 6m 时可种植两行乔木，宽度在 10m 以上可以采用多种方式种植。常用宽度 1.5～4.5m，长度 40～100m。靠近建筑物一边的绿化带是道路与建筑内外秩序的过渡地带，也是基础绿带。基础绿带宽度较小时，不要种植高大乔木，否则会影响建筑物内部通风与采光。一般街道上不宜栽种雪松、松柏等易遮挡视线的常绿树。

人行道绿化是街景的重要部分，单纯作为行道树来处理是不够的，要作为街道艺术的一部分，进行综合考虑，并与道路环境协调。栽植形式有规则式、自然式以及规则式与自然式结合的形式。种植方式又分带状与块状两种类型。

3. 分车带绿化

一般分车带宽度为 4.5～6.0m，最小的也有 1.2～1.5m。一行乔木最小宽度为 2.5m，两行要 6m 以上。分车带长 50～100m，交通干道与快速路需要延长。分隔带中高大种植对视线的影响会产生道路空间的分隔，因而对街景产生很大影响，因此种植方式应和景观要求协调。分隔带种植有以落叶乔木为主的，也有以常绿乔木为主的，有的搭配以灌木、草地、花卉等，有的分隔带只种低矮灌木配以花卉等。

(七)街头小品

道路空间作为带状环境它的功能是多维的。在一些生活性的道路两旁，街头售货亭、电话亭、花坛、雕塑、喷水池、椅凳以及围墙，路边休息场所均是街道景观构成元素。

交通性的道路沿街小品尺度要大，数量相对要少，造型也要简单。反之生活性道路如商业街或其他步行环境，人们有机会仔细品赏街头建筑小品，因此要根据道路性质正确的选择它的内容、形式、尺度，以创造具有时代气息的好作品。

1. 花坛及绿化带护栏

花坛用来美化与点缀街道环境已很普遍，花坛可以用砖砌、混凝土浇注表面抹面或用瓷砖镶面，也有用各种几何形状预制容器拼装而成，在其中种植观赏植物与花卉等。目前城市中普遍在绿化四边安置低矮护栏作为装饰，有的是用钢筋焊接而成，也有用铸铁或水泥混凝土浇注而成。护栏的颜色图案应进行统一规划设计便于维修。护栏颜色与绿地应有一定的对比。一条路上的护栏在形式与风格上应该相同，并且一种风格的护栏可以作为一条路上的特征。

2. 街头雕塑

街头雕塑可分为纪念性、主题性、装饰性和功能性雕塑几类。如按交通性质不同的道路分，也就是按不同用路者视觉特性考虑分为交通性道路上的雕塑与生活性道路上的雕塑。交通性的道路上雕塑造型要简单、尺度要大、体量也大，要与道路尺度和环境协调，这种条件下的雕塑，即使在车辆迅速通过的情况下，用路者暂短的注视也能留下印象。

街头雕塑要和环境协调是指内容、形式、尺度等均需与道路环境协调，还要注意与背景建筑物协调，它不仅是街道环境的一部分，也是建筑物前的一种装饰。雕塑应布置在建筑物后退了的阴角位置，不应让雕塑侵占人行道的宽度。在居住区还可以布置一些功能性雕塑，一方面可以点缀环境，另一方面可以供儿童游玩。

3. 花墙与栅栏

采用透空的花墙与栅栏，既不失墙的功能又能使院落内外交流。一条路上花墙栅栏格调并不要求一致，但要求与院内的建筑风格协调，花墙不应太高，要有足够的穿透性。设计好的花墙能成为吸引人的小品，对道路环境有很好的装饰作用。各种栅栏作用同花墙，但庭院内外联系胜过花墙的作用。

4. 其他

街头小品的种类很多，如喷水池，各种服务亭等。喷水池是以水为素材的街头建筑小品，会给街道带来生动景象，使环境充满生气与活力，一些现代灯光、音乐喷泉在夜景中分外迷人。

街头休息的椅凳一般布置在林荫道或街边绿地，供行人休憩之用。造型要简单并与环境协调，此外坐凳还可模仿树墩或其他造型，这样对环境有一定装饰性。

电话亭、售货亭等服务设施，功能上要具有实用性，造型简练，与环境协调，不应侵占人行道的宽度妨碍交通。要使其能成为街头很好的建筑小品。

参考文献

[1] 熊广忠.城市道路美学——城市道路景观与环境设计.北京:中国建筑工业出版社,1990
[2] (美)AASHO.实用公路美学.交通部第一公路勘察设计院译.北京:人民交通出版社,1981
[3] (日)大塚胜美,木仑正美,著沈华春译.公路线形设计.北京:人民交通出版社,1981
[4] (美)托伯特·哈姆林,著邹德农译.建筑形式美的原则.北京:中国建筑工业出版社,1982
[5] (德)汉斯.洛仑茨,著尹家骍译.公路线形与环境设计.北京:人民交通出版社,1984
[6] C·A·ТРЕСКИНСКИЙ,Г·П. КУДРЯВЦЕВ,Эстемика автомобидъых дорог. МОСКВА: ТРАКСПСРТ,1978

注:本文摘自于著者撰写的1998年《交通工程手册》第二十九章。

高等级公路景观评价研究

摘　要：应对已建和待建公路进行景观评价，为景观设计提供依据。首先要明确公路景观评价要素，建立公路景观评价系统与公路景观评价体系，确定评价方法。

对评价系统和评价指标量化后再确定评价项目权重，并采用综合（量化）的评价方法进行公路景观系统的事先和事后评价，以获得令人满意的公路景观设计效果。

高等级公路设计不仅是技术设计对象而且是景观设计对象，一条路景观好坏取决于优美流畅的线形，与地形良好的配合，科学的绿化，以及对风景资源的利用等，公路要融入自然并成为风景的一部分。一条景观好的路为用路者提供行车舒适、环境优美的道路环境，同时在路外人的宏观印象中它就是镶嵌在大自然中的艺术品。那么如何正确与客观地对公路景观进行评价呢？尽管各国都有研究，但到目前还没有相对比较完善的公路景观分析评价的方法。各国对公路景观的评价也只限于划等级和专家打分的阶段。鉴于公路景观也属于一种景观范畴，也应具有自己的评价系统。在本文中，运用了一些园林景观的基本理论和系统工程的分析方法对高等级公路景观评价指标及方法进行了初步的探讨。在不同的层次上对景观进行不同程度的抽象，建立一个由若干抽象结构形成的、以本质元素为结点的综合体系，也就是景观分析评价的理论框架。

一、风景、景观的一些概念

园林景观学中所建立的风景景观概念框架由景致、景色、风光、山水、景园意境、风情、景象、景园境界 8 个基本概念要素以立方体形式构成。前 4 个要素组成了风景景观概念的客观层面，概括了典型的景观客观存在的形式；而后 4 个要素则组成风景景观概念的主观层面，概括了典型的风景感受形式和结果。8 个要素一方面相互联系，另一方面含有相对独立的意义。

景致（scenic），是透过画框而呈现出的景观，常含有一定的情趣，是以二维画面形式展示的景观；景色（scenery），是风景的图象识别和色彩感受的结果，是在环境景物相互烘托下呈现出的景物,基本上是画面式的感受;风光(sight)是不受景致限制而呈现于眼前的景观,风光通常被限定为那些可视的区域,与自然景观紧密联系;山水(nature environment)是自然环境景观的泛指,在中国,山水的深层含义就是人类赖以生存的环境,山水景观不限于那些可视的区域,而且是可以居游的空间场所;景象(prospect)是人们对于风景的主观印象,是随时空的变化显现的;风情(imagesituation)是山水游赏的主观感受,是人们心目中所欣赏的风景,与景色和景象相比,风情所包含的主观因素更为丰富而稳定;景园境界(man-made environment)是山水的精华所在,是在自然环境的基础上人为加工的景观环境;景园意境(sense evoking)是人类的风景审美体验,它是人的个性、文化历史背景和情趣意志的表现,就群体而言,它反映了不同文明时期各地区、各民族、各人种以至全球的风景文化。景观则泛指以上具有审美价值的景物,既包括客体本身具有的美学原则,也包括人类的审美体验。日本的三村翰弘和宇杉和夫认为,景观作为一个类型概念,是指某一地域内具有形态和结构相一致的形象元素与其他地域(背景)相区别的景物。

本文认为,公路景观作为一种视觉对象,不是个静止、凝固的对象,而是随时间而变化的四维时空对象。时间对于公路景观形象来说,应该是一个重要的参量。一般要从三方面来讨论,一是自然景观随线形的变化;二是人工景观随线形的变化;三是审美主体运行速度与景观变化之间的关系。公路景观应吸收园林景观的概念框架,并根据公路景观本身具有的特点进行定义,即公路景观应包括二维平面景观、三维立体线形空间景观及带有时空变化的四维空间景观。公路景观可定义为公路三维空间随时间、人的视觉、心理感受等变化形成的综合环境效应,也就是乘坐交通工具的人在运动过程中对公路及公路环境(山水、风光、景色、景致等)所产生的主观印象。而公路景观的评价也应从上述方面着手。

二、景观分析评价理论与方法

就国际范围而论,风景分析评价理论领域已初步形成了公认的专家学派、心理物理学派、认知学派和经验学派。他们采用的基本方法是系统调查分析方法,把风景作为评估对象加以分解,按其内容分成若干单项,按一定的判据对各项分别划等级评分,项与项之间进行排队计权,然后合成总分。

专家学派的风景评估方法,基于形式美的原则,认为凡是符合形式美原则的风景一般都具有较高的质量,即属于优美的风景。专家学派把风景景色分解为线条、形体、色彩和质地 4 个基本构成元素,以多样性、独特性、统一性为标准来评价风景。专家学派的方法最突出的优点在于其实用性,局限性在于形式美原则与实际风景美学质量之间的联系缺乏严密的和精确的计量,应用形式美原则来进行风景评估工作需要训练有素的专业人员。这种评估的目的是要从宏观的景域范围内,把握风景质量的基本情况,以此为基础,深入细致地评价。

心理物理学风景评估方法的出发点是把景观与景观审美的关系理解为刺激—反应的关系，在风景评估中应用心理物理学信号检测方法，通过测量公众对景观的审美反映，得到公众风景评估的结果，然后设法寻求该结果与各景观客体元素之间的数学函数关系，从而建立根据具体环境中景观客体元素来计算公众对此环境的风景评估结果。景色美预测法 SBEP(Scenic Beauty Estimation Procedure)和比较评判法 LCJ(Law of Comparative Judgment)是该学派具有代表性的，也是目前公认为较好的两种方法。心理物理学派的风景评估模型基本上由两部分构成：一是公众平均审美态度即风景美度的主观测试；二是对景观客体元素即构景成分的客观测定。把风景审美态度的主观测试与风景构景客体元素的客观测定相结合，实现了用数学模型来评估和预测风景质量，是该方法的优点所在，其缺点是在实际工作中无论是被测人数还是考虑风景客体空间方面都受到了很大的限制。刘滨谊先生提出了一种新的测试方法，以人们对景区观感、评价的累积结果直接作为审美测试结果，同时着重景区环境空间的分析，进而将这些分布于景区的"测试结果"与风景空间发生联系，建立 SBE 模型，将该方法推进了一步。

认知学派风景评价方法是基于对人类在环境生存中获取外界信息的过程进行分析，风景认知学派把风景作为人的生存空间，强调人对于风景环境的认识及情感上的反应，进而试图以人的进化过程及功能需要来探索人类风景审美的过程。该学派具有代表性的理论认为，人在风景审美过程中总是以"猎人"、"猎物"的双重身份出现，作为一个"猎人"他需要看到外界，同时作为一个"猎物"他又不希望被外界所看见。美国心理学家兼计算机专家 Kaplan 认为，为了生存，人必须了解其生活的空间和该空间以外的存在，必须不断地去获取各种信息，以便寻求更为适合生存的环境。基于 Kaplan 的理论，另一位地理学家 Ulrich 不仅提出了相似的风景评价模型，还进一步提出了风景审美的"感情/唤起"模型，考虑了由于人们对于眼前风景"喜欢"或"不喜欢"的"第一印象"，从而对随后该风景认识过程产生"趋就—回避"的制约。把人对于风景环境的认识理解为一种相互作用的关系，从而进一步完善了风景认知学派的理论，不仅考虑了风景环境给观者的"刺激"信息，同时也考虑了观者以往的经历和当前的体验。

经验学派风景评价方法是把人对风景审美评判看作是人的个性及其文化、历史背景、志向与情趣的表现。经验学派的研究方法一般是考证与风景欣赏有关的文学艺术作品，分析人与风景的相互作用以形成一定审美评判的背景。经验学派也通过调查、询问等心理测试方式，记述人对于具体风景的感受评价，通过详细地描述被试个人经历、体会及对特定风景的感受诸方面，试图寻求具有普遍意义的影响风景审美评判的综合背景因素，认为风景能使人产生一种连续持久的、潜在积淀的情感。

由于景观评价的不确定性很大，对于景观的偏爱同欣赏者的文化程度、个性、民族、生活环境等有着很大的关联，对于景观的评价定性分析很多，却很少能进行定量的分析。而目前应用于公路景观方面的评价方法，仅仅限于对公路附属构造物用形容词对打分，从而进行评价。用于结构物的评价方法主要有两种，一种是等级法（按顺序排列），一种是意义差异法（Semantic differential technique），又简称 SD 法。

对公路景观的评价在某种程度上说，含有对评价对象的价值比较与优劣判断的意义，是对公路建成前、施工期、营运期的景观进行鉴定与评判。对公路景观的评价不同于一般评价，它应该是一种事先评价，具有前瞻性和预测性。因此评价工作必须对景观评价对象及公路所处地区、环境有充分的了解，然后利用客观的资料，分析景观的满意程度，予以合理的解释和说明，提出可行替代方案，以供决策者参考，对已建成公路进行评价，也是为了更好地进行公路景观设计，为其他工程提供参考。从某种意义上说，景观评价具有一定程度的不确定性，会因人、时、地而有很大的差异。因而在价值取向上，要强调主观印象。在本论文中，引入了一些园林景观的分析方法，同时考虑公路本身具有的动态特性，以系统分析方法进行不同环境项目相对重要度的选认，对高等级公路景观进行景观元素的分析与评价，在单项元素评价完成后，考虑到不同领域人士的价值观，为了克服主观评价的模糊性，对各景观元素进行了模糊综合评价。

三、高等级公路景观评价元素分析

为了改善公路景观设计，首先应对待建和已建成公路的景观进行评价，为以后的公路景观设计提供依据，而对公路景观进行评价，首先则必须对景观系统进行分析，概括出公路景观评价要素。景观，从两方面来说，一是作为客体的存在，必须具有可以引起人们兴致、意趣的具体信息，其内涵必须对人产生信息刺激，景观客体，除了具有自身自然属性外，还要具有一定的社会属性，并易从背景中分离出来；二是作为审美的主体，接受这种外部刺激时能够做出认知反映，在头脑中形成具有审美情趣反应的形体图象，才能构成景观。景观是具有一定形体的外因和可以感知的内因所产生的刺激与反应，二者缺一不可。景观效应则是指审美客体与审美主体所发生的相互感应和相互转化的关系。图 1 反映了审美主体与审美客体之间的关系。

在不同的用路者眼中，公路景观是不同的，对公路景观要求的侧重点也不同，因此在评价公路景观时必须明确评价者的身份，分析他们对公路景观的哪些景观元素感兴趣，通过视野分析可以得出不同用路者对景观的不同构成要求，对于专业人员来说，关注的是公路景观的总体视觉质量、生态环境质量以及公路的行车安全性与舒适性；对于驾驶员来说，关心的是公路三维立体线形的视觉诱导性、行车安全性和舒适性以及公路景观的空间构成情况；对于乘客来讲，关注的是公路两侧风景、公路景观区域个性的突出与否、行车舒适性、公路附属设施及绿化的完善程度；而对于当地居民来讲，关心的是公路景观的全貌、公路与当地环境的协调程度以及

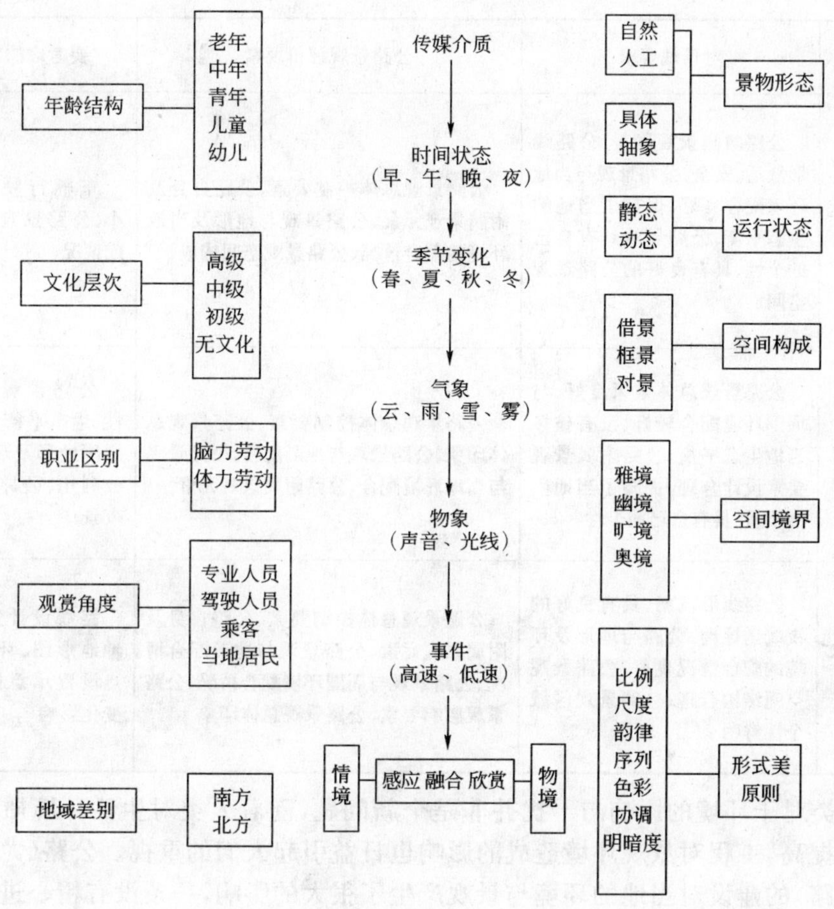

图 1　景观效应图式

高速公路附属设施的完备程度。不同的评价主体应对其侧重的景观评价要素进行评价，见表 1。

不同用路者对公路景观的不同要求　　表 1

景观评价主体	对景观要求	公路景观评价要素	要考虑的因素
驾驶人员	公路三维立体线形优美、流畅，公路景观空间构成合理	公路自身景观元素、公路与地形配合情况、公路景观空间构成情况、公路与环境配合情况、公路景观影响要素、公路景观总体控制要素	公路线形主体、行驶速度的大小、公路空间构成

续上表

景观评价主体	对景观要求	公路景观评价要素	要考虑的因素
司机乘客	公路两侧景观优美、公路线形舒适、安全、公路景观与当地环境配合良好、保持了当地的生态平衡、公路景观具有自己的个性、具有良好的公路景观空间	公路景观总体控制要素、公路自身及附属景观元素、公路景观与地形及当地环境的配合情况、公路景观空间构成	车辆行驶速度大小、公路景观空间构成情况
当地居民	公路景观总体效果良好、与周围环境配合较好、没有破坏当地生态平衡、公路附属景观要素设计合理,提高了当地生活质量、具有自己的个性	公路景观总体控制要素、公路景观总体印象、公路景观与地形配合、公路景观与当地环境配合、公路附属景观元素	公路景观区域个性、生态平衡的保持、周围地形及环境的充分利用、公路全景及夜景
专业技术人员	公路线形流畅、具有良好的视线诱导性、公路与地形及环境的配合情况良好、公路景观空间结构合理、公路景观区域个性鲜明	公路景观总体控制要素、公路自身及附属景观元素、公路景观与地形配合情况、公路景观与周围环境配合情况、公路景观影响要素、公路景观总体印象	路线设计速度、当地地形图、环境及景点设置示意图、季节变化影响

人类对于环境的影响与干扰并非是个新问题,随着人类对生活环境质量的要求日益提高,工程对景观环境造成的影响也日益引起人们的重视。公路(尤其是高等级公路)的建设对当地的环境与景观产生了很大的影响,一条没有精心进行过景观设计的公路也许能满足行车动力学的要求,却很有可能造成视觉污染,形成公害。当一条公路建成后,它改变了当地环境的自然平衡和公路使用者及居民的视觉平衡,不论是公路自身、还是公路与周围环境缺乏和谐性,都会对环境造成不利影响:

☆ 对自然地形和风景地貌结构的影响:如果路线没有很好地适应地形,造成大填大挖,都会破坏风景与地貌结构,形成视觉污染。

☆ 对风景的结构和形式的影响:当一条公路穿越某地区时,它本身就作为一种风景构造物而融于其中,那么公路自身的景观空间构成一定会对当地风景结构和形式造成一定程度的影响。

☆ 对生态的影响:公路工程不同于一般的人工建筑物,由于它自身的规模大,会对当地的小气候有一定的影响。如果公路建设造成森林开伐;植被破坏;就会破坏植物在环境中的连续性,甚至会影响动物的生存环境,也就是说,如果公路建设不重视对生态环境的保护,则必将破坏自然界的生态平衡。

☆ 对文化遗产及建筑的影响:当公路经过具有历史意义的地区时,如果不对路线进行适当处理,而使公路横跨、穿越该地段,必然会切断或破坏一些有自身文化意义的景观环境。

公路对景观环境的影响说明,对已建成及待建公路的景观进行评价,进而改善公路景观环境设计,是非常有必要的。公路建设对景观环境产生的影响具体可见表 2。

公路建设可能对景观产生的影响 表 2

单元	组别	因子	负影响	正影响	显著影响	长期影响
物化环境	空气	空气污染	○			○
	土地	土壤冲蚀	○			○
	水	水质污染	○			○
	噪声	音量	○			○
生物环境	动物	栖息地	○		○	○
		稀特品种	○		○	○
	植物	珍贵林相	○		○	○
		沿线绿化	○			○
地理环境	地形	地势改变	○			○
	地层	边坡稳定	○		○	○
景观环境	现在景观破坏	视觉污染	○		○	○
		风景破坏	○		○	○
	新景观创造	新景观点		○		○
		工程景观		○		○
总结	现有景观破坏	任何同环境不协调的公路建设都有可能对环境造成不同程度的负影响				
	新景观的创造	经过精心设计的公路也会给当地景观注入新的特色				

注:○代表对该项有影响。

高等级公路景观的评价,首先应该提出评价对象,或者称为景观评价要素,从而对各个评价对象进行打分、评价,最后进行公路景观的综合评价。根据公路对景观可能产生的影响,以及前述章节公路景观设计的内容,可以将公路景观评价对象归纳为七大类。具体见图 2。

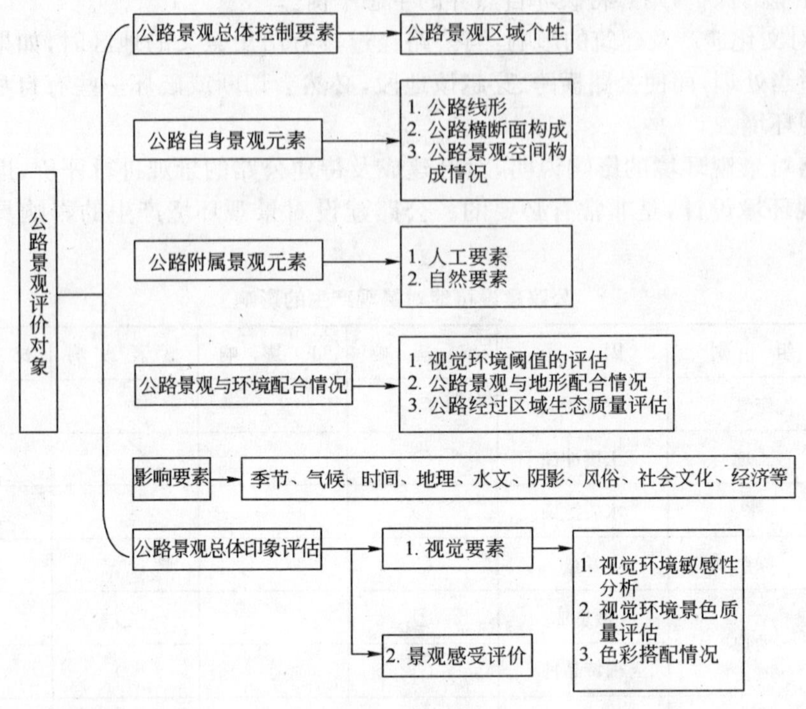

图2　公路景观评价元素

四、公路景观系统分析评价的基本方法与步骤

评价在系统工程中的定义，一般是指按照明确目标测定评价对象的属性，并把它变成主观效用（满足主体要求的程度）的行为，即明确价值的过程。评价在某种程度上说就是判断价值，景观评价就是判断景观的价值。系统评价是系统工程中的一个基本处理方法，也是系统分析中的一个重要环节。系统工程的基本方法是把所研究的对象当作系统来分析，对分析结果加以综合，然后再对这个系统进行评价，如此反复进行，直到能有效地实现预定目的为止。公路景观也可以看成为一个系统，而公路景观评价，可以运用系统工程中的评价方法，在确定了公路景观评价元素及评价指标的基础上，对公路景观进行事前及事后评价，总结经验，不断改进景观设计方法和内容，使公路景观设计能够达到令人满意的程度。

1. 公路景观系统评价的目的

系统进行评价时，要从明确评价目标开始，通过评价目标来规定评价对象，并对其功能、特点及效果等属性进行科学的测定。就工程项目的建设来说，人们创造这类系统的目的是通过改造客观世界来提高人们的物质文化和精神文化水平，从而提高生活质量。这种提高具体表现在整个系统（包括物质的和精神的）从一个和谐状态达到一个新的更高的和谐状态。而和谐一是表现在系统内部，二是表现在系统与环境之间，系统本身的地位是相对于环境而言的。因此，我们对系统的评价就表现为对系统本身及其与环境的和谐状态的评价，亦即通过系统结构的分析与评价，看其是否形成了动态平衡的有机整体，通过对系统功能的分析与评价，看系统是否与外部环境或其他系统达到了协调。

具体地说，系统评价是对系统的分析过程和结果的鉴定，其主要目的是判别设计的系统是否达到了预定的各项技术经济指标。公路景观评价则是对评价元素的分析、评价指标的确定和评价方法的选择的过程，它的目的是确定景观设计是否达到了一定的美学要求，各项评价对象满足对应的评价指标的程度如何。

2. 系统评价的内容

在系统评价过程中，首先要熟悉方案和确定评价指标，熟悉方案是指通过大量的调查研究，了解系统的基本目标、功能和要求，确切地掌握评价元素对评价指标的实现程度、实现条件和可能性等。评价指标指评价条目和要求，是方案期望达到的指标，然后熟悉评价对象，结合评价指标，应用适当的方法，先进行单项评价，最后做综合评价，从而作出对设计方案的优劣评判。

3. 系统评价的原则

系统评价中有几条原则：

(1)要保证评价的客观性。评价的目的是为了决策，而评价的质量直接影响着决策的正确性，因此要保证评价的客观性，必须注意评价资料的全面性、可靠性和正确性，防止评价人员的倾向性，评价人员的组成要具有代表性等。

(2)要保证方案的可比性。替代方案在保证实现系统的基本功能上要有可比性。

(3)评价指标要成系统。评价指标体系是由若干个单项评价指标组成的整体。它应当包括系统目标所涉及的一切方面，而且对定性问题要有恰当的评价指标，以保证评价不出现片面性。

(4)评价指标必须与国家的方针、政策、法令的要求相一致。

4. 系统评价的模式

评价是一个比较的过程，在这个过程中，我们把要评价的事物与一定的对象进行比较，从而决定该事物的价值，或者确定其在事物系统中的地位。任何评价都可按图3所示的模式进行，其中X为评价的对象(元素)。

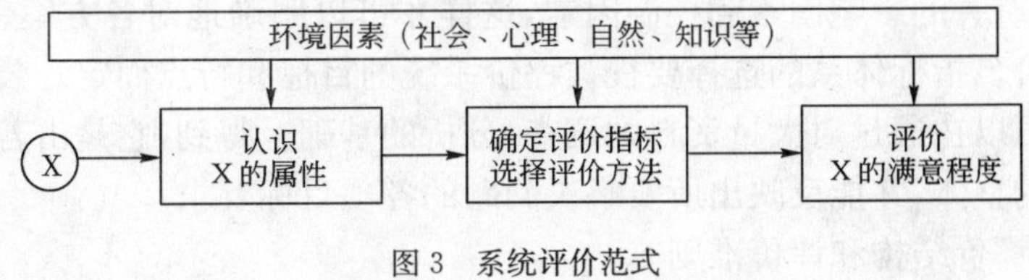

图3　系统评价范式

5.公路景观评价基本思路

系统评价时，首先要根据系统目标规定的一组评价指标，即确定评价的项目，制订评价的准则，系统的评价项目是由构成系统的要素来决定的，可以根据系统所处的实际环境条件来安排它们的评价顺序，对于这些因素赋予一定的加权量(反映各因素在系统评价中的价值地位的系数)，经过合成后形成一种评价的价值体系。这种价值体系主要是从技术和经济的角度来衡量。在包含人的因素和社会因素的系统中，这种价值体系的结构要更复杂一些，对于各种不同价值观的人来说，评价准则的内容和选取的加权量也是很不相同的。在系统评价阶段，要对这种问题展开充分地讨论，明确各个问题构成要素之间的相互关系，取得充分一致的意见，在此基础上，对系统进行定量化的评价。

通常用系统的价值来衡量系统达到目标的程度，这里价值是一个综合概念，它包含着许多因素，各个元素称为价值因素，它们之间相互联系、共同决定着总的价值，对于一个系统来说，它的输出就是价值因素，称之为评价因素。

系统评价的步骤是有效地进行评价的保证，结合公路景观评价自身特点，景观评价的步骤一般包括以下几项：

(1)明确公路景观评价目标，熟悉公路景观设计方案

景观评价本身就具有一定的模糊特性，是个同评价主体有密切联系的评价系统，为了进行科学的定量、定性评价，尽量减少景观评价中的不确定因素，必须仔细调查、了解公路景观构成的情况，熟悉公路路线设计示意图，掌握当地地形情况、经过区域的文化历史资料、标示有特殊景观的地理及地形图，从而进一步讨论各个评价元素。由于公路为一带状区域，并有很大的纵向长度，因此，进行景观评价时，也应根据在公路景观设计中划分的景观区域，分段地进行景观评价。

(2)分析景观评价对象

根据景观评价的目标，集中收集有关的资料和数据，对组成公路景观系统的各个评价元素进行全面分析，找出评价对象。

(3)确定公路景观评价指标体系

指标是衡量系统总体目标的具体标志。对于所评价的系统，必须建立能对照和衡量各个评价对象的统一尺度，即评价指标体系。评价指标体系必须科学地、客观地、尽可能全面地考虑各种因素，包括组成公路内部景观和公路外部景观的景观元素，以及其他有关的影响因素和控制因素，这样才可以明确地对各方案、评价对象进行对比和评价。指标体系的选择要视被评价系统的目标和特点而定。公路景观评价的指标体系可以在通过对大量资料的调查、分析的基础上得到，它是由若干个单项评价指标组成的整体，并能反映出所要解决问题的各项目标要求。

(4)制订评价结构和评价准则

在评价过程中，如果只是定性地描述系统达到的目标，而没有定量的表述，就难

以作出科学的评价，只能停留在泛泛而谈的阶段。因此，要对所确定的指标进行定量化处理，有些指标本来就有定量的数字，而有些原来只有定性的描述，这就要进行分析研究，制订和选择评价的定量依据，这往往借助于模糊理论的概念和方法。评分是一种最常用的简单方法，即按具体情况人为地分成若干等级，进行相对比较。

每一项具体指标可能是几个指标的综合，是由评价系统的特性和评价指标体系的结构所决定的，在评价时要制订评价结构。

由于各指标的评价尺度不一样，对于不同的指标，很难在一起比较，因此，必须将指标体系中的指标规范化，制订出评价准则，根据指标所反映要素的状况，确定各指标的结构和权重。

(5)评价方法的确定

评价方法根据评价对象的具体要求不同而有所不同，要按系统目标与系统分析结果及评价准则等确定。

6.单项评价

单项评价是对系统的某一特殊方面进行详细地评价，以突出系统的特征。单项评价不能解决最优方案的判定问题，只有综合评价才能解决评价对象是否为最优的问题。

7.综合评价

按照评价标准，在单项评价的基础上，从不同的观点和角度对系统进行全面的评价。

综上所述，公路景观系统评价的步骤如图 4 所示。

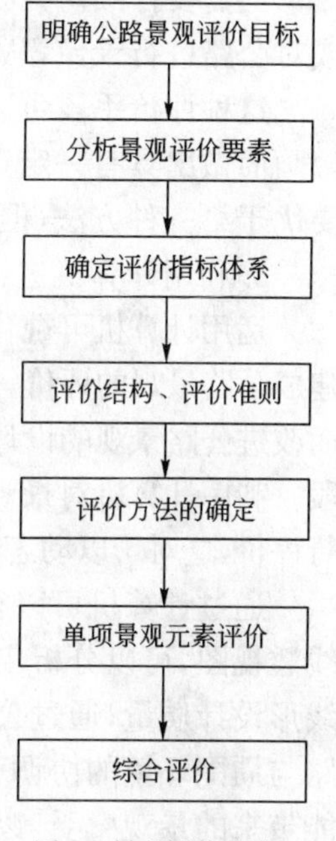

图 4　景观评价步骤

五、公路景观评价手段及方法

景观评价元素提供给评价者一个评价的对象，景观评价尺度则提供了一个评价的目标，而评价手段提供给评价者进行景观评价的措施，也就是通过什么办法来得到评价者对评价对象的评价值。一般情况下，公路景观的评价手段有 3 种情况。

1.实地调查进行评价

通过问卷的形式，对公路使用者、公路景观区域内居民就公路景观方面进行调查，了解人们对于公路景观的看法和意见。由于不同的公路使用者对于公路景观的要求和看法都是不同的，因此要根据景观评价的内容选择不同的使用者进行调查。驾驶人员对公路景观是最有发言权的，因此他们是调查的重点，可以通过有关管理部门向他们发放一些问卷，或在收费站入口处向司机发放一些贴好了回程邮票和地址的明信片式问卷，以便搜集关于公路景观的意见。对于沿线居民，可以采用问卷的形式，也可以采用请他们回答几个问题的形式，同时注意强调与驾驶人员不同的评价角度。对公路景观的实地调查也应请一些专业技术人员，亲自体验一下对公路景观的感受，从而做出对公路景观的带有一定专业程度的评价，这些意见和看法对于改善以后的公路景观设计应该是非常重要的。

实地调查的手段，可以获得现场第一手资料，无疑是非常重要的，但它只适用于已建成公路的景观评价，具有一定的局限性。

2. 对图片、景观素描或录像进行景观评价

当需要仔细研究公路景观的某些因素或细节的时候，可以借助于图片、景观素描或对公路进行录像，从而可以在室内仔细研究一些景观元素，并对其作出评价。

这种评价手段可以很好地对公路景观元素进行研究，对公路景观中静态的一幅幅画面做出具有一定美学程度的评价，并且评价者的身份也比较容易掌握，评价效果要优于第一种方法，但一般也局限于对已建成公路的景观做出评价。

3. 利用计算机进行景观评价

运用计算机可视化技术对高等级公路景观进行评价是非常适合的，它既可用于已建成公路景观的评价，也可利用动画技术和虚拟现实技术对待建公路景观做出评价，从而改进公路景观的设计方案。计算机可视化技术的发展大大提高了公路景观评价的手段。利用计算机对景观进行评价，不仅可以对静态景观进行评价，还可以对动态景观进行评价，这对于以动态特性区别于其他景观的公路景观来说，是最合适不过的了。

通过计算机可以很容易得到公路路线的透视图和公路全景透视图，通过公路路线透视图，可以分析出路线的空间构成特性及公路景观的构成、配合情况，以及公路线形设计质量；通过公路全景透视图，可以很容易了解待建公路的景观构成情况和公路与周围环境的协调程度；而通过计算机虚拟现实技术，则可以感受到未建成公路所能带来的景观感受，以对路线的舒适性进行评价。有关研究表明，人们对于景观中孤立的景物，在静态画面和动态画面中的感受是有很大差异的，而对于一些连续的景物，在静态或动态画面中的区别不太大，在高等级公路景观的评价中要突出强调公路景观的动态特性，才能更好地对公路景观做出科学、正确的评价。

目前，由设计资料和地形资料绘制全景透视图的技术已相当成熟，甚至可以将所设计的路线透视图和实地环境景物照片进行叠加，以得到具有真实感的全景透视图，这样就可以更好地进行公路景观评价。今后，公路景观评价的方向应趋向于计算机的智能评价。

六、公路景观评价体系的确立

高等级公路不应只是作为一种技术设计对象出现，而且应作为一种景观设计对象，公路使用者，包括从公路外眺望的人，大部分不是把公路作为技术对象，而是把它当作景观对象来看的，人们对景观的感受和评价，存在着一定的主观因素，而景观本身却具有一定的客观因素。公路景观分析与评价的根本任务是在各种不同的实在感受和变动不定的意向感受之间把握其中不变的东西，对公路景观进行抽象，建立一个由若干景

观评价元素组成的,以各个景观元素的评价作为结点的综合体系,就是我们所希望建立的公路景观评价体系。

公路景观的评价体系应该建立在大量调查研究的基础上,本文由于条件所限,只能叙述一些建立公路景观评价体系的思想方法。

1. 评价指标及评价尺度的确定原则

公路景观评价涉及的因素比较多,且有许多因素是同人的主观意识联系密切,加上目前所需的资料缺乏,使得评价过程具有许多随机性和模糊性。为了将多层次、多因素的复杂的评价问题用较科学的计量方法进行量化处理,必须针对景观评价对象构造一个科学的评价指标体系。这个指标体系必须将评价对象的大量相互关联、相互制约的复杂因素之间的关系层次化、条理化,并能够区分它们各自对评价目标影响的重要程度,以及对那些定性评价的因素进行恰当的、方便的量化处理。如何确定公路景观的评价尺度,也就是评价指标体系,是个很困难却非常重要的问题。

一般来说,指标范围越宽,指标数量越多,则方案之间的差异越明显,有利于对评价对象做出判断和评价。但确定指标的重要程度也越困难,处理和建模过程也越复杂,因而歪曲评价对象的本质特性的可能性也越大。评价指标体系要全面地反映所要评价的系统的各项目要求,尽可能地做到科学、合理、符合实际情况,并基本上能为有关人员和部门所接受。为此,制订评价指标体系需在全面分析系统的基础上,首先拟定指标草案,经过广泛征求专家意见,反复交换信息,统计处理和综合归纳等,最后确定公路景观系统的评价指标体系。

从系统论的角度看,任何对象都是一个动态系统,有其"输入—转化—输出"的三个环节,而评价对象的指标集按照本身的功能可以分为基础描述型指标集、分析评价型指标集和规划决策型指标集。基础描述型指标是根据客观事物的完整而系统的描述需要而建立的;分析评价型指标则要根据不同的要求,建立分析和评价模型;规划决策指标是在分析评价的基础上做出规划、监督、预测和决策。三个指标集中,前面的指标集是后面指标集的支撑系统。分析评价型指标集是在描述型指标集基础上建立的,而决策型指标集又必须根据后面的指标集的需要加以选择。

在确定指标体系时应遵循下面的原则:

①系统性原则。指标体系应能全面地反映被评价对象的综合情况,从中抓住主要因素,既能反映直接效果,又能反映间接效果,以保证综合评价的全面性和可信度。

②可测性原则。指标涵义明确,数据资料收集方便,计算简单,易于掌握。

③定量指标与定性指标结合使用原则。既可使评价具有客观性,便于数学模型处理,又可弥补单纯定量评价的不足及数据本身存在的某些缺陷。

④绝对量指标与相对量指标结合使用原则。绝对量指标反映总量及规模水平,相对量指标反映在某些方面的强度。

⑤指标之间应尽可能避免显见的包含关系。对隐含的相关关系,要在模型中以

适当的方法消除。

⑥指标的选择要保持同趋势化，以保证可比性。

⑦指标要有层次性。具有层次性的指标体系能为体现不同方案的效果和确定指标的权重提供方便。

上述原则，在具体应用中可能会出现一定的矛盾，一般可做如下处理：

①应在满足有效性的前提下，尽可能使评价简便。

②指标的系统性与指标的可获得性相矛盾，因为指标体系需要包括各有关方面的许多因素，有些指标不易获得也不易测出，不能找到满足评价所需的全部数据。因此，在建立指标体系时，对若干与评价关系甚大的指标，虽然目前尚无法获得数据，但是仍以建议指标提出，以保证评价指标体系的系统性和科学性。

③指标的精确性与指标的可信度问题。评价应尽可能精确，但有些指标目前不能做到很精确，与其为了追求精确而假设数据，或因得不到数据而将一些指标舍去，不如由专家根据经验做定性的描述，给某些指标以质的规定更为可信。

上述只是确定评价指标体系的一般原则，对具体的评价问题应具体对待，不一定全部用到，有些情况下也可以将原则细化。

公路景观评价尺度的确定，要从公路景观的构成元素入手，分析不同景观评价元素，分别确定它们各自不同的景观评价尺度。评价指标体系的制订要求尽可能地做到科学、合理、实用。由于评价指标体系内容的多样性使得这些要求变得很困难，为了解决这些矛盾，通常使用特尔菲法，也就是通过广泛征求专家意见，反复交换信息，统计处理和归纳综合等，以求达到上述目的。

2.适用于公路景观评价的几种系统评价方法

评价其实就是确定评价对象在系统中的相对地位。这种相对地位是通过比较而认识的。评价具有主观性，评价是事物价值在人的意识之中的反映。因此，对事物价值的评价要因人、因时、因环境而异，评价中的差异性是无法排除的，只能尽量缩小。在研究设计评价方法时，要使方法具有减弱或消除主观因素成分的功能，使要获得的评价信息具有可能性和可靠性。

认识是评价的前提和基础。要提高评价的合理性与准确性，首先要全面客观地认识系统和环境，对事物的认识不准确，就难以做出合理的评价。认识的规律是从简单到复杂，具有分解性与综合性，评价同样符合这种规律。另一方面，评价又指导着认识，是认识的目的和动力。

任何评价都涉及以下几个要素：①方案集，这是收集的待评价对象的集合，集中方案的多少，标志着人们对系统和环境认识水平的高低。②指标集，由目标、准则和指标组成，具有层次性。指标集反映了评价的内容和范围，其科学性的程度对评价结果影响很大。③评价主体，包括评价主体的偏好结构、价值体系、知识水平、经历等。④信息转换模式，表明评价者是如何获得评价信息并对这些信息进行处理的。信息转换模式决定了评价方法。

评价工作是一种跨学科、跨层次的综合性工作，它既要求社会科学、经济学与自然科学的综合，又要求决策层、执行层与研究层的结合。这就对评价工作的组织管理与机制提出了特殊的要求。目前，人们在评价领域已具备了一定的优势，并已经形成了一套比较成熟的理论和方法，但对于景观方面的评价来说，由于其具有一定的美学评价内容，主观性较之其他系统评价要大，尽管学术界和理论工作者对评价理论和方法研究做出了许多努力，但仍然处于一种初步阶段，对于公路景观的评价，由于缺乏对公路景观评价元素的分析和认识，更是处于一种尝试的阶段。目前，可以用于公路景观评价的评价方法有以下几种。

(1)等级法

这种评价方法是由评价主体对评价对象按照评价要求从优至劣进行排序，一般适用于同一对象的不同方案的评价比较。评价过程是发放调查表，根据评价主体的组成要求，邀请相应评价人员对不同方案进行排序，从而得出结论。相应调查表格类似于表 3(表中为示意数据)。这种评价方法，评价主体的组成情况很重要。

等级法评价调查表 表 3

评 价 项 目	方案排序(好-差)	评 价 项 目	方案排序(好-差)
美观	A,B,C	与环境协调	C,B,A
舒适	B,A,C	总体印象好	B,A,C

(2)形容词差异法

这种方法将意义完全相反的一对形容词按含义程度分成几个不同等级的标准评价值，一般为 5 个分级，要求评价者对评价对象根据自己的判断，按其满足形容词的程度进行打分，从而对评价对象进行排序评定。这种方法不仅可以对几个方案进行评价，而且可以就公路景观某一对象进行评价。在没有定量评价的情况下，对于景观评价，这是一种很常用，且很有效的方法之一。

(3)可能—满意度法

在评价指标体系中，有些指标要定出它的可能性大小，有些则要说明它的满意程度。这个方法实际上是两个要求：一是要定出指标的可能或满意的范围，即可能度的最高与最低点或满意度的最大与最小点；二是评出具体方案在这些指标上能达到的可能度和满意度。

具体原理为：

如果一个指标肯定能够达到，就是说它实现的可能度最大，给以定量记述：$P=1$。如果一项指标肯定达不到，即没有可能度，这时可记为：$P=0$。这是两个极端情况。在一般情况下，$P=0\sim1$之间当可能度的变化是线性时，可以用图 5 说明。

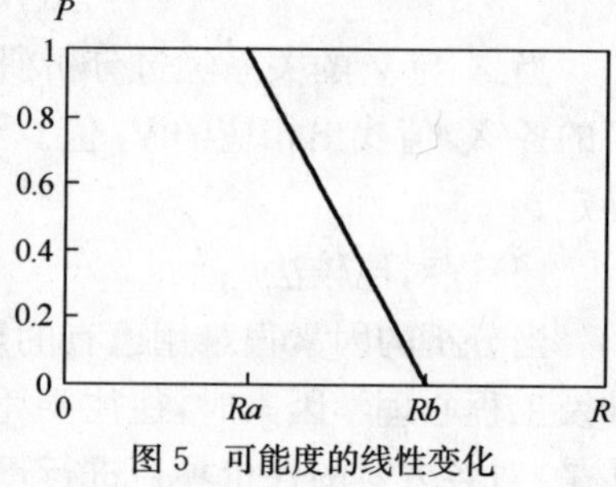

图 5 可能度的线性变化

$$P(R)=\begin{cases}1 & R\leqslant Ra\\ \dfrac{R-Ra}{Ra-Rb} & Ra<R<Rb\\ 0 & R\geqslant Rb\end{cases}$$

式中:R——某种可能性指标。

此图表明 P 与 R 成反比关系,当两者成正比关系时,图象方向相反。可能—满意度法是一种定量评价方法。可用于公路线形的某些评价。

(4)关联矩阵法

当存在几个评价因素,而它们之间又没有约束时,可用关联矩阵法评价,参见表 4。表中有 4 个评价方案,方案的评价因子也有 4 个,但各评价因子对方案的重要程度不同,故有不同的权重。通过对不同方案的评价因子给出评价值后再将权重考虑进去,将各因子评价值综合起来则可得到每个方案的评价值,据此就可对方案优劣做出比较。

关联矩阵法评价表　　表 4

评价因子		A	B	C	D	评价值
各因子权重		ω_1	ω_2	ω_3	ω_4	
评价方案	a	a_{11}	a_{12}	a_{13}	a_{14}	$\sum(\omega_j\cdot a_{1j})=W_j$
	b	b_{21}	b_{22}	b_{23}	b_{24}	$\sum(\omega_j\cdot a_{2j})=W_j$
	c	c_{31}	c_{32}	c_{33}	c_{34}	$\sum(\omega_j\cdot a_{3j})=W_j$
	d	d_{41}	d_{42}	d_{43}	d_{44}	$\sum(\omega_j\cdot a_{4j})=W_j$

(5)价值分析法

当系统具有一个或多个目的时,一般情况下,可以用系统的价值来衡量系统目的所达到的程度。系统的价值(V)与系统的功能(X_1)、建立系统所需费用(X_2)、完成系统所需日期(X_3)以及系统的可靠性(X_4)有关。一般来说,系统性能愈高,则价值 V 愈大。系统的价值是从各个方面来进行评价的,因此其评价尺度也不是单一的,通常可以把价值分为 $V_1,V_2,\cdots,V_n$ 等,并依次乘以适当的权重 W,然后进行相加。

$$V=\sum(W_i\cdot V_i)=\sum(W_i\cdot f_i(X_i))$$

当 X 与 V 的关系经过分析研究以函数或图表的形式给出后,就可以对每一个方案的各 X_i 值找出相应的 V_i 值。至于权系数 W_i,则按这一指标的重要性、迫切性来确定。

(6)逐对比较法

当分析的因素很难用已有的尺度来确定,也难找出一种通用的尺度来衡量,特别涉及工程心理学因素时,往往要凭感觉来判断,这时可采用逐对比较法。其基本的做法是:对各方案的评价项目进行逐对比较,比较结果相对重要的项目得分,据此可得到各评价项目的权重 W_i。再根据评价主体给定的评价尺度，对各方案进行评价，得到每一项目的评价值，进而求加权和得到综合评价值。逐对比较法是确定评价项目权重的有效方法之一。

(7)模糊综合评定法

模糊数学可以简单地理解为用数学的方法解决模糊现象的工具。

模糊综合评定，是指对多种因素所影响的事物或现象进行总的评价，若这种评价过程涉及模糊因素，便是模糊综合评价。

模糊综合评价分为两步：第一步按每个因素单独评定；第二步再按所有因素综合评定，其基本方法和步骤如下：

①建立因素集

因素集是由影响评价对象的各种因素为元素所组成的一个普通集合，用 U 来表示：

$$U = \{u_1, u_2, \cdots, u_m\}$$

各元素 $u_i(i=1,2,\cdots,m)$ 代表各影响因素，可以是模糊的，也可以是非模糊的。

②建立权数集

各个因素的重要程度是不一样的，为了反映各因素的重要程度，对各个因素 u_i $(i=1,2,\cdots,m)$ 应赋予一相应的权数 $a_i(i=1,2,\cdots,m)$。各权数所组成的集合，用 A 表示

$$A = (a_1, a_2, \cdots, a_m)$$

称为因素权数集，简称权数集。

通常，各权数 $a_i(i=1,2,\cdots)$ 应满足归一性和非负性条件：

$$\sum a_i = 1; a_i > 0 (i=1,2,\cdots,m)$$

它们可以视为各因素 u_i 对“重要”的隶属度。各个权数据实际问题而定，确定权数的方法也有多种。

③建立水平集(备择集)

水平(备择)集是评定者对评定对象可能做出的各种评定结果所组成的集合，通常用 V 表示，即：

$$V = \{V_1, V_2, \cdots, V_n\}$$

④建立评定矩阵

设 R 表示对第 i 个因素作出第 j 种评定可能的程度，并设 R 是从因素集 U 到评价集 V 的一个模糊集，是一个 $m \times n$ 的模糊矩阵。

$$R = \begin{bmatrix} U_{11} & U_{12} & \cdots & U_{1n} \\ U_{21} & U_{22} & \cdots & U_{2n} \\ \vdots & & & \vdots \\ \vdots & & & \vdots \\ U_{m1} & U_{m2} & \cdots & U_{mn} \end{bmatrix}$$

⑤模糊评定

为合理地反映各因素的综合影响，在式前乘以各因素相应的权数，则综合评定可表示为：

$$B=A\cdot R$$

$$B=(A_1,A_2,\cdots,A_m)\begin{pmatrix} U_{11} & U_{12} & \cdots & U_{1n} \\ U_{21} & U_{22} & \cdots & U_{2n} \\ \vdots & & & \vdots \\ \vdots & & & \vdots \\ U_{m1} & U_{m2} & \cdots & U_{mn} \end{pmatrix}$$

$$=B_1,B_2,B_3,\cdots,B_n$$

进行模糊矩阵乘法运算时，需引入两个符号："∨"和"∧"，这两个符号称模糊算子。符号的意思分别是"取最小值"和"取最大值"。即：

$$A\wedge B=\min(A,B)\text{ 及 }A\vee B=\max(A,B)$$

因为在景观评价中含有很多的不确定性，模糊评定比较适合于公路景观的综合评价。

由于指标体系与决策的内在关联及受环境的制约，评价实践也将是一件很困难的事情。为此，进一步对系统评价的理论进行深入研究，并结合社会经济发展的实际完善评价理论和方法，还需做出进一步的努力。

3. 公路景观区域总体控制要素的评价(P1)

公路景观区域控制要素即指在某一公路景观区域内公路景观的个性，它通过景观构造物来体现景观的综合性，通过视觉感受形成一个景观区域公路景观的总体印象。

对于公路景观个性的评价，与评价主体对景观的主观印象密切相关，含有很大的不确定性和模糊性，某一段公路景观区域的个性的突出与否目前尚未有定量的评价方法，而这种主观偏好成分较大的评价，运用定性评价的方法是比较适宜的。

(1)评价尺度的确立

我们分析公路景观个性的具体表现方法及人们对景观个性的看法，的确大部分都是随机的，它属于主观因素所在比例较大的评价元素，对于这种类型的评价，采用形容词对比方法，可以确立这样的评价尺度：

	非常	基本	一般	基本	非常	
满意	5	4	3	2	1	不满意

在这里，满意、不满意表示评价主体对评价对象的感觉的分级，考虑到人的感觉的敏感性和不确定性，把满意—不满意区间划分为 5 个层次，而用词语表达就是"非常满意"、"基本满意"、"一般情况"、"基本不满意"、"非常不满意"，相应的评价值依次

为“5,4,3,2,1”。这是一种相对的评价尺度,是评价主体对评价对象的主观判断,为公路景观区域个性的评价提供了一个可操作的评价尺度。

(2)公路景观区域控制要素评价指标体系的确立

在这里,公路景观区域控制要素主要指公路景观区域的个性,根据公路景观设计中个性设计的内容,可以总结出公路景观个性评价因素及其相应的评价值。具体见表5。

公路景观控制因素评价指标体系 表5

评价元素		形容词	评价值					形容词	备注
公路自身特点反映	1. 公路线形表现的个性特征								
	线形变化情况	流畅	1	2	3	2	1	单调	三维线形配合
	2. 附属设施表现的个性特征								
	附属设施的个性	强	1	2	3	2	1	弱	显著与否
	当地材料利用情况	充分	5	4	3	2	1	不充分	地方特色
	景观设施布局	合理	5	4	3	2	1	不合理	视景观布置图而定
	3. 雕塑等对景观个性的表现								容易突出,也容易破坏公路景观个性
	对公路景观个性的表达	适宜	5	4	3	2	1	不适宜	
总体宏观景观印象	1. 对公路景观的宏观印象	深刻	5	—	3	—	1	不深刻	与环境配合是否协调,时空变化是否引人入胜
	2. 对风景资源的利用	充分	5	4	3	2	1	不充分	
	景观区域内特色景观	有	5	—	3	—	1	无	对公路景观可起强调作用的景物,如山峰,河流等
	3. 保持当地文化特征	好	5	4	3	2	1	不好	
	4. 公路景观基调与主题	明确	5	4	3	2	1	不明确	

(3)公路景观区域控制要素评价方法的确定

对于公路景观区域个性的评价,比较适用于差异法。差异法是将意义完全相反的一对形容词按含义程度划分成5个等级,设计评价调查表,要求评价主体根据自己的判断对相应的评价元素选择分数等级,从而做出对不同公路方案的景观区域控制因素的评价,在已完成的评价基础上,确定景观区域个性显著程度的分数,就可以对待建公路的景观区域个性进行评价了。

相应的评价调查表类似表5。

最后对数据进行处理,求出总分及各个方案的平均分值,从而判断方案景观生动程度,亦即对公路个性进行了评价。

4. 公路自身景观元素分析及评价

公路自身景观元素作为公路景观的一部分，它的设计好坏与否将直接影响到公路景观的印象。不论其他景观元素设计得多巧妙，也无法掩饰公路自身带给公路景观的缺憾。从而，公路自身景观元素的评价也就显得格外重要了。

公路自身景观元素的评价主要由三部分组成：公路线形评价；公路横断面组成评价；公路景观空间构成评价。为了利于公路景观的综合评价，采用的评价尺度仍然为5层次的分值。评价方法则是根据各项技术指标对它们所能达到值的满意程度进行打分。

(1)公路线形评价(M_1)

对于高等级公路而言，主要是具有时空变化的四维空间，公路线形评价应把线形的时间变化作为评价对象来考虑，也就是把四维空间线形的舒适性评价作为重点。但目前，还不能够准确评价线形的舒适性，所以仍要补充其他评价内容来弥补。

根据公路线形组成要素可以确定公路线形评价的内容，根据各组成要素的景观设计内容，可以按景观设计的要求所满足的程度对其做出评价。公路线形评价由二维线形合理性评价、三维线形平顺性评价、四维线形舒适性评价以及视觉诱导性评价组成。

①二维线形评价(V_1)

a. 平面线形要素的评价

根据公路景观设计的内容和标准，采用可能—满意度的方法对线形要素进行评价。

(a)直线长度要素评价(A_1)

当直线长度 L 小于最小直线长度 L_1 时，分值为0；当达到推荐值 L_2 时，分值取为1，即达到最满意程度；若 L 超过最大建议值 L_4 时，则分值为0；考虑到直线长度的大小是根据人的单调经验得出的，也具有一定的不确定性，因此，从满意到不满意的过渡也应该是连续的，则取 L_4 作为分界值。

其中，$L_1=6V$　　最小直线长度

$L_2=20V$　　推荐直线长度

$L_3=30V$　　建议最长直线长度

$L_4=50V$　　限制最长直线长度

根据公路景观区域内直线长度的大小做出直线长度的满意度评价 A_1。见图6。

(b)圆曲线要素评价(A_2)

圆曲线要素的评价分值以《公路路线设计规范》中的曲线半径值确定。见图7。

$$A_2=\begin{cases}0 & R<R_1\\(R-R_1)/(R_2-R_1) & R_1<R<R_2\\1 & R>R_2\end{cases}$$

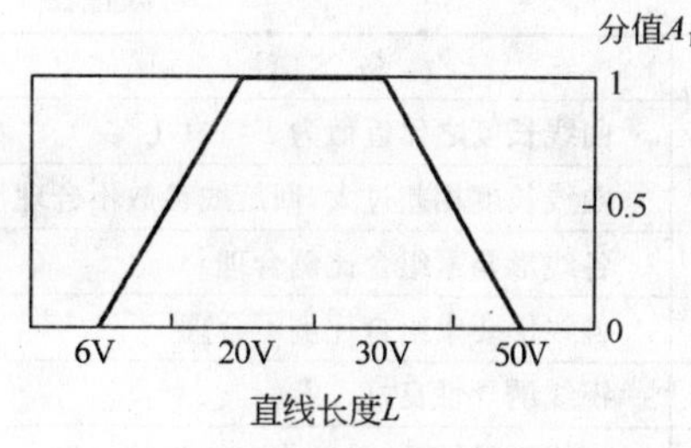

图 6　直线要素满意度的线形变化

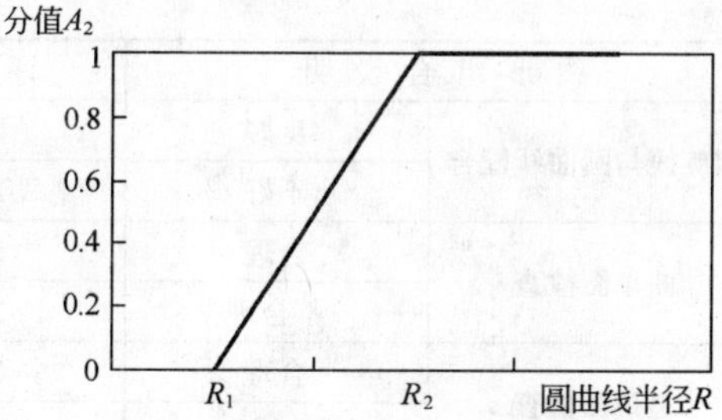

图 7　圆曲线要素满意度的线形变化

式中：R_1——标准半径值；

R_2——期望半径值。

(c)缓和曲线要素评价(A_3)

缓和曲线要素可以根据两个指标来评价，一是缓和曲线长度，一是缓和曲线参数。在这里，我们采用缓和曲线长度来作为评价的指标参数。

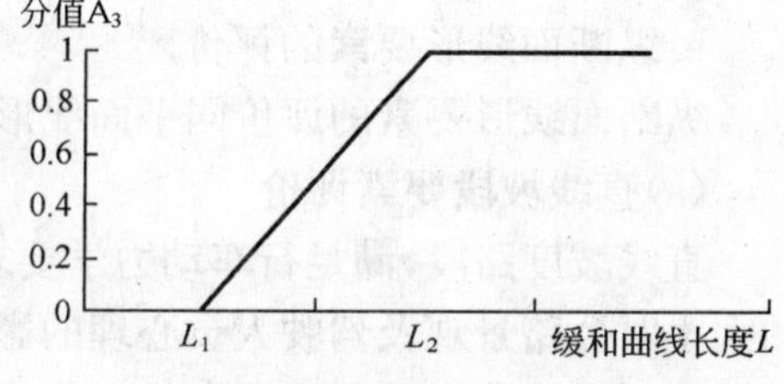

图 8　缓和曲线要素满意度的线形变化

与圆曲线要素评价相同，见图 8。

$$A_3=\begin{cases}0 & L<L_1\\(L-L_1)/(L_2-L_1) & L_1<L<L_2\\1 & L>L_2\end{cases}$$

其中，$L_1=\mathrm{Min}(L_i)$；$L_2=\mathrm{Max}(L_i)$

式中：L_i：L_1——满足行驶力学要求的缓和曲线长度；

L_2——满足超高缓和段上要求的缓和曲线长度；

L_3——满足平面线形协调要求的缓和曲线长度；

L_4——满足方向盘操作要求的缓和曲线长度，亦即 3 秒行程确定的长度。

(d)平面线形要素组合评价(A_4)

平面线形要素组合的评价采用确定评价尺度，对方案进行打分的方法。根据公路景观设计的原则，可以确定评价尺度如表 6 所示。

平面线形要素组合评价尺度　　表 6

线形组合说明		评价值	备注
线形连续与否	连续	5～3	行驶中线形无骤变
	有明显变化	2～1	一般都违反了线形设计原则
公路交角情况	＞10°	5～3	
	＜10°	2～1	交角小容易引起错觉
高填方路段情况	曲线半径大	5～3	可以诱导视线，避免错觉
	曲线半径小	2～1	难以预见前方线形

续上表

线形组合说明		评价值	备　注
回旋线与圆曲线配合	良好	5～3	曲线长度之比近似为 1∶1∶1
	不好	2～1	曲线长度相差过大，回旋线参数不合理
曲率图检查	合理	5～3	各线形要素组合比例合理
	不合理	2～1	各线形要素组合比例不合理
透视图检查	合理	5～3	视线诱导性良好
	不合理	2～1	视线诱导性差，易造成有错觉的线形

采取发放调查表的方法获取对线形组合的分值，经过数据处理，可以得到平面线形要素组合评价值 A_4。

b. 纵断面线形要素的评价

纵断面线形要素的评价同平面线形要素相似，也是为了便于以后的综合评价。

(a)直线坡段要素评价

直线坡度路段，满足行车动力学要求的坡长一般都能满足视觉上的要求，而坡度的大小对公路景观及驾驶人员心理的影响比较大，当坡度过大时，在公路景观方面，使得路面在用路者视界中所占的比例增加，对景观也产生了不利的影响；另一方面，也增大了用路者的心理压力。

$$A_1 = \begin{cases} 1 & i_0 \leqslant i \leqslant i_1 \\ 1 \sim 0 & i_1 < i < i_2 \\ 0 & i \geqslant i_2 \end{cases}$$

式中：i_0——利于排水的最小纵坡度；

i_1——满足美学观点的纵坡度；

i_2——规范中规定的最大纵坡度。

坡度的满意度曲线如图 9 所示。

(b)凹形竖曲线要素的评价

凹形竖曲线要素的评价尺度如图 10 所示。公式如下：

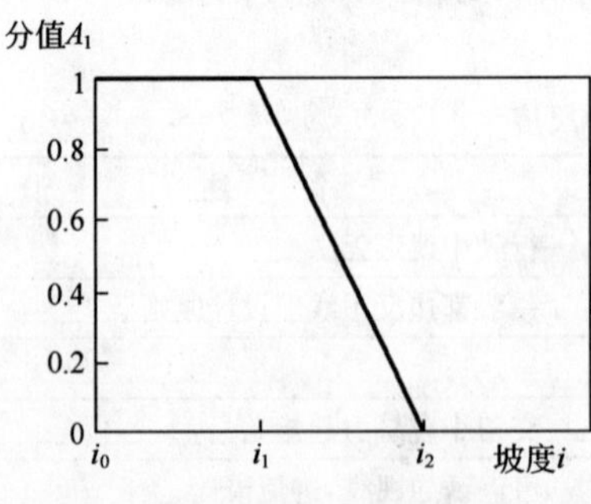

图 9　坡度满意度线形变化曲线

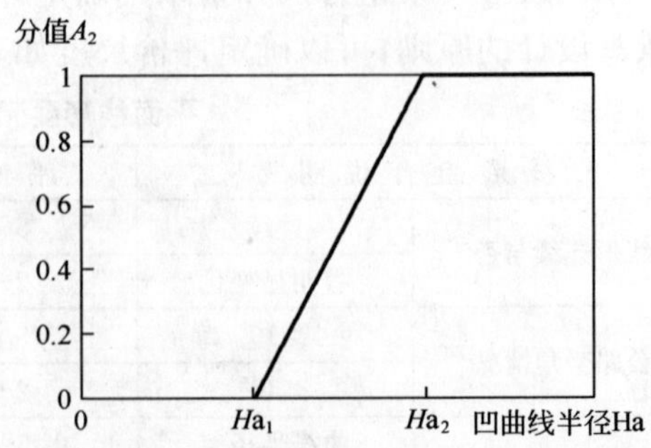

图 10　凹形曲线满意度的线形变化

$$A_2=\begin{cases}0 & 0.3\leqslant Ht\leqslant Ha_1\\ 1\sim 0 & Ha_1\leqslant Ht< Ha_2\\ 1 & Ht\geqslant Ha_2\end{cases}$$

其中，$Ha_1=\min(Ha_i)$；$Ha_2=\max(Ha_i)$；

Ha_i 为：$i=1$ 满足夜间停车视距的最小曲线半径；

$i=2$ 考虑舒适性要求的最小曲线半径；

$i=3$ 考虑视觉要求的最小曲线半径。

一般地，Ha_1 为满足夜间停车视距要求的曲线半径；Ha_2 为考虑视觉要求的最小曲线半径。

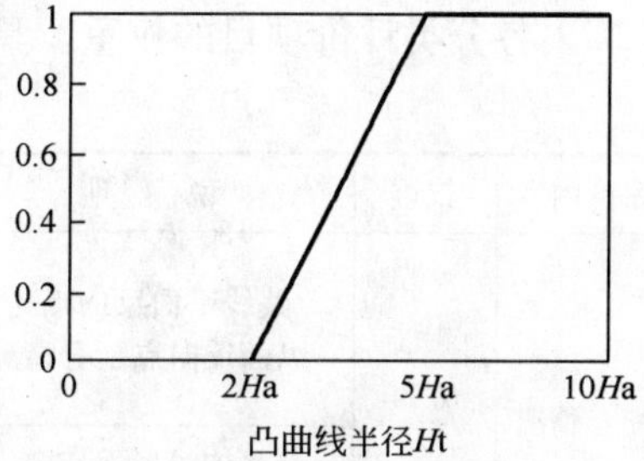

图 11　凸曲线满意度的线形变化

(c)凸形竖曲线要素评价(A_3)

一般情况下，凹形曲线按经验取最小半径的一半。对于好的线形，一般取凸形曲线最小半径的1/5～1/10，则对于凸曲线而言，最满意的莫过于取凹曲线最小半径的5～10倍了。如图 11 所示。

$$A_3=\begin{cases}0 & Ht\leqslant 2Ha\\ 1\sim 0 & 2Ha\leqslant Ht< 5Ha\\ 1 & 5Ha\leqslant Ht\leqslant 10Ha\end{cases}$$

(d)纵断面线形要素组合评价(A_4)

纵断面线形要素组合评价尺度如表 7 所示，可以根据此表对路线方案的线形组合情况做出评价，得出评价值 A_4。

纵断面线形要素评价尺度表　　表 7

纵断面线形要素组合说明		评价值	备　注
区域内纵断面线形变化情况	竖曲线个数适宜	5～3	线形优美
	包含有多个竖曲线	2～1	线形有变形
竖曲线间连接情况	复合曲线连接	5～4	线形顺畅
	中间直线长度合理	3～2	为 6 倍车速长度
	中间直线长度不合理	1	长度为 500 米左右
凹曲线与直线连接情况	纵坡平缓	5～4	不易引起视错觉
	纵坡变化小半径也小	3～1	很易引起视错觉
曲率图分析	合理	5～3	无布线时应避免的线形
	不合理	2～1	含有不良线形

由于各评价要素之间基本无交叉影响，求出以上各分项评价值后，则可以采用关联矩阵的方法对分项评价值进行综合，从而求得二维线形评价值 V_1。

$$V_1 = \sum (W_i \cdot A_i)$$

式中：A_i——单项评价值；

W_i——单项评价值权重，在此处可以假定各评价要素权重相等；

②三维线形评价（V_2）

三维线形主要是平纵配合后形成的立体线形，它的评价应主要通过透视图检查的方式，因此，在评价尺度中，要体现透视图检查的重要性。在此，根据权重分析方法计算出各分类评价项目的权重。具体评价值及有关细节见表8。

三维线形评价尺度表 表8

评价内容	权重	说明	评价值		备注
平纵配合情况	3/14	路线平面反向点与纵面反向点配合情况	重合	5	
			相位错开	4～2	相位错开1/4时，取3
			相反	1	
		立体线形设计中应避免线形情况	无	5～4	根据公路景观线形设计内容
			有	3～2	
平纵线形均衡情况	3/14	平纵配合是否以平曲线为先导	是	5～4	如平纵配合为平包纵
			否	3～2	
		平面及纵断面曲线半径配合情况	良好	5～3	满足平、纵曲线半径比例要求
			不好	2～1	不满足比例要求
透视图检查情况	8/14	视线诱导情况	良好	5～3	
			不好	2～1	
		心理线形情况	良好	5～4	无视错觉现象
			一般	3～2	基本无视错觉现象，或不影响线形
			不好	1	含有严重的视错觉现象
		线形情况	平顺	5～3	
			有扭曲	2～1	

同理，得到各评价分项要素的评价分值后，对数据进行分析处理，采用关联矩阵的方法对三维线形进行评价，从而可以得出三维线形的评价值 V_2。

$$V_2 = \sum (R_i \cdot W_i)$$

式中：R_i——分项评价值；

W_i——分项评价值权重。

③四维线形评价（V_3）

作为视觉环境的线形，是公路景观的最主要的因素，对公路使用者来说，公路的视觉环境和运动力学的环境，应该作为随着时间一起变化的动态环境来掌握。所以在线形评价中，也应该把时间变化考虑进去，也就是进行公路四维线形评价，判断整个路线是否处于最好的状态。四维线形评价，就是把线形的时间变化以及人们的感受作为评价对象，这对于以动态特点区别于其他景观构造物的公路来说，是非常重要的。但是这一部分的研究在目前仍处于起步阶段，还需要进一步定量研究。

在高速公路上，特别是做长时间高速运行时，景物瞬间即逝，线形也不断变化，得到的是根据时间顺序按计划持续向前推移的一种印象，所谓人们的节奏感也被定义为“有计划的推移一定时间内的印象”。如果视觉环境和运动感觉的动态移动无变化，我们就会感到厌倦，反之，如果视觉环境过分地急剧变化，又会感到惊慌，如果视觉环境的变化时而缓慢出现，时而缓慢消失，或者是刺激的绝顶期和迟缓期适当反复，就提供了一种节奏感，在公路上行驶就会感到很多令人愉快的变化，是舒适感的体验。

四维线形的评价在某种程度上来说，是一种舒适性评价，而评价舒适性程度，还不可能定量地掌握，一般为定性的评价，因此，不管是属于视觉的、属于运动感觉的，还是属于节奏感的，只能用(A)非常舒适，(B)舒适，(C)普通，(D)不舒适，(E)非常不舒适等来判断，都是主观的印象。因此，如果想要尽量排除其主观性，作出客观的评价，则要涉及人体显现出来的反应，把皮肤电反射(G. S. R)、脑电波、脉搏、呼吸等所谓生理反应转化为数值。但是，由于个人的差别、习惯、其他的影响等问题，很难找出实际的感情和反应之间的关系。有研究表明，反应意识低的要素，都是与运行不直接联系的要素，也可以说是危险感少的对象。就行驶在高速公路上的被检查者来说，如调查一下皮肤电的反射和脉搏，那么显然在隧道入口、急弯路段等处容易产生反应，但在视野良好的路段、在与舒适性相联系的路段处，皮肤电也明显出现反应。在这个意义上，这种反射只能说是掌握了“某种程度的反应”的方法，它具体的含义，只有听用路者本人的叙述了(图 12)。

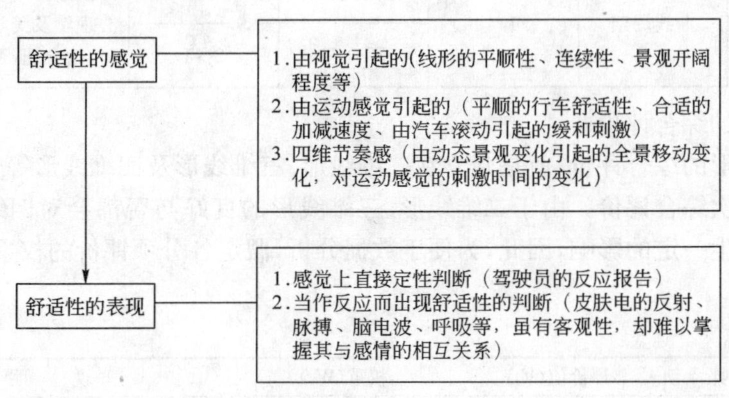

图　12

目前，有两个关于曲线的指标也许能够在一定程度上反映四维线形的好坏与否。一是曲线率，另一个是把曲率图的曲率变化考虑成一个波形，用波形解析的方法算出周期，从而分析线形。曲线率的定义是把某一路段(数公里至数十公里)的平面线形的弯曲度总和以该路段总长除之。公式为：

$$K_c = AB\text{ 之间的公路总长 }/AB\text{ 之间的直线距离}$$

有新的研究表明，曲线率的定义公式为：

$$K_c = \text{交角的绝对值之和 }/AB\text{ 之间的公路总长}$$

日本有调查表明，曲线率越小，事故率越小，在一定程度上，也可以说明，路线的舒适性程度较高。

曲线周期是通过公路曲率图得出的，公路的曲率图，是与以一定速度行驶在公路上的汽车方向盘角度的变化形成相类似的形状，所以，如果驾驶员通过方向盘而感到节奏，那么为了测量其周期为何种程度，可以把曲率图作为一个波形，而对它进行波形解析，据心理学研究，当波形为 α 波时，人的感觉总是比较舒适和愉快的。

四维线形的评价尺度如表 9 所示。

四维线形评价尺度表 表 9

评价项目		权重	说明	评价值	备注
动态移动变化的线形视觉环境		1/4	优美	5～3	主要根据对用路者进行调查得出判断
			无感觉	2～1	
线形提供的节奏感		1/4	强	5～3	主要根据对用路者进行调查得出判断
			弱	2～1	
曲线图分析	曲线率	1/4	小	5～3	可以近似认为当曲线率小于 0.2 时，就是比较合理的线形
			大	2～1	
	曲线周期	1/4	合理	5～3	波形为 α 波或其他符合心理学及美学要求的波形时，为合理，否则不合理
			不合理	2～1	

④线形的综合评价

对于线形的综合评价，就是建立在二维线形、三维线形及四维线形等分项评价的基础上的一次综合评价。由于二维线形、三维线形的良好与否都会对四维线形的舒适性程度产生一定的影响，因此，为便于数据分析，假定各分项评价的权重相等，即为1/3(见表 10)。

表 10

评价分项	评价值(V_i)	权重(W_i)	说明
二维线形	V_1	1/3	侧重于线形要素的评价
三维线形	V_2	1/3	侧重于线形要素组合的评价
四维线形评价	V_3	1/3	侧重于线形舒适性评价
线形综合评价	$M_1=\sum(V_i \cdot W_i)\, i=1,2,3$		

(2)公路横断面评价(M_2)

公路横断面作为公路景观空间的一个组成部分,在景观构成上有很重要的作用,主要表现在路幅的变化、横断面的形式及边坡的处理三方面。路幅随公路等级的不同而变化,对于长度很可观的公路而言,比较宽的路幅总是比较好的,但也要注意同周围环境相适应。横断面的形式对公路景观的影响比较大,中间不设分隔带的断面对双向的行车司机视觉干扰较大,在夜间容易受到对向来车的车灯影响,但不设分隔带的公路显得非常开阔,驾驶员不容易感觉到疲劳,心情舒畅,不易产生压抑感。中间设置分隔带以后,可以在分隔带上种植树木,吸收噪声与废气,而且可以减少夜间对向车灯影响,但容易在司机心理上产生生硬之感。边坡的处理对于公路景观也非常重要,一般,弧形的边坡具有一定的美学价值,会给人以很安静的感觉,而在边坡上种植草皮,既保护了边坡,维护边坡稳定,又增加了公路的美学欣赏价值。具体横断面评价尺度如表 11 所示。

公路横断面评价尺度 表 11

评价对象	权重	说明	评价值	备注
路幅宽度(V_1)	1/3	开阔	5～3	根据适应周围环境情况取值
		狭窄	2～1	
横断面形式(V_2)	1/3	无分隔带	5～4	视野比较开阔
		设分隔带	3～1	中间种植灌木时,可考虑取较高分值
边坡处理(V_3)	1/3	合理	5～3	边坡设为弧形,种植草皮
		不合理	2～1	边坡未经过任何处理
综合评价值(M_2)	$M_2=\sum(V_i \cdot W_i)\quad i=1,2,3$			

(3)公路景观空间评价(M_3)

公路景观空间由路面、周围景物及建筑、地形和天际线共同构成。公路景观空间的评价由景观空间比例评价、公路延长比评价及公路景观空间构成评价三部分组成,对各个分项评价进行综合后,就可得到公路景观空间评价 M_3。

①公路景观空间构成比例评价(V_1)

a. D/H 的确定

假设 D 为用路者视点到边界景物的距离,H 为边界景物的平均高度,则如图 13 所示,

$$D/H=\cot\theta$$

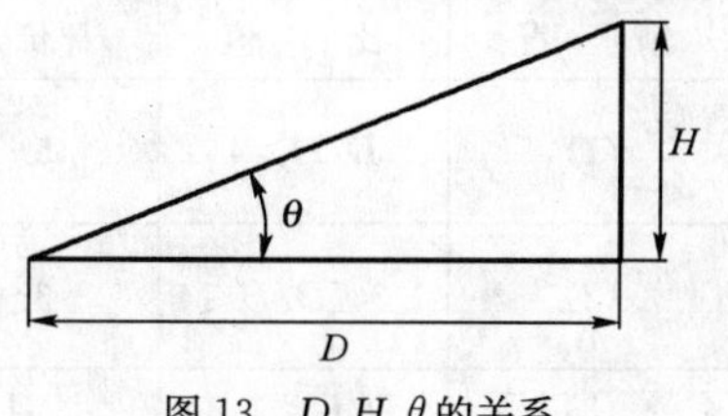

图 13 D、H、θ 的关系

式中:D——路面宽度;

H——周围景物平均高度;

θ——视线与景物所夹角度。

对于高速公路而言，空间尺度应相应加大，两侧景物的边界线应远离公路，相应的景物平均高度 H 也应增大，以适应速度对人的视觉要求。由于透视和距离引起的失真、文化背景等的影响，我们对于比例和尺度的感知不可能都是准确无误的，而 D 与 H 增大的程度应从大量数据中总结得到，修正系数建议取 1.3。得出 D/H 值与景观空间的关系如表 12 所示。

D/H 与景观空间的关系 表 12

情况	θ的取值	D 与 H 的比值		说明
		传统值	修正值	
(1)	$\theta=45°$	$D/H=1$	$D/H=1.3$	形成的景观空间具有封闭性
(2)	$\theta=27°$	$D/H=1.9$	$D/H=2.6$	人的注意力开始涣散，此时的比例为景观开放空间与景观封闭空间的界限值
(3)	$\theta=18°$	$D/H=3.1$	$D/H=4.1$	周围景物开始融入背景环境之中，此时的空间为开放性的空间
(4)	$\theta=14°$	$D/H=4.0$	$D/H=5.4$	周围建筑物的容积特性消失，景观的效果把建筑物看成是对背景的一种强调
(5)	$\theta<14°$	$D/H>4$	$D/H>6$	为完全开放性空间，建筑物与周围空间融为一体

注：D/H 主要参考街道与建筑物关系的有关值进行了修正。

b. 公路景观空间的动态特点

☆景观空间的封闭性可以增加速度感；

☆公路景观空间由于其为大尺度构造物，对于公路而言，开放的景观空间比较适宜；

☆当速度增加时，在驾驶员视野中，路面和天空的比例也在不断增加；

☆当公路宽度增加时，驾驶员视野中，路面的比例不断增加，根据美学原理中的黄金分割定律，在驾驶员视野中：

(a)路面与天空的比例为 0.618∶1；

(b)面积 1(天空＋路面)∶面积 2(两侧景观的面积)≈0.618∶0.382 时最好，约为 2∶1 左右。

c. 公路景观空间比例评价尺度的确定(见表 13)

景观空间评价尺度 表 13

情况	比值	评价分值	说明
(1)	$D/H>4$	5～4	形成具有一定的开放程度的空间，路面比例也适当时，一定程度的封闭增强空间的速度感
(2)	$1.3\leqslant D/H\leqslant 4$	3～2	形成开放性空间，具体分值应据与周围环境适应程度确定
(3)	$D/H<1.3$	1	为完全封闭空间，易形成压抑感

根据上述分析，可以得出对公路景观空间的评价值。

②公路景观延长比评价(V_2)

延长比为公路延长和公路宽度的比率，它可以反映景观空间的变化情况。其中 L 可以认为是景观发生变化的路线长度。高等级公路景观空间，从空间的整体感和视觉均衡观点出发，其公路延长可控制在2公里左右，或更长一些。

根据公路景观设计内容，延长比 $L/D=15\sim40$ 的时候，可以认为景观变化合理。当景观变化长度与宽度的比值小于10的时候，可以认为景观变化太多，当该比值大于60的时候，景观变化显得单调(见图14)。

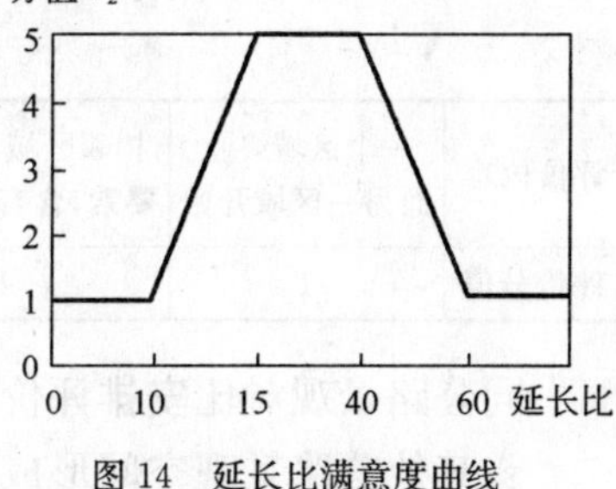

图14 延长比满意度曲线

同样，采用满意度法对公路景观延长比作出评价。求出评价值 V_2。

③公路景观空间构成评价(V_3)

景观空间设计评价：

☆终端对景评价(A_1)(见表14)

公路终端对景评价尺度 表14

评价内容	评价值	说明
视线焦点适宜	5	合适的视线焦点为驾驶员提供了注意力集中点
视线焦点为大尺度建筑	4～3	大尺度建筑应该是符合公路尺度要求的，但其分值的确定要依据其同周围环境的协调程度而定
终端对景焦点为小尺度建筑	2	此时还需要一些附加因素来完成视线焦点的设置
无视线焦点	1	视线焦点对于公路景观来说，是非常重要的

☆两侧风景评价(A_2)(见表15)

公路风景评价尺度 表15

评价内容	形容词	评价值	说明
两侧风景	风景合理	5～3	两侧景物安排在眼睛自然地对公路进行扫视的方向，并且应尽量利用沿线景观
	不合理	2～1	风景过于紧密，造成压抑感；或风景过于松散，没有起到风景的作用

☆景观对比安排的评价(A_3)(见表16)

公路景观对比安排评价尺度 表16

评价内容	高低对比	明暗对比	宽窄对比	远近对比	内外空间对比
评价分值	1	1	1	1	1

在公路景观的设计中，采用了一种景观对比安排方法，就累积一分。如在某一景观区域内，景观既采用了高低对比的手法，又注意了明暗对比，则评价分值为 2 分。从而可得 A_3。

☆景观空间转换评价(A_4)(见表 17)

公路景观空间转换评价尺度 表 17

评价内容	一个区域终止而另一区域开始	相邻区域具有相同要素，含有连续要素	后继空间要素在前一区域体现	前一区域的特征由强到弱，后一区域相反	不同特征区域之间有过渡区域
评价分值	1	1	1	1	1

同公路景观对比安排评价类似，采用积分法。求出相应评价分值 A_4。

☆其他公路景观空间形成方式评价(A_5)(见表 18)

公路景观形成方式评价尺度 表 18

评价内容	孤 景	附 景	多重景观	框 景	空间屏蔽	景观暗示	曲线布景
评价分值 T_i	1/7	1/7	1/7	1/7	1/7	1/7	1/7

公路景观形成方式的评价方法为累积加分法，为了配合其他评价内容，将分值转化为 5 分制。即：

$$A_5=(\sum T_i)\times 5$$

☆公路景观空间设计评价(V_3)

将以上各评价分项综合，假设各项权重相等，可得：

$$V_3=\frac{1}{5}\sum A_i \quad i=1\sim 5$$

④公路景观空间构成的主观评价(V_4)

公路景观空间属于一种动态空间，它具有动态空间的特点。对公路景观空间动态特性的评价，目前，还限于主观评价的范围内。具体见表 19。

公路景观空间动态特性的主观评价尺度 表 19

<table>
<tr><th>评价项目</th><th>权重</th><th>评价分项</th><th>分项权重</th><th>评价形容词</th><th>评价分值</th><th>说 明</th></tr>
<tr><td rowspan="6">公路景观空间</td><td rowspan="6">1/3</td><td rowspan="2">导向性</td><td rowspan="2">1/3</td><td>良好</td><td>5～3</td><td rowspan="2">良好导向性景观空间具有线形的方向诱导，通过明显和暗示的手段使人向指示的方向运动</td></tr>
<tr><td>不好</td><td>2～1</td></tr>
<tr><td rowspan="2">矢向性</td><td rowspan="2">1/3</td><td>良好</td><td>5～3</td><td rowspan="2">良好的矢向性表现力的作用方向，造成心理趋向某一方向运动，没有明显的休止点</td></tr>
<tr><td>不好</td><td>2～1</td></tr>
<tr><td rowspan="2">诱发性</td><td rowspan="2">1/3</td><td>良好</td><td>5～3</td><td rowspan="2">良好诱发性借用景物，进行情绪唤醒及视觉探寻等心理倾向调动</td></tr>
<tr><td>不好</td><td>2～1</td></tr>
</table>

续上表

评价项目	权重	评价分项	分项权重	评价形容词	评价分值	说明
公路景观空间连续性	1/3	流动性	1/3	良好	5～3	良好的流动性体现在景观空间具有一定的平顺性、畅通性
				不好	2～1	
		延伸性	1/3	良好	5～3	延伸性体现在景观空间由内到外，向纵横发展，向远方流动，视线消失于灭点
				不好	2～1	
		连续性	1/3	良好	5～3	惯性、恒常性、连贯性形成的心理定势，顺理成章，心理上产生延生感
				不好	2～1	
景观空间的韵律	1/3	节律性	1/2	良好	5～3	节奏和韵律具有高潮迭起的阶段性特征
				不好	2～1	
		序列性	1/2	良好	5～3	相互邻接，前后相随，顺次展开，循序渐进
				不好	2～1	

⑤公路景观空间的综合评价(M_3)

将以上所得各分项评价值综合，即可得公路景观空间的综合评价值 M_3。

$$M_3=\sum(W_i \cdot V_i)$$

其中，$i=1\sim4$；并假定各分项评价值的权重相等。

将 M_1——公路线形评价分值、M_2——公路横断面评价分值、M_3——公路景观空间评价分值综合，即可得出公路景观自身要素评价值 P_1。

a. 权重分析

三项评价的重要性比较值可以假定为公路线形评价的重要度是公路横断面评价的两倍，而与公路景观空间评价的重要度相等，即公路景观空间的重要度也是公路横断面评价的两倍。评价权重分析如表 20 所示。

公路自身要素综合评价权重分析 表 20

	公路线形评价	横断面评价	公路景观空间评价	W_i'	归一化 W_i
公路线形评价	—	2	1	3	3/7
横断面评价	1/2	—	1/2	1	1/7
公路景观空间评价	1	2	—	3	3/7

b. 公路自身要素综合评价(P_2)

$$P_2=\sum(W_i \cdot V_i)$$

式中：V_i——各分项评价分值；

W_i——各分项权重。

5.公路附属景观元素评价(P_3)

公路附属景观元素包括:人工要素和自然要素。自然要素包括周围环境、地形地貌以及季节、气候、阴影等影响要素。人工要素包括公路景观构造物(跨线桥、立交桥、隧道入口、声屏障、挖方边坡等)、公路附属设施(服务区、停车场、加油站、收费站等)与交通设施(照明设施、路线标志、急救电话和紧急停车带等)。

公路景观构造物,对于公路景观的影响是很大的,对于这些作为一种结构物存在的公路景观构造物和公路附属设施来说,比较合适的评价方法应该说是模糊综合评价了。

具体评价过程和步骤如下:

(1)邀请有关方面的专家或不同层次的人员组成不同的评价小组。

不同层次人员组成的评价小组在进行综合评价时,还要考虑其对评价项目的权重。

(2)确定系统评价项目集或因素集U,并确定每一评价项目的评价尺度集或称为水平集V。

对一种构造物进行景观评价,其评价因素集U是从美学要求、心理学要求、工程学要求及经济学要求对该构造物进行打分及评价。要考虑的问题可见表21。

评价因素集分析表 表21

(f_1)美学要求	造型是否具有新意或创意,并具有自己的个性特征
	判断该结构物同环境的协调程度
	结构本身的比例、尺度是否合理
(f_2)心理学要求	强调给予人的感觉,是否压抑、明快等
(f_3)工程学要求	结构是否合理
	构造物是否实用
(f_4)经济学要求	判断工程构造物是否满足经济要求

相应的评价水平集V(非常好,很好,一般,不好,很不好),对应分值为E(5,4,3,2,1)。

(3)确定各评价项目的权重。

在此为对构造物的景观进行评价,评价因素对应的权重集为W_i(0.35,0.35,0.2,0.1)。

(4)按照已经制订的评价尺度,对各评价项目进行评定。这种评定是一种模糊映射。即对同一个评价项目的评定,由于不同人员可以做出不同评定,所以评价结果只能用第f_i评价项目做出第e_i评价尺度的可能程度的大小来表示。这种可能程度称为隶属度,记作r_{ij}。因为有m个评价尺度,所以对第i个评价项目f_i有一个相应的隶属度向量R_i。则各方案的评价项目集的隶属度，可以用隶属度矩阵R_k来表示。在矩阵中，元素$r_{ij}^k=\frac{d_{ij}^k}{d}$，式中$d$表示参加评价的每小组人数，$d_{ij}^k$表示对$A_k$方案第$i$评价项目$f_i$做出第$j$评价尺度$e_j$的专家人数。$r_{ij}$的值越大，说明对$f_i$作出$e_i$评价的可能性越大。

假定评价小组成员为10人，根据调查所得数据如表22所示。

评价项目权重及评价尺度表 表22

评价项目(A_i)		美学角度(f_1)	心理学角度(f_2)	工程角度(f_3)	经济角度(f_4)
权重(W_i)		0.35	0.35	0.2	0.1
评价尺度e_j	5	3	1	2	0
	4	5	3	3	0
	3	2	3	3	2
	2	0	2	1	3
	1	0	1	1	5

按照评价尺度，对方案A_i的各评价项目进行评价，如表22所示，对方案A_1的美学评价f_1，有3人认为非常好，5人认为很好，2人认为一般，没有人认为不好及很不好，为此，各评价尺度的隶属度为：

$r_{11}^1=d_{11}^1/d=3/10=0.3$； $r_{12}^1=5/10=0.5$； $r_{13}^1=0.2$； $r_{14}^1=0$； $r_{15}^1=0$

$\therefore R_{k1}=(0.3\ 0.5\ 0.2\ 0\ 0)$

根据表22，可得方案A_1的隶属度矩阵R_1如下：

$$R_1=\begin{pmatrix}0.3 & 0.5 & 0.2 & 0 & 0\\0.1 & 0.3 & 0.3 & 0.2 & 0.1\\0.2 & 0.3 & 0.3 & 0.1 & 0.1\\0 & 0 & 0.2 & 0.3 & 0.5\end{pmatrix}$$

计算综合评价向量S_1如下：

$$S_1=W_1\cdot R_1=(0.35\quad 0.35\quad 0.2\quad 0.1)\begin{pmatrix}0.3 & 0.5 & 0.2 & 0 & 0\\0.1 & 0.3 & 0.3 & 0.2 & 0.1\\0.2 & 0.3 & 0.3 & 0.1 & 0.1\\0 & 0 & 0.2 & 0.3 & 0.5\end{pmatrix}$$

$$=(0.18\ 0.34\ 0.255\ 0.12\ 0.105)$$

则方案A的评价得分P_3为：

$$P_{3A}=S_1E^{T}=(0.18\ 0.34\ 0.255\ 0.12\ 0.105)(5\ 4\ 3\ 2\ 1)^{T}$$
$$=3.37$$

同理,可完成其他构造物方案的模糊评价过程,求出相应方案的公路景观构造物评价得分 P_3。

6. 公路与环境配合情况评价(P_4)

现代科技水平的飞速发展,使视觉信息在人类生活中所占的比重不断加大,作为社会与环境质量的重要因素,视觉信息对于人类生活已日趋重要。如果工程项目可能引起重大视觉环境影响,则应该进行详尽的视觉影响评估(Visual Impact Assessment),简称 VIA。公路与环境是否配合良好,可以通过 4 个方面的评价完成:①视觉环境阈值的评估(M_1);②公路景观与地形配合评价(M_2);③公路经过区域生态质量评估(M_3);④公路沿线绿化评价(M_4)。

(1)公路周围景观视觉环境阈值的评价(M_1)

视觉影响评价(Visual Impact Assessment),是用来评估预测各类土木工程建设、环境变迁(如开路架桥、布线建厂、拦河筑坝、水土流失等)给视觉环境带来的影响冲击或污染破坏,也有人用视觉吸收能力(Visual Absorption Capability,简称 VAC)来代表它。VIA 的具体过程是基于视觉感受中图象认知的原理,根据色、形、质等图像因素之间的对比度来考虑对于视觉环境的影响,通常的方法是以地形、植被、水体、人工设施、地表等形成的线、形、质地为考查对象,分析视觉环境现状,然后将拟建工程项目或预计的环境变迁也同样分解为线、形、色、质,对前后两组基本情况加以比较,从而给出对比分级,一般地,对比越强烈,则对原有视觉环境的影响就越大。

景观视觉环境阈值是指景观环境遭受破坏后的自身恢复能力,也反映了景观环境抵抗视觉污染的能力,它是决策建筑、道路、厂矿、管线等各类拟建工程的重要依据之一,是合理保护环境、预测视觉污染的基本指标。景观视觉环境阈值取决于景观地质地貌、景观生态、景观土地利用现状和景观视觉 4 类因素。

在地质地貌方面,阈值主要受地形、坡度、坡向和土壤稳定性的影响:地形越复杂,视觉破坏影响的视域范围通常越小,阈值也越高,坡度越陡,水土越易流失,被视面积也越大,对视觉破坏的影响也就越大,故阈值就越低;坡向朝北,为背向阳光,光线不好,景物暗淡,土壤越稳定,水土流失越小,视觉破坏就越小,阈值也就越高。

在景观视觉方面,即直接的视觉影响因素,阈值主要受视觉范围、相对高度和色彩对比的影响;视觉范围小,相对高度低,视觉破坏的影响面小,因而阈值就高;土壤或岩石的颜色较深,则由于人类活动所造成的土壤和岩石的裸露就不会很显眼,阈值也就较高。

地形利用方面,阈值主要受土地利用现状的影响。

公路景观视觉环境阈值评价尺度，见表 23，根据评价尺度表计算出公路方案的等级分数，对应评价分值为：

$$\mathrm{I_A}\text{-}5 \quad \mathrm{II_A}\text{-}4 \quad \mathrm{III_A}\text{-}3 \quad \mathrm{IV_A}\text{-}2 \quad \mathrm{V_A}\text{-}1$$

从而可以得出公路景观环境视觉评价分值 M_1。

景观视觉环境阈值评价表 表 23

因素	状　态	分级记分		因素	状　态	分级记分	
		程度	分值			程度	分值
坡度	陡坡(>55%)	低	1	土壤稳定性	严重侵蚀、极不稳定、复原力较差	低	1
	缓坡(25%～55%)	中	2		侵蚀、稳定性及复原力中	中	2
	相对平缓地带(0～25%)	高	3		侵蚀较弱、相对稳定、复原力好	高	3
坡向	南向	低	1	植物丰富度	荒地、草地与灌木	低	1
	东、西向	中	2		针叶林、乔木、田野	中	2
	北向	高	3		多种植物	高	3
地形起伏度	小	低	1	植被再生能力	弱	低	1
	中	中	2		中	中	2
	大	高	3		强	高	3
视觉范围	大	低	1	土壤/植被色彩对比	裸土与相邻植被具有强烈视觉对比	低	1
	中	中	2		裸土与相邻植被中度对比	中	2
	小	高	3		裸土与相邻植被视觉对比较弱	高	3
相对高度	高	低	1	土壤/岩石色彩对比	裸土与岩石强烈对比	低	1
	中	中	2		裸土与岩石中度对比	中	2
	负值	高	3		裸土与岩石低度对比	高	3

注：等级划分：$\mathrm{I_A}$-30～27 分，$\mathrm{II_A}$-26～23 分，$\mathrm{III_A}$-22～19 分，$\mathrm{IV_A}$-18～15 分，$\mathrm{V_A}$-14～10 分。

(2)公路景观与地形配合评价(M_2)

公路景观的设计应该以地形的利用为前提，路线与地形相协调是线形美学的设计要点之一。地形对公路景观的影响主要有三个方面：首先是地形构造、空间尺度特点，它决定了视觉空间的形式，并在一定程度上决定了公路景观的节奏和韵律；其次是地形高低不同可以产生各种不同特征的视觉联系，形成广度、深度和层次各有不同的近景、远景与外观；最后是具有独特风貌的地形及与其相适应的构造物，可以丰富景观内容，使公路景观更具有自己的个性。

公路景观与地形配合的评价尺度可以见表 24。

公路景观与地形配合评价尺度表 表 24

评价项目	评价内容	评价分值	备注
路线与地形配合情况	路线与等高线平行	5	易与自然地形相协调
	斜穿等高线的路线	4～3	注意其与等高线的角度
	与等高线成直角穿过	2～1	对公路景观的视觉影响较大，注意挖方坡面
挖方与地形配合	挖方的斜面如凸形	5～3	凸形及凹形斜面从外观看起来较好，与自然景观能很好融合。一般，挖填方 3.3 米时采用 1∶4 的坡面；小于 2 米时采用最大坡面为1∶6；大于 4 米时，推荐采用 1∶6 的坡面
	挖方时留下陡斜面	2～1	
填方与地形配合	填方的斜面形如凹形	5～3	
	填方时留下方形端部	2～1	
背景与地形配合情况	以树木、风景为背景	5	可以利用地形形成优美的景观空间
	以较高土地为背景	4～3	看起来效果比较好
	以天空为背景	2～1	太显眼
地形利用情况	充分利用地形	5～3	利用复杂地形创造具有个性的公路景观
	一般利用地形	2	路线顺着地形自然地延伸
	没有利用地形	1	甚至于破坏了地形
其他	挖填方缓坡坡面植草	5～3	
	挖填方缓坡坡面植草	2～1	

则 $M_1=\sum(W_i \cdot A_i), i=1\sim6$

式中：W_i——各评价分项的权重，此处假定各项权重相等，取 1/6；

A_i——各分项评价分值。

(3)公路景观区域生态环境质量评估(M_3)

公路所经过的地区的生态环境况状，主要受物种、群落结构、气候和季节等因素的影响，物种越丰富，尤其是植物种类越丰富，群落的结构越复杂，生态系统越易维持平衡，视觉破坏也越小，视觉恢复能力则越强，阈值也就越高；高温多雨的气候有利于植物生长以及植被恢复，从而可以使阈值升高，就是说在夏季植被的覆盖遮掩力要比在冬季强，因而夏季的阈值较高。

景观生态环境质量评估采用描述打分的办法。这里借用景观理论学科的一种生态评价尺度及方法。首先将研究公路景观区域内生态环境分为植被和动物情况，然后按这两种类型对公路所经区域进行评价打分(见表 25)。

公路景观区域生态环境质量评价尺度 表 25

地区类型	描　述			评价分值
动物环境	通过野生动物保护地区			5～3
	没有动物			2～1
自然植被	凡面积大于 25 公顷的自然植被地区属于珍奇的栖息地并具有重要的科学研究价值			5～4
	植被分项评价内容	记分标准	得分分级	
	永久性草地 灌木乔木构成的绿篱 水岸、林地 园林用地和非生产性果园 水生栖息地(池溏溪流) 散布的自然植被	0-不含此种类型 1-有此种类型,但不明显 2-有此种类型,且很明显 3-此种类型很丰富	18～15	4
			14～11	3
			10～6	2
			5～0	1

由此,可以得出公路景观区域生态环境评价值 M_3。

(4)公路沿线绿化评价(M_4)

公路绿化措施的设计目的是:在技术上,阻雪、防风、固砂、稳定边坡及防止雨水侵蚀路基;在交通安全上,应建立导向标识(尤其在通视范围以外),预告驾驶员要加强注意的地方,防止迎面车辆灯光造成的目眩,局部替代或增强防护设施;在环境保护上,应改善沿线局部区域的小气候,防止停车场和路旁休息地的噪声、灰尘和有害气体;在景观建筑和美学上,应在自然景观杂乱的地方建立起风格统一的背景,装饰不美的景观,突出美的景观,划分区域以减轻对公路的印象以求得与当地景观融为一体。因此,公路绿化的评价也应从这些方面着手。在此由两部分构成。

①公路沿线栽植评价(A_1)

公路沿线绿化要从公路环境的美学观点出发,从树种、树形、种植方式等方面来研究绿化与公路、建筑协调的整体艺术效果,使绿化成为公路环境中有机的组成部分。绿化栽植方法包括景观栽植和功能栽植。

在绿化时,还存在着绿化方法的因素,在单调的景观区域内(草原、森林、大漠等),应使用对比绿化法,如用整齐的行道树,林边或林间公路与开阔地和小草地之间交替布置;种植装饰性林木和绿化群体;在重要的技术、文化和生活设施内建立视觉标识。而在多样的景观区域内(森林、山区、冰碛地形等),则应运用联接绿化法,即重复邻近景观区域内容易记忆的形态(绿化的形式、规模或树种等)。因此,评价也从这些方面入手。评价尺度如表 26 所示。

公路沿线绿化栽植评价尺度 表 26

<table>
<tr><th>评价项目</th><th>评 价 内 容</th><th>形容词</th><th>评价分值</th><th colspan="3">备 注</th></tr>
<tr><td rowspan="2">绿化手法</td><td rowspan="2">与公路沿线环境适应情况</td><td>适应</td><td>5～3</td><td colspan="3" rowspan="2">单调区域内采用对比绿化法，在多样景观区域内采用联接绿化法</td></tr>
<tr><td>不适应</td><td>2～1</td></tr>
<tr><td rowspan="7">景观栽植</td><td rowspan="2">是否加强了公路特性</td><td>是</td><td>5～3</td><td colspan="3" rowspan="2">采用不同的绿化方式将有助于加强公路特征</td></tr>
<tr><td>否</td><td>2～1</td></tr>
<tr><td rowspan="3">与地方特色协调情况</td><td>协调</td><td>5～3</td><td colspan="3" rowspan="3">采用当地独有的树木栽植容易使沿线绿化和当地环境相协调</td></tr>
<tr><td>无影响</td><td>2</td></tr>
<tr><td>相反</td><td>1</td></tr>
<tr><td rowspan="2">栽植有无韵律感及节奏感</td><td>有</td><td>5～3</td><td colspan="3" rowspan="2">适宜的栽植方式可以为公路带来一定的韵律感及节奏感</td></tr>
<tr><td>无</td><td>2～1</td></tr>
<tr><td rowspan="5">功能栽植</td><td rowspan="5">1. 视线诱导
2. 遮蔽栽植
3. 原有植被的保持
4. 孤树的栽植
5. 防眩栽植
6. 防风雪
7. 吸收噪声</td><td colspan="2" rowspan="5">1-无此项功能栽植；
2-有此功能栽植，但是不明显；
3-有此功能栽植，很明显</td><td>I</td><td>21～19</td><td>5</td></tr>
<tr><td>II</td><td>19～16</td><td>4</td></tr>
<tr><td>III</td><td>16～13</td><td>3</td></tr>
<tr><td>IV</td><td>13～10</td><td>2</td></tr>
<tr><td>V</td><td>10～7</td><td>1</td></tr>
</table>

②公路沿线栽植树木评价(A_2)

评价树木价值不是一件容易的事，植物学家依据木材的价值来确定树木的价值，而道路绿化工程师主要是考虑树木在生态上的重要性，它对人类的有益功能、树木美丽的姿态在感观上的价值以及它在美学上的重要价值。

德国植物学家迈克尔·毛雷尔(Michael Maurer)和沃伦·霍夫曼(Werner Hoffman)编制了一份树木价值评价表，结合公路绿化设计，可以得出公路沿线栽植树木评价尺度。具体见表 27 所示。

公路沿线栽植树木评价 表 27

<table>
<tr><th colspan="4">树木价值基础值 $G=5$</th><th>备 注</th></tr>
<tr><td rowspan="2">生长能力(M_1)</td><td>强</td><td>一般</td><td>弱</td><td rowspan="4">可以根据植物学确定</td></tr>
<tr><td>1</td><td>0.6</td><td>0.2</td></tr>
<tr><td rowspan="2">对有害气体的抵抗能力(M_2)</td><td>强</td><td>一般</td><td>弱</td></tr>
<tr><td>1</td><td>0.6</td><td>0.2</td></tr>
<tr><td rowspan="2">树木间距(M_3)</td><td>合理</td><td>一般</td><td>不合理</td><td rowspan="2">根据公路绿化设计中的栽植理论确定</td></tr>
<tr><td>1</td><td>0.6</td><td>0.2</td></tr>
<tr><td rowspan="2">树形情况(M_4)</td><td>好</td><td>一般</td><td>不好</td><td rowspan="2">即树木的形状是否具有美学价值</td></tr>
<tr><td>1</td><td>0.6</td><td>0.2</td></tr>
<tr><td>树木价值 A_2</td><td colspan="3">$A_2=G\times M_1\times M_2\times M_3\times M_4$</td><td></td></tr>
</table>

从而，可以得出公路沿线绿化评价值 M_4，假定沿线栽植评价与沿线栽植树木价值的权重相等。

$$M_4 = 1/2(A_1 + A_2)$$

所以，公路景观与环境配合情况评价值 P_4 可以由以上四个评价分项综合而得出。

$$P_4 = \sum(W_i \cdot M_i)$$

式中：W_i——评价分项的权重，此处假定为相等；

M_i——各评价分项的评价值。

7. 公路景观影响要素评价（P_5）

公路景观的好坏与否，不仅仅由公路本身景观、公路附属景观元素及相应环境确定，影响要素对公路景观也有很明显的意义。公路景观影响要素内容见表 28。

公路景观影响要素内容 表 28

影响要素内容	说　明
季节	捕捉到季节的变化，就会强调公路景观的个性
气候	不同气候条件下的公路景观也是有区别的
时刻	在早、午、晚不同时刻内，公路景观可能是不同的
地理	具有特色的地理、地形会给公路景观带来意想不到的效果
水文	水体比较容易满足人类视觉美感要求，具有水体的公路区域总是令人满意的
阴影	尤其对于穿山而过的公路来说，没有考虑处理阴影影响，可能会在远处公路背景中出现不和谐的暗淡色彩，并会因此而破坏了公路景观总体印象
风俗、社会文化	考虑当地风俗、文化对公路景观而言是很有必要的

公路景观影响要素的评价可据考虑影响内容的全面与否而定，具体评价尺度见表 29。

公路景观影响要素评价尺度表 表 29

评价内容	季节	气候	时刻	地理	水文	阴影	风俗文化
评价分值（A_i）	1	1	1	1	1	1	1

评价时，考虑了一项影响要素，就加 1 分，基础分值 P 为 5 分，各项权重为 1/7。

$$P_5 = P \times (W_i \cdot A_i)$$

式中：W_i——各分项权重，此处为 1/7；

A_i——各分项评价分值。

8. 公路景观总体印象评价（P_6）

此节从风景景观学角度对公路景观的总体印象做出评价，从而可以达到补充公路景观评价研究系统还不太完善的缺陷。评价从视觉要素评估和景观感受评价入手。

(1)视觉要素评估(A_1)

①视觉环境敏感性分析(a_1)

景观视觉环境敏感性是指景观环境被观赏者所注意的程度,它反映了该景观在景域内的重要性和受公众关注的程度。敏感性高的景观,即使是遭到微小的损害都会给人们以强烈的视觉影响,降低景观视觉环境质量。决定敏感度的基本因素见表30。

公路景观区域视觉敏感性分析表 表30

评估内容	程度	敏感程度分值	评估内容	程度	敏感程度分值
视频	高	3	视距	近	3
	中	2		中	2
	低	1		远	1
相对坡度坡向(视线与界面夹角)	垂直	3	特殊性景域	明显	3
	中	2		一般	2
	小	1		无	1
用路者关注程度	高	3	自然程度	好	3
	中	2		一般	2
	低	1		不好	1

视频:单位时间或公路长度内景观被观看的次数越多,即视频越高,则敏感度越高;

视距:景观离公路和主要观察点的距离不同,敏感度也不同,按前景带、中景带、远景带的三个距离带划分,敏感度依次降低;

相对坡度坡向:即相对于观赏者的景观视觉界面的坡度和坡向,一般垂直于视线的景观视觉界面,其敏感性较高,随着视线与界面夹角的减小,界面可见面积减小,清晰程度降低,敏感性也就减小;

特殊性景域:风景区、风景点、名胜古迹和特定的风景场面等,都属于敏感度较高的景观地带;

公众的关注程度:公众关注程度高的景观视觉环境,其敏感度也就高,这里包括着一定的人文因素;

自然程度:随着环境破坏的日益加剧,自然程度较高的景观环境越来越受到重视,从而使一个较为自然的景观环境要比一个人工性较强的景观环境具有更高的敏感性。

对上述因素进行评估打分,再根据总分划分出五类敏感度区域(表31):高度敏感区、次高敏感区、中级敏感区、次中敏感区及低敏感区。对于高敏感区的公路区域,尤其要注意对公路景观进行精心设计。

敏感区等级划分　表31

敏感性级别	高敏感区	次高敏感区	中级敏感区	次中敏感区	低敏感区
统计分值	18～15	15～12	12	12～9	9～6
评价分值	5	4	3	2	1

②视觉环境景色质量评价(a_2)

在景观学观念中,景色质量可以理解为人们穿越某一地区时所获得的视觉总体印象。这种总体印象取决于大范围的景观视觉客体元素,其中最为基本的有地形、植被、水体、天象、相邻地区的此类元素。另外,景观的色彩、景色中罕见的景物以及人文因素等也起着一定的作用。一般,这些基本元素控制着景色的质量。借用景观学的概念,可对公路景观视觉环境景色质量进行评价,其中潜在的根据是形式美复杂性与统一性的原则,具体见表32。

公路景观视觉环境景色质量评价尺度表　表32

因素	评价判据	分值
地形	沿线有较险峻的山峰	5
	峡谷等地形起伏地带,景物引人瞩目	3
	平缓的丘陵或盆地,缺少吸引人的景物	1
植被	在形体、类型方面具有多种多样的品种形式	5
	有一些植被变化,但仅为一、二个品种	3
	植被极少	1
水体	在景观中具有极为突出的地位,如沿线有瀑布景观	5
	水体清净流畅但在景观中不具有突出地位	3
	几乎没有或者是无法看到	1
罕见景观	沿线有难以忘怀的景观,包括稀有动物	6
	尽管多少与其他景色有点相同,但尚有自身特色	2
	景观极为常见,但布局尚有趣味	1
人文景观	人文景观对原有环境景观起到了积极的作用	2
	景观质量被不协调的人工因素所损害	0
	人文景观变化大范围地破坏了景色	−4
相邻地区景观	相邻地区景观对提高当地景观质量起着积极的作用	5
	相邻地区景观对提高当地景观质量多少起着积极作用	3
	相邻地区景观对提高当地景观质量不起作用	0

③公路景观色彩评价(a_3)

我们生活在五彩缤纷的世界里,色彩对于人的意义不亚于空气和水,色彩对于人的生理、人的心理和美学都有一定影响。从生物意义设计的色彩环境有利于人生理机能的协调；从心理学角度设计的色彩环境能协调人与环境之间的关系；从美学角度设计的色彩环境能扩展人的精神境界。同样，色彩对于公路景观的影响也是很大的，考虑了色彩设计的景观会与没有考虑色彩设计的景观有很大的区别。公路景观色彩设计评价尺度见表 33。

公路景观色彩设计评价尺度 表 33

<table>
<tr><td rowspan="2">评 价 内 容</td><td colspan="5">评 价 分 值</td></tr>
<tr><td colspan="2">合理</td><td></td><td colspan="2">不合理</td></tr>
<tr><td>色彩对比</td><td colspan="2">5</td><td>～</td><td colspan="2">1</td></tr>
<tr><td>色彩调和</td><td colspan="2">5</td><td>～</td><td colspan="2">1</td></tr>
<tr><td rowspan="2">色彩设计与公路景观主题配合情况</td><td>协调</td><td>5～3</td><td colspan="3">色彩设计考虑并体现公路景观区域个性</td></tr>
<tr><td>不协调</td><td>2～1</td><td colspan="3">色彩设计与公路景观个性相离太远</td></tr>
<tr><td rowspan="3">色彩视觉质量评估</td><td colspan="4">色彩配置多样而生动</td><td>5</td></tr>
<tr><td colspan="4">色彩变化和土壤岩石植被对比在景观中所起作用不占主要地位</td><td>3</td></tr>
<tr><td colspan="4">色彩变化贫乏、单调</td><td>1</td></tr>
</table>

色彩评价分值 a_3 则可以据评价尺度表打分而得到。

而公路景观视觉要素的评价值 A_1 也可以通过将上述三项综合而得到。

(2)公路景观感受评价(A_2)

考虑身临其境的效果，风景环境与人之间的关系如何？对于具体景观的好恶，其中潜在的标准又是什么？这些都是对景观感受的一种评价。风景景观学的研究表明，人类的风景感受总体上是由风景偏爱和风景欣赏两部分复合而成。偏爱源于适宜于物种生存进化的环境，欣赏则取决于社会文化的影响。人与环境之间是相互作用的关系，偏爱和欣赏之间并没有严格的界线，其中都存在着美的感受。

从风景景观学的观点来看，景观感受空间是综合一体的，但是分别围绕着三种不同性质的感受空间，即直觉空间、知觉空间和意向空间。直觉空间为身处景区的观赏者通过生理感知到的景观空间，景观区域的各组成部分，即景观区域单元将随着景观环境空间和观赏点位置的改变而变化，它的主要成分是视觉空间感受。知觉空间为观赏者通过心理认知体验到的景观空间，这种知觉空间感受是对于景观空间的心理猜测、判断和推理，它的主要成分也是视觉空间感受。意向空间是人们理想中风景的"意"和山水的"形"的外化。

根据公路景观自身特点，结合景观学理论，可以得出公路景观感受评价尺度及评价标准。对于公路景观而言，主要有以下几方面的评价内容。

①景深 R，是观赏者到景域中主要景物的距离，可由景域半径扫描距离 R 表示。当景深增大时，奥秘性降低，旷感增强，并会降低遮蔽、光线明暗对比的作用；景深减小，景观提示的信息增多，景观奥度增大。景深与介入景域的机会有直接联系，景深

小，介入风景的机会大，当景深大到一定的距离时，观赏者就会失去介入风景的机会。

②视角 A，观察点与景域边界及景域中突出性景物的关系决定了视线角度 A。不同的视角会引起不同的旷奥感觉。当视角大于零时，观察点高于突出性景物，视线俯视，呈现于视野中的景物形体结构较为完整，景域层次丰富，万物尽收眼底，旷度增大，易解性增强；当视角小于零时，视线仰视，视野中景物形体结构不够完整，景物透视变形大，层次也不如俯视时明确，景域难以把握，奥度增大。

③相对空间高度 R_H，为视点与景域中其余各点相对空间高度平均值。这种垂直因素主要影响景域中诸要素对观赏者围合的程度。闭合的空间是由天穹、外部空间的垂直物，如山体、林木和水平展开的不同对比性质所限定的围合的空间，开放的空间是开阔的、平坦的，表面质地简洁统一。$R_H>0$ 时，提供的是旷空间；$R_H<0$ 时，提供的是奥空间。

④天穹面积 S，研究表明，景观的旷奥度与景域空间天穹面积的平方近似成正比。天穹，作为景物存在空间的主要部分，一种随光、气候而变的动态因素，在控制空间旷奥气氛上起着极为重要的作用。其面积的大小、明暗强弱、色彩冷暖构成了空间的主调，并控制着景物色彩的冷暖明暗。天穹面积越大，天光的影响作用就越强，空间感觉则发旷；反之，空间感受发奥。天穹还常常作为“底”，控制着景域的图-底关系，与图-底的明确程度成正比。

⑤景物表面景观元素组成，表示附着于景域空间表面的各景观元素的组成，如水面、岩石、草地、森林等元素组成的景域表面。大片明亮的水面、质地均匀的草地将增强景观旷感，而茂密的丛林则加强景观奥感。

⑥地形起伏度 M_1，表示地形起伏引起的景域空间结构特性。一般地，地形起伏性大，景域空间结构复杂，导致易解性减弱，反之，易解性加强。

⑦景像丰富度 M_2，是景域中视线扫瞄样本标准差的统计指标。表示景域中诸视线空间角度的变化起伏度，它反映了景域中各点景物相对视点的起伏程度。M_2 与旷奥感受有关，对于范围较大的景域，M_2 值大，景域感受丰富生动，旷感加强，对于范围较小的景域，M_2 值大，景域期待预测的信息多，景域感受变化莫测，奥感增强。

景域的明暗和色彩，明暗是由前景的阴暗与远景的明亮或者是前景的明亮与远景的阴暗之间的对比所造成的一种场面层次对比效果。在奥空间，一般对比效果越强烈，场面的奥秘性就越大，因为背景的明亮或者阴暗对观赏者而言，预示着背景中蕴含着新的信息，将引导观赏者深入该场面去挖掘新的信息；而在旷空间，一般对比效果越强烈，场面的易解性就越大，因为这种对比使场面空间表面组织更为明晰而有助于旷感。就色彩而言，深暗浓重的色彩有助于奥感，浅亮清淡的色彩有助于旷感，一望无际的远景往往呈现出淡蓝紫灰色，随距离的增大，这种受空气透视影响的色彩效果将更为明显。

将上述这些方面加以综合，根据表34公路景观感受评价尺度，即可以得到基于景观学基础的公路景观感受评价值 A_2。

公路景观感受评价尺度　　　　表34

<table>
<tr><th>评价内容</th><th>评价标准</th><th>评价分值</th><th>说　明</th></tr>
<tr><td rowspan="4">景深</td><td>适宜</td><td>5</td><td>景深适宜使人们可以很舒适地观赏景观</td></tr>
<tr><td>大</td><td>5～4</td><td>景观旷度增加，降低了遮蔽、光线明暗对比和可近性的作用</td></tr>
<tr><td>小</td><td>3～2</td><td>景观提示的信息增加，介入景观的机会增加，景观旷度减小</td></tr>
<tr><td>过大过小</td><td>1</td><td>过小，不满足公路景观特点，过大，观赏者失去介入风景的机会</td></tr>
<tr><td rowspan="2">视角(A)</td><td>$A>0$</td><td>5～3</td><td>观察点高于突出性景物，景观层次丰富，产生居高临下的旷感</td></tr>
<tr><td>$A<0$</td><td>2～1</td><td>视线仰视，景物透视变形较大，旷感降低</td></tr>
<tr><td rowspan="3">相对空间高度(R_H)</td><td>$R_H>0$</td><td>5～4</td><td>为开放空间，开阔、平坦，为旷空间</td></tr>
<tr><td>$R_H=0$</td><td>3</td><td>景观的旷奥性不很明显</td></tr>
<tr><td>$R_H<0$</td><td>2～1</td><td>为封闭空间，为奥空间</td></tr>
<tr><td rowspan="2">天穹面积(S)</td><td>大</td><td>5～3</td><td>天穹面积大，天光影响大，空间感觉则发旷</td></tr>
<tr><td>小</td><td>2～1</td><td>天穹面积占整个景域空间的比重小，空间感受发奥</td></tr>
<tr><td rowspan="2">景观表面元素组成</td><td>合理</td><td>5～2</td><td>增强公路景观空间特点</td></tr>
<tr><td>不合理</td><td>1</td><td>削弱公路景观空间特点</td></tr>
<tr><td rowspan="2">地形起伏度(M_1)</td><td>小</td><td>5～3</td><td>景观空间的易理解性增强</td></tr>
<tr><td>大</td><td>2～1</td><td>景观空间结构复杂性增加，易解性降低</td></tr>
<tr><td rowspan="2">景象丰富度(M_2)</td><td>大</td><td>5～3</td><td rowspan="2">M值大，景域感受丰富生动、旷感增强，景域待预测的信息也多</td></tr>
<tr><td>小</td><td>2～1</td></tr>
<tr><td rowspan="2">景域的明暗与色彩</td><td>和谐</td><td>5～3</td><td rowspan="2">在旷空间，对比效果越强，场面的易解性越大，奥空间则相反。就色彩而言，浅亮清淡的色彩有助于旷感</td></tr>
<tr><td>不和谐</td><td>2～1</td></tr>
</table>

公路景观总体印象评估值 P_6，可由视觉要素评估值 A_1、公路景观感受评价值 A_2 综合得出：

$$P_6=\sum(W_i \cdot A_i)$$

式中：W_i——各分项评价值权重；

A_i——各分项评价分值。

七、公路景观的综合评价

前述章节对公路景观各种评价对象进行了评价，除此之外对景观的综合评价是很重要的。如前所述，模糊综合评价方法是应用模糊集理论对系统进行综合评价的一种方法，通过模糊综合评价可获得各种替代方案的优先顺序。对于景观这种具有模糊性质的评价，模糊评价方法应该是比较合适的。

1. 公路景观评价分项权重的确定

如要对公路景观进行综合评价，则第一步应求出各分项评价项目的权重，在这里采用逐对比较法确定分项权重。具体见表 35。

评价项目权重表 表 35

评价项目	比较得分						累计得分 $\sum F_i$	权重归一化
	F_1	F_2	F_3	F_4	F_5	F_6		
总体控制要素(P_1)	—	2/3	1	2/3	2	2/3	5	0.14
自身景观元素(P_2)	3/2	—	3/2	1	3	1	8	0.22
附属景观元素(P_3)	1	2/3	—	2/3	2	2/3	5	0.14
与环境配合情况(P_4)	3/2	1	3/2	—	3	1	8	0.22
影响要素(P_5)	1/2	1/3	1/2	1/3	—	1/3	2	0.06
总体印象评估(P_6)	3/2	1	3/2	1	3	—	8	0.22

2. 公路景观模糊综合评价

依据前面所述，具体过程如下：

(1)组织人员准备对公路景观的不同方案进行评价。

(2)根据已建立的景观评价体系，对各景观方案进行评价。

系统评价项目集 U 为{公路景观总体控制要素，公路景观自身要素，公路景观附属要素，公路景观与环境配合要素，影响要素，公路景观总体印象评估}。

(3)确定各评价项目的权重

据表 35，可以得到评价对象对应的权重集 W_i 为{0.14 0.22 0.14 0.22 0.06 0.22}。

(4)按照已建立的评价尺度，对各评价项目进行评定，确定隶属度，为 r_{ij}。每一个评价项目有一个相应的隶属度向量 R_i。各方案的评价项目集的隶属度，可以用隶属度矩阵 R_K 来表示，矩阵中，各评价分值以 5 分为基础归一化。r_{ij} 的值越大，说明对 P_i 的评价越高。

假定调查所得数据如表 36。可得各方案的隶属向量 R_i，如 R_1 为{r_{11} r_{12} r_{13} r_{14} r_{15} r_{16}}。

则综合评价向量 S 为：

$$S = W_i \cdot R_i$$

$$= (0.14\ 0.22\ 0.14\ 0.22\ 0.06\ 0.22)\begin{bmatrix} r_{11} & r_{12} & r_{13} & r_{14} & r_{15} & r_{16} \\ r_{21} & r_{22} & r_{23} & r_{24} & r_{25} & r_{26} \\ r_{31} & r_{32} & r_{33} & r_{34} & r_{35} & r_{36} \\ r_{41} & r_{42} & r_{43} & r_{44} & r_{45} & r_{46} \end{bmatrix}$$

模糊评价项目权重及评价尺度表　　表 36

评价项目		控制要素 P_1	自身要素 P_2	附属要素 P_3	环境配合 P_4	影响要素 P_5	总体印象 P_6
权重 W_i		0.14	0.22	0.14	0.22	0.06	0.22
评价方案	A_1	r_{11}	r_{12}	r_{13}	r_{14}	r_{15}	r_{16}
	A_2	r_{21}	r_{22}	r_{23}	r_{24}	r_{25}	r_{26}
	A_3	r_{31}	r_{32}	r_{33}	r_{34}	r_{35}	r_{36}
	A_4	r_{41}	r_{42}	r_{43}	r_{44}	r_{45}	r_{46}

然后对数据进行归一化处理，即可得出对各评价方案的评价顺序，达到对公路景观进行评价的目的。

随着现代科技的进步，汽车的增加，人们对该行业产品质量要求提高，同时对公路景观的要求也会越来越高，因此公路应有良好的交通功能，要成为风景的一部分，这样所设计的公路不仅要求线形流畅，而且要与周围地形环境协调一致，给人一种统一、连续的感受。公路景观的评价应认真听取用路者对公路景观的意见，从而可以改进公路景观设计方案，或者是从已完成的工程中吸取经验，为今后的公路景观设计提供参考。本文关于公路景观评价方法较为细致，但有些繁杂，因此公路景观评价的研究应该继续下去，并采用更为简单实用的方法对公路景观进行评价。

参 考 文 献

[1] 熊广忠. 城市道路美学. 北京：中国建筑工业出版社，1990
[2] 交通部科技信息研究所. 高等级公路景观美化与环境保护. 1993
[3] 风景景观工程体系化. 北京：中国建筑工业出版社，1989.16
[4] 陈雨人，朱照宏. 道路环境影响评价与景观设计初探. 华东公路，1994[4]
[5] 钟孝顺，陈祥宝. 优化原理在公路工程中的应用. 北京：人民交通出版社，1989
[6] 陈东峰，等. 公路服务水平模糊综合评价. 中国公路学报，第 5 卷[4]
[7] 施耀忠. 公路网规划的技术评价指标与评价标准研究. 中国公路学报，第 8 卷增[1]

注：本文素材摘自于熊广忠指导的研究生彭巍的毕业论文，由熊广忠部分改写并修订。

胶王路牛角岭景观改善设计方案

摘　要：该路段线形流畅，越岭线路布设均衡，但施工痕迹明显，景观单调需要改善，上行方向(下山)构图将路线作为主要因素，重点向用路者展现一条流畅线形和有安全感的下山路线，将路缘带改善作为重点。下行方向(上山)注意垭口走向，在视野中可看到陡壁上的路线，设好护墙增强上山者的安全感，改善护墙景观与施工破坏的自然景观，对构造物与路线走向不一致的地方，用高大绿化进行掩蔽，以免造成视错觉。

胶王路牛角岭位于山东泰沂山北麓，海拔520m，因原线形曲折，路况差，车速低，严重阻碍交通。1986年经山东省交通厅批准改造，达二级路标准，该改建工程设计获山东省交通科技进步三等奖，施工获优质工程奖。该工程线形流畅，越岭线路在山坡上布设均衡，从垭口向下俯视，可见盘山线全貌，甚为壮观，1990年开始实施GBM工程，但因该路开挖弃方较多，原地貌部分破坏严重同时有大量砌石工程景观较单调，需要改善。本改善工程强调美观与功能的一致性，通过改善能获得优美的道路景观，增加行车的舒适性与安全感。

一、该路段景观特点

该路段在山谷中沿一边山坡展线，同时山坡上岩石裸露，植被较少。从公路美学角度讲，路线一般应融汇在自然景色之中，不应太突出，并成为风景中的一部分。而牛角岭路线两侧是山峰，路线除配合地形以外，很难与背景融为一体，因而成为山谷中最突出的视觉景观因素。

从上行路线方向(王村方向)过垭口后，可以看到路线全貌，行程中大部分路段可以俯视路线，同时因下坡车速较快，安全问题突出。在下行方向(胶州方向)垭口是最吸引人的景观，用路者在进入盘山线前可以看到通往垭口的路线走向，关心路线如何展延上山，同时视野中可以看到大量开山弃石的痕迹，自然景观破坏较多。

二、景观改善的构思

1. 上行方向(王村)景观构图中可将路线作为主要因素。其改善重点是向用路者展现一条流畅和有安全感的下岭路线。因此重点放在路缘带上，路缘带应清晰可辨，使路线平面如一条流畅伸延到谷底的溪流，倾泻而下。同时在视觉中给人留下工程艰巨、壮观的印象。此时路线成为沟谷中景观主要元素。对于下山路线行车时安全感也是美感的重要部分，因此改善中要注意视线诱导与防护设施，以增加行车的安全感。

2. 下行方向(去胶县)，用路者会注意通往垭口路线的走向，此时视野中可以看到部分陡壁上的路线，这种地方应有护墙，使上山者有安全感，同时护墙也可以改善单调的景观。另外大量支挡构造物及破坏了的自然景观，要尽最大的可能用各种绿化方式进行改善。对构造物与路线走向不一致的地方应用高大绿化进行掩蔽，以免造成视错觉。

3. 雕塑：根据上级领导指示，在牛角岭处修建纪念性雕塑，以纪念筑路工人修路伟绩。目前公路边雕塑较少，牛角岭是修建雕塑的极好位置，该地视野开阔，雕塑在垭口附近，可形成山谷中最吸引人的景观。

交通环境的雕塑要注意它的体量与尺度，同时对雕塑进行观察是在汽车运行过程中，因此要求造型简单，经短暂判断后能留下深刻印象，同时上山路线大部分路程可以看到雕塑，因此雕塑要有一定的吸引力，同时雕塑形象要将重点放在两侧视线方向，具体讲即注重侧面形象。

三、景观改善设计方案

1. 雕塑

造型以反映筑路工人创业为主题，由雕塑家潘连三同志完成。

(1)位置：上行方向在翻越垭口时，当接近垭口处应看见雕塑，因此视线立地点放在距中心线 1.5m 处，视线高为 2.2m 的位置。而下行方向从沿溪线结束时进入展线位置前的第一个看见垭口(弯道以后)的位置处，使雕塑以蓝天为背景，形成很好的衬托。位置为上下行两主要视线交点处(图 1、图 2)。

(2)雕塑的尺度：雕塑要有一定体量尺度，它不同于一般园林环境，但也不可过大，否则垭口看上去过小，体现不出工程的艰巨，高度从下行方向控制。因此可考虑当最初的视点看垭口时，雕塑全高投影不能超出垭口，大致呈 2/3 关系，雕塑全高的近似关系为：

$$\frac{d}{D} \approx \frac{h}{2/3H} \quad h \approx \frac{2}{3}\frac{dH}{D}$$

上述雕塑全高值可供雕塑家设计时参考(图 1、图 2)。

补充：雕塑位置尽可能接近弃方的外侧，这样在大部分路线位置可以仰视。同时也要使上行路线方向应尽早可以看到雕塑，上行方向特点是先看到雕塑再看到壮观的道路景象，人们自然的对雕塑与道路建筑历史产生联想。

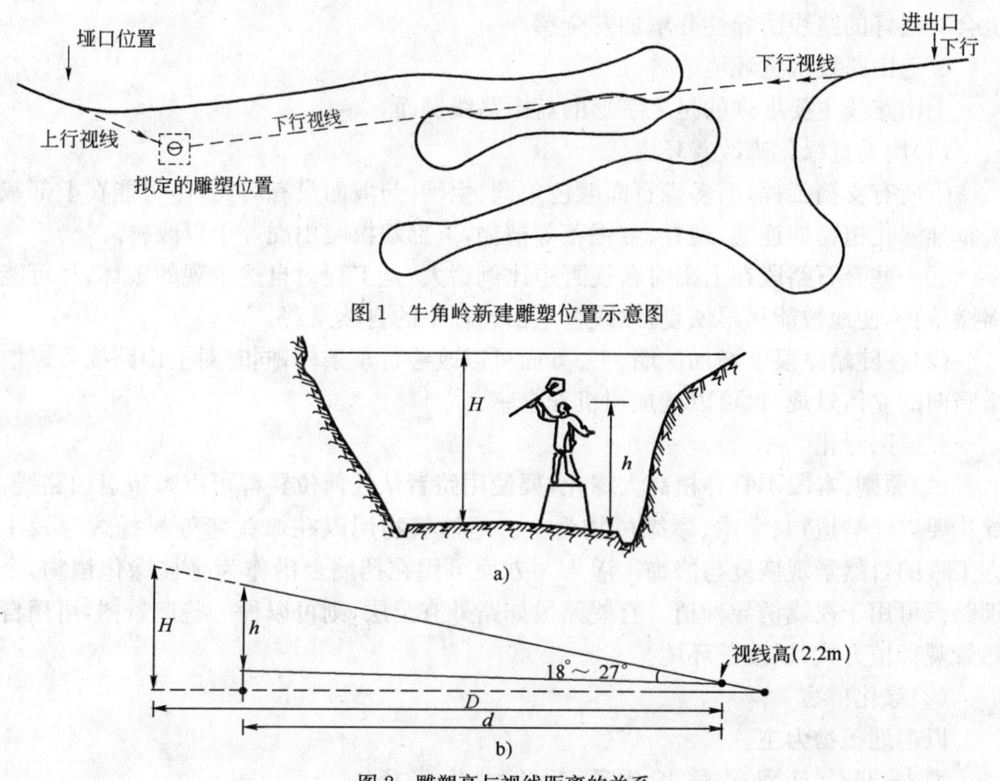

图1　牛角岭新建雕塑位置示意图

a)

b)

图2　雕塑高与视线距离的关系

a)垭口与雕塑的比例关系；b)雕塑高与下行视线距离的关系

H—垭口高度；*h*—雕塑高度；*d*—视点位置与雕塑的距离；*D*—视点与垭口距离；α—视角（18°～27°）注：如要相对精确则可考虑用视角 α 的函数值修正

2.路缘带改善

本段路缘带已做有大量弃石、防护墙等工程，对表现线形的美与增加行车安全起了很大作用且已有很好的基础，只需再做部分补充完善就能形成很好的景观。表现线形景观重点放在路缘带的改善上，线形美主要依靠对路缘带的强调。

(1)在路缘带上加强线形特征，使其具有连续性。在浆砌片石段内侧抹15cm宽水泥砂浆(有一定高度)，可做护轮带，有条件画上白漆。这样具有美观、视线诱导、加强路边缘的作用，同时可以增加安全性，全段特征要与线形一致，要连续，使之产生连绵不断的印象。

(2)目前部分与路缘带平行的构造物，在改善时要进一步完善。有的要适当增长，一方面对路线特征是一种加强，同时可以起到视线诱导作用。所有支挡构造物强调与路线方向的一致性，所有可能引起错觉(如路幅的变化)的地方则要加以掩蔽与修饰。

(3)边沟整修：路肩整齐，沟形规则与线形一致，依靠边沟来衬托线形。

通过以上对路缘带的改善，在山顶俯视时对路线会有更清晰的轮廓，上山过程中也会有很好的路线诱导性并增加安全感。

3. 上山路线视觉环境改善

上山路线主要展现的是之字形的盘山路线侧面。

(1)用垂直绿化来改善环境

①所有支挡工程,因多砌石而颜色单调、生硬,与坡面没有对比,尽可能在上部栽植垂挂绿化植物如连翘、迎春、金银花等植物,下部栽植爬山虎等予以改善。

②一些弃石路段在上山时在视野中比例很大,是工程对自然景观的破坏,尽可能播撒草种,使地被能尽早恢复,以改善上山过程中的自然景观。

(2)在陡峭路段上增加护墙。一方面可以改善行车条件,同时对上山路线可以增添竖向的立体景观,也可以增加司机安全感。

4. 道路绿化

(1)原则:本段不宜种植高大绿化,要使用路者从任何位置都可以瞭望盘山路线,绿化要以地被植物、灌木、攀缘植物为主。地被植物用以在迴头弯处衬托线形及土方工程的自然景观恢复与修饰。灌木一方面可用在挡墙上沿作为垂挂绿化植物,个别路段可用于视线诱导种植。有些路段如路外有土层,则可以种一些造景树,可用自然景观种植方式,以改善环境。

(2)绿化植物

以本地植物为主。

灌木:迎春、连翘、火棘、金银花、冬青、女贞、黄杨。

地被:草皮、苜蓿以及其他适合本地的耐旱、耐贫脊土地的地被植物。

通过以上改善,尽可能地改善自然景观,并使路线成为景观中主要视觉因素,以雕塑作为环境中最吸引人的景观与主题。

四、道路安全设施

1. 护墙

在现有基础上,在危险路段再补设几段护墙。

2. 标志

(1)设置限速标志,在垭口以下山坡路段全段限速。

(2)在连续弯道前设置警告标志。

(3)在暗弯处两端设置鸣号标志。

3. 标线

在没有全线划线时,在弯道中心线处划实线,以诱导视线。

4. 反光指示标志设置

在弯道外侧或护墙端尾部分贴反光薄膜,增加夜间行车的安全性。如有可能道路中心线采用反光漆划线。反光薄膜尺寸可考虑为 5cm×15cm 或 7cm×20cm。

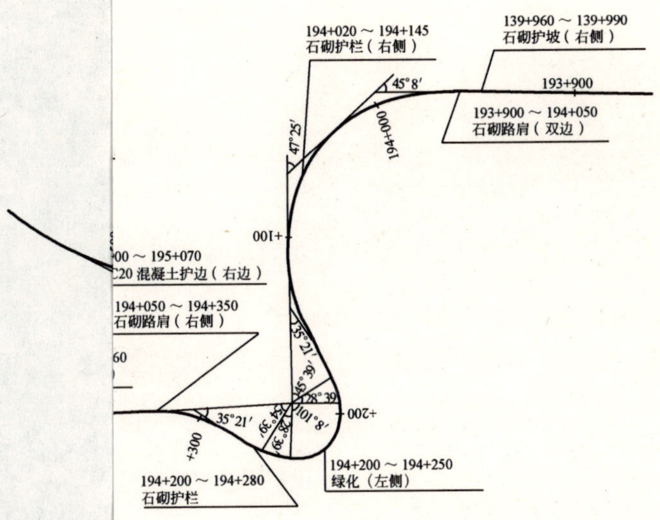
194+020 ～ 194+145
石砌护栏（右侧）
139+960 ～ 139+990
石砌护坡（右侧）
45°8′
193+900
193+900 ～ 194+050
石砌路肩（双边）
194+000
47°25′
+100
00 ～ 195+070
C20 混凝土护边（右边）
194+050 ～ 194+350
石砌路肩（右侧）
60
35°21′
36′
45°
128°39
+200
35°21′
101°8′
+300
194+200 ～ 194+280
石砌护栏
194+200 ～ 194+250
绿化（左侧）

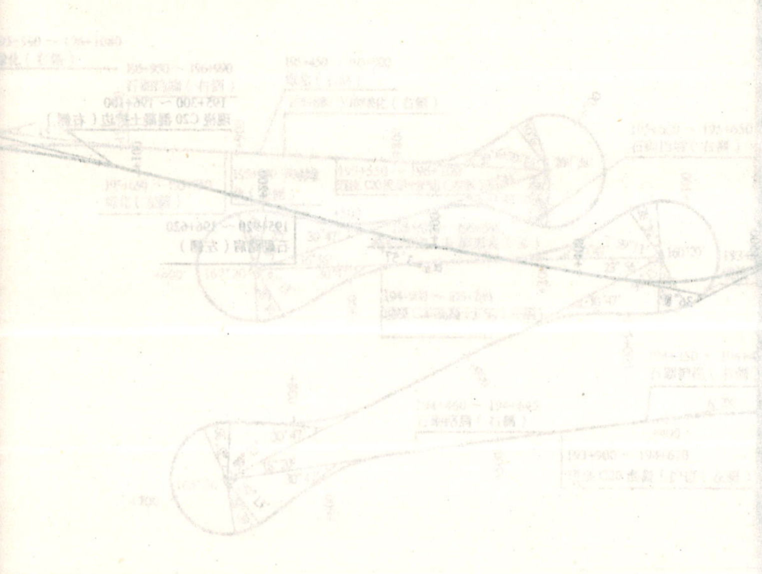

上述工作由潍坊公路局、青州公路局、交通部南京专共同完成。

附:1.景观设计方案图(图3);

2.改善后牛角岭的夜景视觉效果图(图4)。

图4　改善后牛角岭的夜景视觉效果图

注:改善方案是作者1991年受山东省潍坊公路局委托所做。该工程为1992年全国GBM工程会议参观的样板工程,图片多次被中央电视台、人民画报及有关刊物采用。

城市道路美学研究与应用

——试论城市道路美学

摘　要：现代交通的发展，汽车、摩托车、自行车已成为城市道路交通的主要工具。城市艺术相当成分已成为人们乘坐不同交通工具在不同运动速度中观赏（体验）到的一种动态视觉艺术。观察者的运动速度对城市道路环境的感受及观察目标的印象变换和持续时间有很大的影响，快速交通可以把相距较远的建筑串成一体，在道路上具有方向性、连续性的运动中对城市美会有与过去不同的体验。这是技术进步带来的新概念，因此对城市设计、道路设计及道路环境中各元素的看法上产生一些新的观点，并提出与过去不同的评价方法与标准。

本文论述了道路对组织城市艺术的重要性，以及通过对用路者动视觉特性的分析，研究如何应用动视觉原理探索城市道路与视觉环境一体化的设计方法，以创造具有当代自己风格与特色的城市道路景色。

一、引言

城市设计的美学问题在世界上早已为人们所重视，很多文章中阐述城市美的原则，但很难用这些理论与方法去创造一个美的城市。本世纪科学技术的进步使人们认识到道路对城市除功能上的重要作用之外，还有对城市美的巨大影响。英国F·Gbberd在“Town Design”一书中讲“现在建筑艺术已趋向脱离城市设计，道路工程的科学代替了建筑艺术”。这是认识上很大的飞跃，正由于道路对城市各方面的影响以及交通环境在现代生活中所占的重要位置，人们已看到处理好交通环境的紧迫性，并开始认识到“道路本身就是艺术品”①。

科学合理的同时考虑到城市艺术及其他美学要求的道路系统是城市图形的骨架，也是形成城市美的基础，道路空间里路的自身协调和路与环境的协调才能构成优美的街景，因此探索道路功能与美观如何一致的规律是改善交通空间视觉环境与探索创造城市美的重要途径，这就需要我们研究城市道路美学问题。

---

①F. Gbberd“Town Design”。

1. 现代交通对城市环境的影响

20 世纪世界上城市的变化莫过于摩天大楼林立，小汽车成流，这些似乎已成为城市现代化的象征。数以亿计的汽车给能源、安全、环境带来数不清的问题，而大多数车辆又集中在城市，产生大量的交通事故与公害，因此“汽车化”成了一种灾难。对一些工业发达国家用小汽车作为个体交通工具早就有人提出异议，并主张城市要优先发展公共交通系统。然而小汽车能为家庭及个人工作、生活、旅行等提供许多方便，加之近年能源需求趋于缓和，所以生产与发展势头不见衰减。（见表 1、表 2）

1980 年几个国家汽车拥有量(单位:万辆)　　表 1

法　国	西　德	波　兰	巴　西	美　国	日　本	苏　联	中　国
2 178	2 476.9	306.7	1 016	15 411.8	3 787.4	1 430.8	178

世界几个大城市汽车拥有量情况　　表 2

	纽约	洛杉矶	旧金山	伦敦	西柏林	巴黎	莫斯科	东京	德黑兰	新加坡	北京	上海	香港	墨西哥城
登记数（万辆）	(80) 463.1	(79) 530	36	(78) 225.9	(78) 61.9	(76) 400	(80) 100	(80) 305.4	(78) 44.9	(77) 19.7	(80) $\frac{11.64}{84.5}$	(80) $\frac{7.75}{53.2}$	(81) 32.7	(78) 123.3
拥有率(%)	43.2	74.6	50.3	32.7	32.4	35.1	12.3	26.2	7.9	8.18	1.29	0.69	6.52	8.8

注：括号内为年份，$\frac{11.64}{84.5}$分子数为汽车数，分母为全部车辆折算小汽车数。上表中数据，根据“世界各国城市交通情况”等资料汇编。

现代交通工具的发展对社会发生深远的影响，同时也影响城市的布局与人们的生活方式。如纽约地铁交通的发展促成了曼哈顿地区摩天大楼林立，波士顿环路的建成使得它周围成为现代化工业区，洛杉矶的高速路决定了居民的现代生活方式[该市车辆拥有率为 74.6%(1979 年)为世界城市之首]。现代交通(小汽车、高速轨道交通等)使人们活动范围增大，国外不少人为了安宁开始离开大城市住到郊区，同时形成了众多的卫星城镇。如日本地域开发中心在 1970 年进行的调查表明，在首都圈有 46.8%的人希望住到城市近郊。

我国城市交通这些年有很大发展正在经历逐步现代化的过程。1980 年我国已有民用汽车 178 万辆，其中多数集中在大城市，由于一些城市对载重车行驶的一些限制使得城市中小型车辆比例增加，北京有些繁忙路段小型车比例已达 80%。我国城市交通除了与各国相同的特点外，表现出自己的独有特色。我国城市个体交通工具以自行车为主，1982 年全国已发展到 13 600 万辆，为世界第一。在大城市中 1982 年北京拥有 377.3 万辆、天津 324.3 万辆、上海 234.3 万辆，北京、天津适合骑车人拥有车辆比例已占 79%～80%，一些中小城市自行车拥有比例也很高，如秦皇岛、呼和浩特就业人口的百人拥量达 106.67 辆/百人和 105 辆/百人。自行车交通已成为一大特色。但大量的自行车给交通带来各种难以处理的问题，再加上近几年出现个体交通机动化的趋势(城市、农村已开始有人拥有私人小汽车，机动两轮车年增长率约14%)，城市交通即将出现大汽车、小汽车、机动两轮车、自行车四种车辆共存的复杂局面。综上所述交通问题已成为世界大城市中的严重问题，在一些国家里已成为生活中关心的首要对象(表3)。

交通对环境的巨大冲击与破坏，降低了人们的生活质量，为改善交通状况而采取的工程措施和新建的现代化交通设施又往往破坏城市的景观。正因为交通中的问题使得传统的城市设计思想与方法被打破，因此以土地开发和交通规划来考虑城市布局的问题已提上日程。英百科全书在城市设计一章中讲到“城市设计正处于激变与矛盾阶段，全世界范围内建筑师已开始失去了城市设计中勿庸争辩的领导地位，城市设计成为综合各行业，诸如交通工程、建筑师、环境专家……各种学科的复杂队伍”。(英)F·Gbberd在“Town Design”一书中又提到“城市布置由道路工程师的科学调查来研究，决定其平面布置一定是好的，没有合理的道路系统，城市是不会令人满意的。”正因为城市发展对现代交通的需求，道路工程科学已成为城市设计的“带头人”，那么道路交通对城市环境的影响也将越来越突出。

对生活环境的关心程度(日本地域开发中心，1970) 表3

	(a)市区町村(%)		(b)都道府县(%)		(c)国(%)	
	全国	首都圈	全国	首都圈	全国	首都圈
1位	道路交通 23.30	生活环境 25.4	物价 30.2	道路交通 18.2	道路交通 20.7	物价 28.0
2位	生活环境 18.0	道路交通 20.3	税金 16.8	住宅 17.2	物价 17.4	税金 15.4
3位	物价 16.0	物价 12.3	社会盈利 10.9	物价 15.1	住宅 9.1	住宅 13.9
4位	住宅 8.2	住宅 11.1	道路交通 6.9	生活环境 12.7	生活环境 8.5	社会盈利 8.8
5位	税金 6.6	税金 6.0	住宅 6.2	税金 8.4	区域开发税金 8.4	道路交通 5.4
6位	社会福利 6.1	社会福利 4.3	文教青少年 4.4	公害 5.8	/	文教青少年 3.9

注：摘自(日)环境绿地II《城市绿地规划》，高原荣重著。

2.一些概念上的变化

交通发展所产生的一些问题使人们对城市规划与设计的传统思想产生动摇。在新的城市化概念中，追求建成环境要具有连续性，从视觉上看只有通过在道路上有方向性的活动中才能达到上述目的，因此路是建成具有连续性环境的重要手段。20世纪以来在大城市人们除步行街外不可能在大街上自由漫步，已用现代化的交通工具代替了步行,很多人是坐上汽车、骑上自行车观察城市,因此要加上时间、速度的概念,同时人们对城市街景观察的位置、方式又受到交通规则的种种限制,这种变化使得人们对城市美的评价观点产生变化。过去低速时静观受到重视,而现在人们有了现代交通工具,一切在动态中。城市设计在艺术概念上相当成分取决于人们乘坐不同的交通工具,在不同速度的运动中观赏(体验)到的一种动态视觉艺术,而且这种观赏受到机动车道与自行车道等位置的限制。特别是城市快速交通可以把相距较远的建筑物的印象串成一体,这是过去做不到的。城市自行车平均车速在15km/h左右,北京长安街平均车速高达19km/h,因此骑车人以高于行人3~4倍的速度行驶时,在视觉上也将产生变化,所以乘坐交通工具的动态感受是要考虑到这种在一定速度下给人们迅速形成的街景的印象,这种连续性是由于时代的技术进步所形成,它带来了一些新的概念,使得我们不得不对城市设计,道路路线设计及道路环境中的各种元素的看法产生一些新的观点,并提出与过去不同的评价方法与标准。

3.交通环境中的道路美学问题

十六届国际道路会议总结报告指出"城市中心交通拥挤加剧,公众对环境看法的改变,使城市道路规划方针和交通组织发生根本变化"。环境保护,人性化已成为考虑一切问题的决定因素。

城市环境的破坏,交通是重要因素,改善交通环境是大城市刻不容缓的工作,而交通环境中的美学问题是改善环境的综合措施内容之一。(OECD)道路小组1972年在"双车道与交通流"报告一文中讲:有些国家已将美学问题列入环境保护名目之下。该报告中又回顾了世界道路设计发展史,指出七十年经历了三个阶段,第一阶段是车行道铺面阶段(初期因道路泥泞把研究路面铺装作为重点),第二阶段是几何设计、通行能力与安全阶段(因车辆增加、车速提高、交通事故增多、车辆拥塞等),第三阶段则要在美学上、社会上、环境上求得合适而又经济适用的道路系统。从上述世界的道路交通发展过程来看,城市是否也应把在美学上、社会上、环境上既合适又经济适用的道路系统当作城市道路的发展方向呢?答案应该是肯定的,这也是世界城市道路发展的必然趋势,因此在设计方法上必须应用美学,以减少工程对人类赖以生存的环境的破坏,工程建设应利用已有美学成就去创造好的交通空间的人造环境。德国人首先在道路设计上运用美学,大大改善了公路的路线设计,使道路设计产生了一次飞跃,开拓了道路设计新篇章,目前已有许多快速道路成为与环境配合得很好的范例。英国皇家城市规划学会前主席W·鲍尔讲"城市美观对于人们健康幸福是重要的,做不到这些就会失败",并认为"美观和社会上的考虑必须与经济上的考虑同时进行,在某些情况下美学的考虑甚至是决定性的"。

为实现我国四个现代化的宏伟目标,城市道路交通的大发展也是必然的。一些大城市居民每天花在路途上的时间多达一个多小时,现代化城市中心交通设施占地多达30%~40%,郊区也高达20%,所占空间甚大,交通环境已成为生活环境的重要部分，参见表4。

一些城市道路用地情况(1980)　　表4

城市	纽约	洛杉矶	华盛顿	伦敦	西柏林	巴黎	东京	大阪	维也纳	北京	上海	天津
道路面积率(%)	24.1	50.0	43	16.6	11.0	25	13.8	16.95	(74) 26	16.4	6.37	3.18

注：表中数据摘自世界大城市交通概况，表中仅道路面积率一项，不包括其他交通设施，如停车场等占地，(74)——年份。

正因为道路在城市中具有重要地位，所以道路交通规划已成为城市中人们关注的中心，现代道路不仅应满足交通功能上的各种要求，也应符合美学的要求。要把功能与美观结合起来，如杭州中河路在规划与设计过程中遇到的问题就是在满足功能上要求的同时，如何创造一个好的道路环境。

道路网与每条道路都是城市的窗口，要通过它来观察城市，要十分重视它对环境的作用，它的美有它自身的规律，应该研究它，使之为我们创造具有中华民族自己特色的美丽城市和道路环境。

二、道路在城市美中的重要作用

道路作为线性构造物，它的美就有着与其他建筑物不同的特性，道路作为城市骨架，在城市美学问题中必然具有重要而特殊的地位与作用。

1. 道路是城市印象(意象)的第一因素

对一个城市的印象，主要不是在高空鸟瞰或在高层建筑上俯视中获得，因为那种印象是朦胧不清的。城市进出口使人们产生对城市的第一印象，人们对城市的面貌是要通过沿道路的活动逐渐获得，通过主干道到支路、街巷，经过几次反复在脑海中获得对这城市的印象，以及了解到它们的特征、个性等。根据凯温·林奇的名著《都市意象》中的论述，城市图像(印象)是由路(路线)(Path)、区域(Districts)、边缘(Edges)、中心点(Node)、标志(Land marks)5个因素组成。我们认为路应是第一位的，能贯穿诸因素的只有“路”，显而易见没有路也就无从获得对其余4个因素的感受，路对于形象能力的作用就在于它的连续性和具有方向性的活动。

我们以不同的速度(步行、骑车、乘公共交通、乘小汽车等)在城市中运动，由于速度不同而产生视觉特性上的差异，如速度不同，有视距离、视野范围、分辨能力、视线集中点也不同，(见表5，表6)。由于城市交通现代化，新型交通工具速度变快而带来新的视觉特性和时空概念的变化，使得以往城市设计与规划的一些概念也随之产生变化。在低速情况下人们认为可以用道路中线搞对称建筑使之成为“慢速纪念通道”，而在汽车条件下由于视觉特性变化，就显得陈旧过时，从而要考虑乘坐现代交通工具在快速移动过程中对环境迅速形成的印象。过去可以在道路上从容漫步，街景画面在人们面前逐渐展开。而现在乘车——画面不间断(画面连续)——不平稳(画面晃动)——一掠而过(时间因素),有时印象是朦胧不清的。

表5

速度(km/h)	20	40	60	80	100	120	140	160
视角(°)	70	55	43	30	20	12	7	5
注意力集中距离(m)	—	46	180	300	420	540	640	720

表6

设计车速(km/h)	60	80	100	120	140
汽车前方视野所能清晰辨认的距离(m)	370	500	660	820	100
司机清楚辨认的汽车零件或其他物体尺寸(cm)	110	150	700	250	300

从上述可以看出,通过道路可以观察城市,路的两侧则是城市的"橱窗",在道路上运动可以获得对城市的多种信息,它向人们展现了城市面貌,路除了使人们对其本身产生深刻印象之外,还是人们认识城市的媒介。

2.道路网在城市美学上的作用

道路网像人体的大动脉与小血管一样使城市成为一个有机体,它为城市带来活力与生气,它又像人体的骨架一样支撑着人体,这个网络出了毛病城市功能就会受到影响。道路网作为城市的骨架,就像盆景的枝干一样影响着城市图像的构成。

城市建设的平面往往是由道路工程的决定的。城市的布局受到道路网的影响,而道路网的布置决定了建筑用地的形状。路网规划不好除引起功能上的问题之外,必然会给城市其他建设造成困难。没有科学合理的道路网络系统的城市一定会弊病多端,从而降低人们的生活质量,没有好的道路网就很难去创造城市美。

从城市美学角度看,好的道路网可以使城市有好的格局,会使城市布局清晰,并能使人一目了然。人们沿着街道、步行道和交通路线前进,可以有顺序有条理的观察城市,可以看到一序列的景点,使人获得对城市美的印象,这种印象的积累能使人得到对城市的完整形象。因此从城市设计的角度来看道路网是城市的核心部分之一。它和城市土地利用、城市布局密切相关。建筑可以拆了再建、路面也可以翻了再修,道路断面也有可能改变,而城市道路的格局变化受到土地使用、公用设施、管线等限制,这种格局一旦定型很多世纪也难以改变,如要改变就是伤筋动骨的大手术。英F·Gbberd在《市镇设计》一书中讲"由道路工程师的调查研究来决定的城市平面布置一定是好的",因此道路网的美学问题是创造城市美的先决条件。

3.道路路线美对城市的作用

道路的作用首先在于它的交通功能,但它在城市中的作用也是多维的。道路用地的边界便是城市建筑用地或绿化用地,道路的线形和断面的布置方式与人们在道路上的视觉关系密切,相同的建筑在不同线形的道路上布置就可以产生不相同的景观。断面的宽度、断面的分隔方式不同也可以产生很不相同的视觉效果,道路路线的美学问题是创造好的街景的基础,再好的建筑没有一条配合得恰如其分的路就不可能有好的视觉效果。

城市道路在功能上也是城市排水、管线布置和城市通风的通道,并是城市绿化的重要场所。城市道路环境主要是人造环境,目前世界大城市的道路率比例很大,如洛杉矶 50%、纽约 24.1%、北京 16.4%,一些城市中心的交通设施用地比例更大,人们离开建筑环境就到了道路环境之中,所以要发挥道路的多维作用,把道路环境视为带状公园,优美的道路线形,适宜的断面比例,交通设施、街头小品与道路环境十分协调,并有适宜的绿化,不同街道特征各异,加上道路上的动态景观,而且对道路环境有保护措施,那么道路除交通功能的作用之外,将成为生活环境美的重要部分。

综上所述,道路是城市窗口,道路上的视觉因素是获得对城市印象的主要手段,道路是城市的血管,科学合理的道路系统可以使城市充满生机,以路网作为骨架构成的城市图形,影响着城市建筑布局,道路美是城市美的重要部分。道路的建设与交通的发展直接影响和支配城市发展的进程,因此必须应用现代交通条件下动视觉的特性来探索研究道路美的自身规律和它与环境协调的规律。只有保证科学合理的同时考虑到美学要求的道路系统才会有道路美的感受,而道路美又是创造城市美的基础。

三、对城市道路美学研究与应用的探索

涉及城市道路环境美的有建筑学科中讲的街景,城市规划中讲的街道艺术布局,以及道路绿化、道路工程、交通工程的有关内容。在这些内容中对城市街道艺术的描述均没有阐明现代城市中对街景的观赏在位置上受到城市交通管理规则的限制,以及如何考虑在现代交通工具条件下的动视觉特性,因此一些建筑师绘制的街道透视图往往不一定是一般用路者的印象。

许多城市中好的路与好的街景到处可见,但没有一种完整而成熟的理论去创造道路美。城市美学中有很多论述,但这种论述都没有能用浅显的语言说清城市美与道路美的本质,这些论述中许多叫人难以理解的美学哲理使工程技术人员无法应用它去创造美的城市。而工程技术人员希望找到一种考虑到美学要求的定量技术指标和在工程上有明确技术概念的美学原则去指导实践(即实用的道路工程美学),假若我们在这方面找到一些规律(如目前书里的平竖曲线配合范围等),那么我们在改善道路设计与道路环境方面就算是做了一些有益的工作。

1. 对城市道路美学研究范围的探讨

一般将城市空间分为建筑空间、交通空间、开放空间(Open Cpace),作为建筑空间的美学问题人们已研究若干世纪,而作为交通空间的美学问题其中主要是路的美学问题被提上日程还是 20 世纪的事。作为交通美学它应该研究涉及交通空间以及对交通空间有影响的各个部分的美学问题。而道路环境里的美学问题大致可分为两个部分,一是道路上的交通工具、交通设施、交通管理以及人流等所涉及的动态景观

问题(这可认为是交通美学内容),而另外的就是道路美学问题,它的研究范围是否可以认为是涉及道路空间内的各组成部分以及道路空间边界和边界环境对道路环境的影响,再加上道路空间与所属地段环境的关系等。城市道路美学问题的形象化是动态过程中的街景,也就是交通工具上的人或行人视觉中的道路环境的四维空间形象。

2. 城市道路美学与公路美学的关系

自从二十世纪汽车发展以来,为适应汽车交通的高速道路兴起之后,德国人首先开始研究路线的线形美学问题。目前世界上已出版了一些以公路美学为名的书籍。而城市道路美学方面的系统著作还没见到(只见到一些低速交通条件下,街道美学方面的论著)。但公路美学许多成就是大可借鉴的。

公路美学的研究十分强调路线自身的美,即路线的三维与四维线形。从不同速度下驾驶者的视觉特性出发来研究路线线形设计,以达到线形流畅、平顺、不别扭,并能通过运动感觉的时间变化获得路线的节奏感,从用路者的角度与路外的印象来看道路均应有优美的形象。这些理念对研究城市快速路干道有重大意义。公路美学还强调路线与环境协调,并使公路成为风景的一部分……[美]《公路实用美学》一书(1977 年出版)指出“支配公路外观的原则对乡村公路与城市道路均适用,乡村公路主要把路融入背景不破坏自然,而城市要在视觉上把道路同城市环境融成一体就困难得多,而且效果不大,城市道路美学设计重点是把改善道路外观当作改进工艺品来看待,并采取减少施工痕迹的措施,使它在结构感强烈的周围环境中显得恰如其分。”

从以上论述看,公路的特点是强调不破坏自然景色并点缀自然,要使公路成为自然环境整体的一部分并与自然融为一体。而城市道路则是一种人造环境,要人们去精雕细琢,要使它与城市环境协调并像镶嵌进大自然的宝石。[美]《实用公路美学》中讲到在城市中道路美学原则是“使道路在结构感强烈的周围环境中显得恰如其分”,按这种说法是以路适应周围建筑环境,困难很多并很难收效,许多情况下路是先定下来的,并且路幅与线形上很多问题是首先要满足它交通功能上的需要,路线受到的各种制约因素很多,因此“弹性”较小,而线形上的问题整体性较强。因此对这种人造环境要强调的是沿路线的各种建筑以及绿地、交通设施等与道路环境协调,如果这样做则较容易,这个思想极为重要,也就是说交通空间的景观要以道路为主,根据行人、乘坐交通工具的人的视觉要求去组织,这才是正确的环境与路的关系。

公路美学与城市美学其共同特点都是从用路者的视觉来讨论路线的功能与美观的一致性问题,但应该看到城市道路与公路用路者的视觉特点是有区别的。此外城市道路要从路网角度研究道路网格局与城市规划、设计的关系以及交通路线对城市美学的影响,并研究道路及交通路线对城市景观构成的作用,而更重要的是研究城市道路人造环境中路与周围环境的协调问题。

世界上公路美学研究已有四五十年的历史,而现代城市道路美学问题还没有自成体系,因此对公路美学上视觉线形的研究成果,以及公路景观的直观检查和研究方法等成果的借鉴，将有助于加速城市道路美学的研究与应用。

3. 对城市道路美学研究内容的一些探讨

前面已经论述高空的鸟瞰与高层俯视并不是多数人对城市的印象。对城市的印象主要是在道路上的活动中获得，所以要立足于道路来研究路与城市环境之间的关系，使城市道路的外观得到改善并与周围环境相协调，以达到功能与美观的一致。

(1)重视现代城市中用路者的视觉特性

时代的技术进步使得现代交通工具如高速轨道交通、汽车、摩托车、自行车等，已成为城市主要交通手段。因此在道路上的活动时间与速度的概念与过去不同了，速度上的差异在动视觉的特性上就会不同(见表5、表6)，观察者运动速度(乘坐不同的交通工具)对城市建筑特点的感受、各观察目标印象的变换及环境持续的时间具有很大影响。因此研究现代交通条件下动视觉特性，以及速度变化所引起建筑及街景中元素尺度上的变化，对我们研究道路视觉线形、交通设施的尺度以及道路环境中动视觉对路边建筑的要求和绿化种植对运动着的交通工具中人的视线影响是十分重要的。

从上述可以看出，现代城市中道路空间的艺术是一种动态的艺术，要改变单纯以静态街景为主的设计观点。国外出行以车代步，所以十分重视小车乘客的视觉，而对公交乘车者、行人、骑车者视觉并不十分重视，但是小车司机与行人、骑车者在道路上处于不同的位置，速度又不同，因此要研究他们的不同视觉特点。特别是考虑到我国城市交通构成的情况和未来发展的前景，并根据不同道路的性质、各种用路者的比例做出符合现代交通条件视觉特性规律的设计以提高视觉质量。

对于城市道路线形设计问题也应根据道路性质、车速，将城市快速路、交通干道作为视觉线形的设计对象，它们的环境设计也要充分考虑行车速度的影响。由于各类交通构成的比例不同，交通空间边缘环境也应选择一种主要的视觉特性为依据，如步行街、商业街行人比重大，应以行人视觉要求为主。有大量自行车交通的路段，环境设计要注意自行车骑车者的视觉。至于街道景观的动、静观赏问题，它们之间的主次问题，都应根据道路与交通性质来确定。只有考虑上述各种视觉特点，时代技术进步所带来时间速度上种种因素才可能渗透到设计中去，才能形成具有当代风格的城市景色。因此视觉特性的研究是城市道路美学的基础。

(2)道路网对城市布局及城市美观的影响

道路网对城市布局产生的影响已成为人们的共识，道路网的布置决定了建筑用地的形状，对建筑形式有直接影响。没有合理的道路系统将妨碍城市正常功能的发挥，影响城市的开发，并会给城市造成交通上的混乱，这种混乱将影响城市美。

道路网影响城市布局，而路网的规划又受到城市交通工具与选择的运输方式的影响。道路网与交通运输系统是城市骨架与动脉。交通运输是城市开发与发展的主要问题，各种运输系统、停车系统、人行步道系统始终是城市设计的主要技巧，交通是城市设计的主要制约因素，道路网中的交通路线是组织城市各项活动的关键，而对这些活动进行分类，考虑它们之间的联系并进行权衡又是城市设计的关键步骤。城市的景观作为一种动态艺术，而道路网及交通路线对这种动态艺术的形成、创造最为重要，合理的道路网从景观角度看可以组织连续空间（连续画面）丰富人们的观感，并能创造新奇的景色而避免景色的雷同和毫无特色。依附道路网的交通路线可以把一序列景点组织起来以反映城市的风貌。道路网也要考虑把大的新的城市中复杂的结构物与风景规划结合在一起，并创造一种新的具有自己特点与风格的城市。因此我们可以得出初步结论：道路网是城市美的基础。好的、科学合理的，同时考虑到美学因素的道路网络与城市建筑艺术等的结合就能建设成一个美的城市。

关于道路网的美学问题要重视两点，一是注意路网对城市格局的影响；二是要注意依附于路网的交通路线对组织城市景色的作用。

道路网的格局要使人便于识别和容易找到要去的地方，并能使人对城市一目了然，因此这种格局本身就具有实用的优点，好的路网可以改善人们往来条件和增加人们交往的机会，道路的格局清晰有利于人们识别城市干道系统、主要中心区、风景区历史古迹等。格局的清新是城市美的重要部分。好的格局、合理的交通路线可以使人获得对城市许多美好的印象。

道路网的布置要充分利用城市地形以及原有的城市道路与景点等。根据视觉特性及城市美学的要求道路网的干道系统不一定是直线而次要道路、街坊道路形状可以规整，这样不但实用而且可以丰富城市景色。

(3)城市道路路线美学研究

道路线形美学在公路上已有很深入的研究，主要研究路线自身协调问题。目前城市快速路设计车速为 80km/h，城市交通干道设计车速 40～60km/h，一般道路也有 20～40km/h，城市自行车平均车速也达 15km/h 左右。像北京二环、三环道路行驶速度都较高，因此视觉线形问题在城市道路上也是存在的。考虑到行车安全、迅速、舒适和线形的协调与平顺，那么城市的快速路、主要干线街道（交通性的）和计算速度在 40km/h 以上的道路应作为线形设计的对象。一些街道要求与地区生活相结合或强调路与地区相适应者不是路线线形设计对象。目前城市道路以直线为主要线形，但旧路改建受到众多的因素制约，因此曲线使用也相当普遍。至于受到地形限制而具有三维空间的立体线形在山城和丘陵地区城市里见得则较多。所以研究道路自身的协调问题是城市道路美学的重要内容。

城市道路线形没有公路那样复杂，常用线形从对城市景观影响的角度可以归纳为以下 4 个常见类型。

①简单的直线形道路。这种线型平面上是直线，纵断面上坡度很小，在视觉上没有明显上、下坡的感觉。直线形道路为一般城市道路所采用的主要线形，这种道路宜于两侧建筑的布置，沿路两侧所有布置均为带状与直线线形相协调，给人以整齐、简

洁之感。我国自古以来把“道路如矢”作为道路美的一种象征。直线型道路方向明确,道路有连续性,宽阔的直线形大道宏伟而具有气度,沿一条直路前进,笔直的路将使延续的意象大大加强。但直线型道路从车行道或人行道的视觉上来看比较单调生硬,静观时路线缺乏动感,窄的直路两侧较高的建筑则使人有压迫感。

②直线与平面曲线组成的二维线形。这种道路线形主要由直线和各种平曲线构成。这种线形的关键是直线的长短与曲线半径大小,以及曲线与曲线,直线与曲线配合是否恰当,如配合不当在视觉上、心理上、安全上都会出现问题。具有平曲线的流畅线型使路线富有动感,方向的变化可以引起视觉对前方的注意,因而增加视觉的清晰性。所以曲线形的路线可以带来生动优美的景观。

③直线与竖曲线组成的纵面二维线形。这种线形有上坡下坡,插有凸曲线或凹曲线,它是城市中又一种主要线形,它的变化主要表现在纵向,这种线形对视觉产生很大影响。凸凹曲线上、下坡在用路者的视觉上特点不一样。这种变化的本身给道路环境中路与建筑协调方面带来许多新课题,竖曲线在上坡时容易使前景消失而中断道路的连续性,而下坡时视野则比较开阔甚至可以看到全景,这些地方处理得好景观则比直线街道优美。

④具有平、纵配合的三维立体线形。这种线形在微丘、丘陵或山坡均是常见形式,甚至在一个坡顶上可以看到前方有两个以上平曲线和纵方向路线的几次起伏。这种线形要注意平纵配合,路线要平顺、流畅。它往往有很生动的街景,各个方面容易形成很好的透视。

城市道路线形基本形式如上,也可能有以上形式的复杂组合。一条街的街景好坏路线是基础。除上述因素以外从城市美学的角度考虑则要求路线有明确的方向性,要有引人注目的终点。明确的方向性可以使人们在路线上既使出现暂短方向迷惑也能很快适应。此外道路要防止雷同也应具有特殊性。再就是在路线上时空的连续性产生对道路本身的韵律与节奏感(当然要有一定措施使其富有节奏感),还有就是环境与建筑使用路者感受到在道路上活动的节奏与变化,这种感受又是衡量道路舒适性的重要标志。

因此城市快速路、交通干道设计的线形美学问题应该引起重视,从上述分析中还可以看到城市道路设计有三个方面:一是注意路线与地形和环境协调;二是旧城改造如何利用原有道路;三是哪些情况下要将路线作为视觉线形设计对象。

路线要充分结合地形。地形平坦的城市主要线形仍应以直线为主,但考虑到原有道路利用以及建筑、古迹风景点等问题也不必勉强取直,曲线形道路可以形成街道封闭透视而带来生动的街景。丘陵山城路线比较复杂,平竖曲线配合等问题要重视,丘陵城市道路可能出现连续的平纵曲线,如哈尔滨南岗的公滨路就是一例,在视野范围以内可以看到两个以上平面曲线和纵坡的几次起伏,这种路线要注意线形的流畅和与地形的适宜配合。对于城市中作为视觉线形设计对象的道路,在条件允许的情况下要适当采用以曲线为主的设计手法，以增加道路的运动感，这种线形环境中对各种因素的设计均要十分重视速度因素。

道路线形影响到建筑布置及道路环境中各种元素的设计，要充分利用目前已有的线形设计理论来改进城市道路线形的设计方法。

(4)道路横断面协调问题

横断面的美学是对城市印象的一个方面，城市道路横断面宽度大，内容丰富，是街道艺术的重要部分。快车道、慢车道、人行道、绿化带等必须在满足交通要求的前提下合理布置、互相协调。合理的断面可以给人以美感，对组织交通、美化环境都有很大关系。

现代交通条件下对街道艺术观赏受到人行和车行道位置的限制，即使路幅宽度相同，两边建筑相同而断面不同，在视觉效果上也会产生差异。

横断面在美学方面要考虑的因素主要有以下几个方面，一是宽度对视线、视野的影响，二是断面的分隔对街道景观的作用，断面设计要充分利用这些因素，在满足交通功能要求的前提下使分隔能产生好的艺术效果。断面绿化带的位置与绿化种植对断面影响很大，中间分隔带如有高大种植可以把交通空间一分为二或一分为三，分隔虽然可以使一元变为二元……，有的二元破坏统一性可以用前方设计对景的手法使二元统一起来。

道路断面的不同分隔也是加强道路特征的手法，可使人们把不同的道路区分开而避免雷同。

(5)路面、人行道的铺砌等美学问题

目前城市道路色彩比较单调。路面的质感是街景中极能吸引人的显要特征，人们走行在路上要接触它，因此路面的色彩、清洁是道路环境美学的重要组成部分，同时路面也是城市设计的元素之一，沥青路面在城市中清洁的呈黑色，而往往因尘土使其成为黑灰色(这在国外城市色彩中认为是一种禁忌)，目前已有彩色沥青混凝土的研究成果，可以将沥青混凝土调成褐红色，这是国外在道路工程革新材料上的新技术，此外还可以调成红、黄、褐绿、白等不同的颜色。别外水泥混凝土的着色技术在建筑上早已采用，而道路上应用较少。道路或者人行道在少量增加造价的情况上，用适宜的色彩可以和环境融为一体，同时柔和的色彩能给人以舒适感，工程上筑路材料的进步已有可能改变城市的铺面，这种技术的应用推广将大大改善城市街道面貌。

人行道的铺砌除注意铺砌的色彩之外还应重视铺块的形状和图案。因人行道是大量人行的环境，人们情感的关系要大于车行道。至于道牙数，十年来没有什么变化，尺管人们天天接触它，但并不十分清楚它的美学作用，在道路断面上路牙是唯一突出因素，它使分隔带(或绿化带)、人行道处于不同平面，而增加道路带状环境的美感并加强了道路平、纵向线形特征，这些都是涉及道路人造环境的问题，也应该探讨。

(6)道路与环境的协调

公路是要将路线融入自然环境并成为环境的一部分,城市是人造环境也是人工雕凿的工艺品,应该把它重新嵌入自然环境并点缀自然。道路是线形环境的主要因素,这种人造环境犹如带状公园一般,因此道路环境中的美学问题是多种城市设计元素综合协调的艺术。

①道路与地形协调

道路与地形协调是道路与环境协调的第一位问题,地形影响道路网的格局,也影响道路的线形。平坦地形道路网比较规整而丘陵或山城路网的布置则比较自由。在平原地区路线以直线为主,这种情况下道路如有一点弯曲就有一系列变化的景色和封闭透视,比长直线有无限透视的道路可取,如关中平原的西安东大街,中段曲线造成两边变化的景色就是一例。但平坦地形的道路上所见的城市景色,由于受到这种地形的限制,观瞻者的视线仅能看到附近的区域,在透视上景物的深度广度都较小。然而在有起伏的地形上,城市空间比较生动,建筑艺术构图手法也比较灵活,道路的景观也不处处受到视野的限制,在道路活动范围的视野内可能有俯视、仰视等不同的视觉因素,地形可以增加在道路上观察城市与感受城市风光的机会,容易使人获得对城市总轮廓、多景象、多层次的全景印象。

不同的地形有不同的道路及道路网布置的方法,也使得道路具有不同的特点,从而突出了道路的地方特色,因此适应地形的好的道路网络与道路线形是城市道路与环境协调的首要问题。

②道路与建筑的协调

道路空间边界在城市中的主要部分是建筑,城市街道上建筑艺术的视觉效果与目前道路交通组织和交通管理关系密切,现代的交通组织管理使人们在道路上对建筑的观赏受到位置与速度的影响。因此目前将建筑高度与道路宽度的协调简单的说成2∶1或3∶1的关系是很值得研究的。此外在有些街道行人不一定会停下来仔细品赏建筑艺术,那么设计中应该考虑行人在动态中对建筑的印象。由于现代交通特别是汽车交通的发展,机动交通运输工具的用路者的视觉因素也是我们考虑建筑环境与道路协调的重要因素。同时在机动交通条件下特别强调建成环境的连续性,那么沿街建筑之间的协调是建成这种环境连续性的决定因素。

以往讲的街景偏重于讲建筑,而较少涉及路与建筑在构成街景上的关系。所谓街景可以认为是路与建筑及其他景观元素组成的街道景观。相同的建筑体把它们布置在直线上或曲线街道上,其艺术效果是不同的,同样在纵坡上,在有凸凹曲线的街道上的建筑布置应与平坦地形的直线街道布置有不同要求与特色。这些问题以往没有很好阐明,应该研究,要根据不同的道路交通性质,用路者的视觉特性来研究建筑与不同线形的道路协调规律。如研究在新型交通工具条件下,因速度变化、观赏方式的改变而产生的建筑与道路新的比例关系,以及城市建筑在比例、尺度等方面的变化。城市道路有不同的分类、分级，用路者对这些环境感受印象的变换及在头脑中持续的时间都会不一样，从这观点出发对建筑的外观、细部、尺度以及街道上的建筑序列要求也会不同。至于建筑表面的色彩与道路的协调、与城市景色的协调以及建筑物空间的轮廓对道路环境均有很大影响，如高楼窄街使人感到压抑，建筑没有进退与高低错落使人有两堵墙之感以及大街矮楼使人感到空旷等等。

建筑对赋予道路连续性是很重要的(这种连续性有时因道路交叉，特别是立交而被破坏)，建筑也可以赋予道路特征而使其具有个性，建筑除加强道路的特征之外还使人产生距离感，而道路的方向性和明确的起终点在很大程度上用建筑来辨别和区分，并取决于对建筑变化印象的感受。同时建筑的变化也有助于加强在道路上运动的节奏感。

建筑与道路协调是道路与环境协调的又一重大问题，应仔细应用行人与人乘行各种交通工具的视觉特性，并根据不同的道路性质，考虑动观与静观的特点去探索它们协调的一般规律。

③绿化与道路环境协调

绿化是道路环境中重要因素之一。绿化可以改善道路环境并使道路成为带状公园，它也是城市绿化的重要部分，通过它使城市绿化连成一体，同时绿化在防止污染与降低噪声方面有显著效果，因此绿化在功能上有它特殊的作用。

绿化是街道景色之一，同时绿化也是表现道路的连续性重要手段之一。绿化也可以反映地方特色和加强道路特征，现在街道建成环境有时雷同，而采用不同的绿化方式可以表现街道的不同特色。从交通功能看绿化还可以诱导视线增加行车安全。

街道环境的绿化从视觉上看不只是道路的绿化，也应看成是建筑前的绿化，有些绿化完全不考虑与街景中其他元素的协调，如树型、高矮与种植间距等等。有的街道在车行道或慢车道上行驶像进了一条树木的隧道，大有不知建筑环境真面目之感。绿化要根据气候、地方特点、道路性质、交通功能、道路环境、建筑特点等方面的要求，把道路与边界环境作为一个整体来考虑。在绿化问题上要应用视觉原理及不同用路者对观赏街景的要求，处理好绿化间距。间距要考虑速度因素、树木品种、树冠形状及树木成年后的高度及修剪等问题。绿化功能上也应力求与道路景观上一致，如遮阴、防风、防止污染的种植等……南京的绿化是美的，不少街道绿化与环境协调得极好，但不少街道上悬玲木遮蔽了一切，其他景观元素都被绿化遮挡了，这种方式受到很多人的赞美，若从街景诸元素协调看，这种方式还是需要探讨的。

绿化还有季相问题，它影响到街景的四季变化，所以绿化不应该是单一的，要注意多品种的配合，要使春、夏、秋、冬都有相宜的景色。

(7)道路交通设施及道路用地范围内的公用设施美学问题

城市的交通设施及道路用地范围内的公用设施都是道路景观中的一部分。应该考虑在满足功能要求的前提下注意与环境的协调问题。

交通设施要十分注意视觉上的要求，安全是第一位的，但功能与美观应结合起来。交通标志的设置位置、形状、大小、字体的大小均与车速有关。西安交叉口色灯设在停车线前使得司机与用路者只能看对向行驶的信号，十分不便。有些交通设施不注意加工，十分粗糙影响环境美。不少城市已大量使用隔离墩与人行护拦，在考虑安全效果的同时要注意造型与美观上的效果。杭州用淡蓝、白色做成的“三潭印月”式的隔离墩，具有地方特色，在湖滨路上与西湖景色也比较协调。隔离墩要安全、可靠，色彩上要注意视觉与用路者心理上的效果。

城市道路为组织交通每年在划线上耗费大量资金，据说北京一年费用在50万元以上。道路划线可以显示线形，诱导视线，组织交通。划线的整齐、清新对美观上有很大影响。由于划线改善了交通状况增加了安全，车辆沿标线整齐的行进是一种交通美。但黄线美学效果不好，同时水泥混凝土路面上难以划线，有的用瓷砖镶嵌而成的虚线，但远不如沥青路面上划线清晰。

由于近年来城市交通的迅速发展，立交桥、人行天桥、人行过街地道已开始普遍运用，有关专家对高架人行道、高架路以及高架有轨交通等方面的问题也有很多设想。立交桥、人行桥及高架路的景观问题应该充分重视，目前有时立交桥与环境配合得不好，有的引道对视线影响很大，破坏了城市景观，上海外滩人行桥功能上很好，但外观与环境有些格格不入，这些构造物形式应该多样化，要和环境融为一体。

城市的电力杆线，无轨电车的杆线还有照明杆线都极大的破坏城市景观，交叉口的无轨电车的杆柱、电线网等犹如天罗地网十分难看。电力、电讯杆线要尽可能埋入地下，路灯的高杆、无轨电车的杆柱应用适宜的绿化形式遮蔽其高杆的一部分，以获得视觉上的良好效果。

路边垃圾箱，痰盂等是街头卫生设施，要注意它的造型，色彩以及使用清理上的便利。

(8)街头建筑小品

道路作为带状人造环境它的功能是多维的，街头的售货亭、花坛、雕塑、喷水池、椅凳等均是环境美的一部分。

街头雕塑在我国一些城市已开始兴起，但街道雕塑应有自己的特点，如在王府井街头要搞雕塑就应该有别于北京机场路的雕塑，因为它们有各自特定的环境。后者主要通行机动交通工具，因此目前准备搞的雕塑群应考虑乘坐交通工具的人的观赏特点，以及在这一段路程(距离、时间)中对这些群像的连续感受和速度与它们尺度的关系，而王府井街头如有雕塑则是以步行者的观赏为主，至于它们的内容也不应离开环境的特点。我们希望雕塑家能考虑现代交通条件下的视觉特性并根据不同道路的性质，正确的选择内容、形式、尺度去创造具有时代特征的街头雕塑。

这几年城市里花坛搞得很多，但不少地方缺少统一规划与设计，甚至向一些单位摊派任务，因此花钱很多效果不好，花坛要作为环境整体的一部分进行设计，同时分隔带及绿化带的栏杆同样要考虑道路特点，并把它作为加强道路特征的手段。

目前城市喷水池较少，在路边大型建筑前的广场可以设置喷水池，水是城市设计基本元素也是室外环境中最优美的素材之一，若能很好运用，一定会有无穷的魅力。

街头小品内容十分丰富，要把它作为道路环境设计的一个内容，有计划的一条街一条街的去搞，这样必然会收到很好的效果，目前不少建筑家都在宣传人造环境也强调道路的带状环境的作用，道路环境是表现城市面貌的重要地点，交通功能不是它唯一的，要寻求达到多维的手段。创造这种线性公园般的道路环境要依靠社会的发展、生产水平的提高才能逐步形成与完备，但作为规划应考虑为这种发展提供可能，如有条件应尽量去做。

(9)对风景资源的利用

好的路网或好的路必须充分利用当地的风景资源。傍山、滨海、滨湖、滨江(河)的路线都可以有优美的道路景观，要使路线与自然环境融为一体，从用路者视觉与路外宏观上看都应有良好的印象。

在有风景资源可利用的地点要尽最大努力把风景、名胜组织到道路环境中去。扬州有条道路将古树、古迹放在两块板的中间分隔带中，使原来三块板的到这里变为两块板，这样三块板的路对了景，两块板的借了景又使古树、古迹得以保护，这是很好的例子。

道路借景、对景的例子很多，这是对风景资源利用的常用手法，南京的北京东路借北极阁之景，中央路借大钟亭之景，北京文由街旁的北海、景山都是城市道路借景和利用风景资源的好例子。另外南京的北京东、西路及鼓楼附近的几条街同时以鼓楼为对景，西安的雁塔路也是对景比较有名的道路。目前城市新建的纪念碑、电视塔及其他城市现代化建筑等具有现代城市特色的景色也都是可贵的资源应加以利用。

一般直线行车比较单调，视线前方应有适当的目标，即所谓的视线终点，利用对景可以解决这些问题，有些双向行驶道路中有较宽分隔带，如前方中间有景即可使二元化变为一元化，因而产生统一感(整体感)。另外在路线交叉处，如交通广场中心的雕塑或如南京中央门环岛中高耸的科学卫星，挹江门外的渡江纪碑等都可以起到这种作用并减少直线路段行车的单调感，使道路有明确的起终点和方向性，又增加了道路的特征。

(10)新旧城市道路协调及道路的地方特色问题

城市的现代化建设往往从道路系统的改造开始，新旧道路系统从美学上来讲有各自的特点。而现代城市为了满足日益发展的交通需要必须对原有道路系统进行改造，要充分发挥原有系统作用使新与旧融合为一体，从城市艺术与反映地方特色来看均是可取的。如保留一部分街道作为机动车的单行道、自行车专用道或步行街等等。旧有的道路街景可能有强烈的地方特色与浓郁的乡土气息，而且具有个性，它一般没有现代街道的雷同之感。有些城市保留石板路、弹石路都是好的做法，旧街道的部分保留是反映历史与传统的重要内容,也是现代城市中的一种道路美。

现代城市如何使道路具有地方特色,这是一个很困难的问题。苏州主干道用石块铺砌这是保持地方特色的做法,但两边高楼加上现代交通工具看上不很不协调,而哈尔滨有些街道石块路的保留却又和环境十分融洽。如何使道路具有地方特色使人触景生情引起对历史的联想,这是一项很值得探索的工作。道路环境中的一些小品可以起到表现地方特色的作用,而道路绿化也是表现地方特色最常用的手法,南方、北方不同地区有不同特色,目前一些城市的市树、市花如种植在道路环境之中则更是一种地方特色的象征。道路环境中的地方特色要通过各方去创造,这是打破目前环境雷同的重要方面,也是道路美学要探索的内容之一。

(11)道路人工构造物与道路环境的协调

道路人工构造物是城市景观的一部分,一些桥梁已成为城市中的有名景点。桥梁、挡土墙、驳岸等人工构造物除重视它的功能作用之外,还要注意它的造型与地方特色并与城市环境协调,道路人工构造物设计的美学问题重点应该是考虑用路者的视觉因素与路外人的宏观印象两个方面。挡土墙等人工构造物在景观上效果不好时可用植树、种植、攀登植物等加以修饰。城市土石方工程对环境有很大影响,也要注意修饰以提高视觉质量,注意功能与美观的结合。

(12)其他

道路环境中的夜景也是重要问题,道路照明是一种艺术,要重视照明对显示道路线形与保证行车安全上的效果,同时也要注意灯柱的造型问题,要充分利用现代照明技术来提高夜间环境的视觉质量。

城市道路两边可能有许多广告,它为人们提供了众多的信息,广告有助于加强人们对城市的认识,也可用广告加强某些地区城市景色并修饰某些部分或遮挡某些地区视线,但北京美术馆东南角的“飞跃电视机”广告是大刹风景的。

广告在美学上往往被人们所否定,应该对广告所提供的众多信息加以管理,它的重点在于直接的视觉效果,所以对广告的位置、造型、大小、画面及色彩等都应充分注意。

(13)人、车等道路动态景观问题

人群、车辆是道路中重要视觉因素,人群中的穿着是街道上一种特殊景色,同时人群也是一种壮观的艺术。路上的车水马龙是城市一景,这些已为人们所共知,但这种美必须是有秩序的,它与交通组织、交通安全有关,如一切是混乱的也就没有什么美可言。人和交通工具流动状态的美学问题是道路环境中美学的一部分,笔者认为这种动态景观中的问题可以属于道路交通美学范畴(可参阅笔者“对道路交通美学的一些粗浅意见”一文)。

综上所述城市道路美学主要是根据行人、骑车者、司机、乘车者的视觉特性并根据不同的道路功能性质来研究道路自身协调及道路与环境协调的问题。由于城市交通现代化(我国已处于汽车化的初期),这种协调的艺术已不再是过去单纯的静观概念,城市道路艺术中已有很大成分变为一种在不同速度下的动视觉艺术,因此要用新的尺度与评价方法来衡量道路空间与环境的关系。道路空间是人们生活的重要人造环境,功能与美观的结合是可以做得到的,应该发挥道路功能上的多维作用以创造具有当代风格并具有中国特色的道路环境,这正是我们讨论道路美学的目的。

四、应用城市道路美学原理探索改进城市街道景观规划与设计的新途径(几点设想)

道路对城市功能上的重要作用早已毋庸置疑,道路设计与城市景观的重要关系也为人们所共知。《(苏)大城市改建》一书讲"城市设计——建筑艺术与工程美学的结合"。道路作为组织城市艺术的手段,使得我们有必要应用新的概念尺度去探索创造具有当代风格及自已特色的城市道路景色。

1. 应用城市道路美学原理改进环境设计

"美学"已被列入环境设计的内容,要利用上述的各种内容改进道路环境设计,提高视觉质量。诸如利用现代交通条件下的视觉特性以及路网、路线美学、道路与环境协调等新的理念和道路交通的方向性、环境的连续性等特点,加强道路特征设计,并充分应用环境中的各种景观元素使道路成为带状公园和多维活动场所。这些内容前面已做了分析,这里不再赘述。

2. 探索以科学的道路系统网络为先行,用道路带状环境组织城市整体设计的可能性

城市的功能发挥要依靠道路,每个区域的交通发生情况又反映了该地区的生产与生活状况,所谓"交通调查"、"客货运调查"、"出行调查"也像验血一样,血反映人的身体状况,交通情况也反映一个地区的状况。交通发生也像一个区域中的水系一样,即从径流发生到汇流再成小溪然后汇入小河、汇成大河等等。国外把无需通入交通的地方理解为"岛"并以此原则做出"细胞状的规划"。城市规划中的城市布局问题从本质上看,应是以依附道路系统的交通网络来布置各种生产、生活、服务网点,娱乐场所及其他公用设施的规划方法。这个道理从直观上就能理解而无需其他理论来验证。

目前按功能分区所做出的面上的规划也应该看成每条道路带状环境的集合,因此我们可以用每条道路及其影响的纵深带状环境来组织城市环境整体设计,这样做法的好处是既满足了城市功能上的要求又能为街道的环境整体设计带来可能。因此建议探索将按片规划的方法改为按道路影响范围划成条状(它们的集合就是面、区域)的方法,这样道路骨架的含义将赋予新的内容,从规划方法学上看也会有现实意义。

3. 城市街道系统工程与景观系统工程设计探讨

根据前述城市规划与设计如以线性的道路来组织,那么一条街的设计就是一个

整体。国内已出现了不少一条街的设计(如前三门一条街、闵行一条街等)应该都属于这方面的探索。系统工程设计是要把一系列功能上有联系的项目和型体联系在一起。城市街道系统工程可以围绕道路对建筑、给排水、供电、绿化等进行一体化设计,广州江南大道中路的综合开发计划其设计影响到两侧纵深地区,而这种用支路联结的纵深区域构成的实际上是一片,这和上文以规划设计方法的改进为指导思想是吻合的,这种综合开发计划是系统工程设计的雏型。以道路网和路线来组织规划设计可能是改进城市规划与设计传统方法的重要途径。

从道路美学角度看,街道系统工程中还应有景观系统,它要根据道路性质选择一种主要的视觉特性作为依据,对景观中各元素进行系统设计,从而打破以往八仙过海各显神通而使一条街道缺乏整体感的设计方法,这样就可以为交通工具的进步在视觉尺度上变化的应用带来可能。这种设计容易达到建成环境的连续性,也可防止城市街道雷同的弊病。

在没有条件一次改建时要注意分期改建时各阶段的协调配合问题,要远近期结合分期实施。反对目前城市建设见缝插针的做法,依然要强调未来建成环境的整体性以及分期实施时风格上的一致。对最后建成的景观系统要有规划,对各实施阶段道路环境中的建筑与设施都要有控制以防建成后杂乱无章与非驴非马。

4.创造具有当代风格和中国特色的城市道路景色

在一些人造环境的论著中均强调道路空间要多功能并寻求达到多维的手段。道路景色雷同将失去传统与特色。我国城市交通结构与国外有不同的特点,城市用地紧张,人口众多,下一个世纪的个体交通工具机动化的前景目前还很难做出定论,但城市道路环境要有自己的特点与风格不会有人非议。

道路环境中景观元素很多,应该正确去应用。我国原有城市的道路格局如何在不失特色情况下进行现代化的改造,对旧城改造如何充分利用现有道路系统开辟单行道、自行车专用道或步行街。有历史价值的街道要设法保留,它可以反映一个民族的传统与文化,也可反映一个城市的历史,也是反映一个城市风貌的一个方面。对城市改造大拆大建有时效果并不好,而很多地方城市风貌的破坏往往也是从道路改造开始的。一些富有地方特色的河街、小巷及一些块石或条石路面的保留从道路美学的角度来讲是可取的。

目前,城市建设新局面如何开创,如何应用道路景观中的各种元素去创造具有我国自己风格与特色的道路环境是始终要研究的问题。

5.利用交通路线组织城市景色

要重视交通路线的规划设计,因为人们对城市的印象和交通路线关系密切,有好的道路网还要靠交通路线去组织城市景色,将风景点构成序列,在交通路线上观察城市是一种连续不断的审美体验,一条好的路线除有明确的起终点以外,沿途还应有一些吸引人的景色,同时对路线的节奏感、韵律也要通过在道路上的运动得到体现。

6. 加强道路环境建设的管理

城市环境管理的机构很多，权力是分散的。规划部门所做的控制也是很原则的。目前城市中市容整顿办公机构的工作内容也多是打扫卫生、洗刷门面、整顿秩序、取缔违章建筑之类，而没有办法协调城市建设。我们有优越的社会主义制度应有可能建立规划、建设管理的统一权力机构。如一条街的建设公婆太多各行其是就不可能协调起来，要想创造具有当代特色与风格的新城市，从城市管理制度、机构上逐步完善起来是十分必要的。

有关城市道路美学问题涉及条件很多。本文试从现代交通工具下的视觉特性出发，从道路网的美学以及路线自身协调和路线与环境协调诸方面提出一些问题和设想，以期今后在如何提高道路视觉环境质量方面再进行深入的探索，并以此文作为“试论城市道路美学”的总论。

文中有些部分涉及交通美学问题，笔者在“对交通美学问题的一些初浅意见”与“公共交通与城市美学（公共交通美学探索）”两篇文章中另有论述，不属本文讨论范围。

参考文献

[1] B·P吉伯德，著．程里尧，译．市镇设计[英]．北京：中国建筑工业出版社，1983
[2] B·P克罗基乌斯，著．钱治国，等译．城市与地形[苏]．北京：中国建筑工业出版社，1982
[3] J·M汤姆逊，著．倪文彦等，译．城市布局与交通规划[英]．北京：中国建筑工业出版社
[4] 加藤·晃．竹内传史．城市交通与城市规划[日]．北京：江西省城市规划研究所
[5] 托伯特·哈姆林著．邹德浓，译．建筑形式美与法规[美]．北京：中国建筑工业出版社，1982
[6] 开文·林椅，著．宋伯钦译．都市意象[美]
[7] 芦原义信，著．尹培桐，译．街道美学[日]．新建筑，1984

注：此文发表于1984年西安公路学院学报第4期。

附　城市道路美学提纲

（试论城市道路美学之二）

目前涉及城市道路美学问题的学科很多，但缺少一本系统的专著以阐明城市道路美学的原理与应用，设想作为城市道路美学应该有如下的内容。

第一篇　总　论

§1-1　现代交通对城市环境的影响

§1-2　现代交通所引起的城市规划设计与指导思想的变化

§1-3　交通环境中的道路美学问题

§1-4　城市道路美学的研究内容与方法

第二篇　城市道路美学基础（原理）

§2-1　动视觉原理的研究与应用

§2-2　城市道路美学的一般原则

第三篇　道路网的美学

§3-1　道路是城市图像的第一因素

§3-2　道路网对城市美的影响

§3-3　道路网的美学设计要点

第四篇　城市道路路线美学

§4-1　路线对于城市景观的作用

§4-2　路线线形美学研究

§4-3　城市道路美学设计要点

§4-4　城市横断面设计的美学问题

§4-5　路面人行道铺砌的美学问题

第五篇　道路与环境协调

§5-1　道路与地形
§5-2　建筑物与道路环境的协调
§5-3　绿化与道路环境协调问题
§5-4　道路对风景资源的利用
§5-5　道路街头小品
§5-6　新旧城市道路协调及道路地方特色
§5-7　道路人工构造物的美学
§5-8　道路交通设施的美学问题
§5-9　道路照明
§5-10　道路上的动态景观

第六篇　城市快速路及游览路的美学

§6-1　城市快速路的路线美学及环境设计
§6-2　风景区道路
§6-3　市政道路的美学问题

注：本提纲1984年发表于西北建工学院科研处出版的《论道路美学》论文集。用该提纲撰写的专著已于1987年完成，中国建筑工业出版社1990年出版。

城市道路交通与视觉环境

摘　要：交通干道、快速路要作为视觉线形的设计对象，环境设计要充分考虑因车速提高产生的视觉特点，并考虑不同速度差异的因素，在设计中正确应用，这样才能形成具有当代风格的道路视觉环境

一、现代交通使道路视觉环境概念产生了一些变化

城市交通的汽车化是城市现代化的重要特征。虽然数亿辆汽车给能源、安全、环境带来数不清的问题，甚至有不少人认为小汽车已成为一种灾难。但小汽车能为人们工作、生活、旅行等提供很多方便，因此发展势头并未停顿。城市的汽车交通使得人们已不可能在街道上自由漫步(步行街除外)，汽车以及自行车的普及，扩大了人们的活动范围，同时人们开始在车上观察城市，因此时间、速度等因素渗入到环境印象之中。

传统以步行交通为主的街道，由于步行速度较低，静态的观赏方式(低速下的观赏方式)受到重视，城市布局，街道的建筑无不以这种观赏方式为主导因素。然而在现代交通条件下，城市景观相当成分变成了人们乘坐不同交通工具，在不同速度中观赏(体验)到的一种动态艺术，这种观赏受到交通规划以及机动车道、自行车道、人行道等位置的限制，而且城市快速交通还可以将相距较远的建筑物印象串成一体。自行车平均速度为15km/h左右，比行步高3～4倍，视觉特性必然发生变化。所以乘坐汽车的动态感受要考虑在一定速度下，迅速形成的街景印象，由此在道路网中，在具有方向性与连续性的活动中对城市景观与环境也必然会产生一些新的概念。我们要研究在现代交通条件下，用现代多层次的道路网来组织城市艺术，用动视觉特性来分析环境因素，用动视觉原理来探索城市道路与视觉环境的一体化设计方法，并以此创造具有当代风格的城市景色，这就是技术进步带来的新概念。

二、人们在交通中的视觉特性分析

道路是供人们相互来往、生活、工作、休息、购物与货物流通的通道，在交通方面有各种不同出行目的的行人、骑自行车者、驾驶员和乘客，为了研究道路的视觉环境，就需要研究人们乘坐(或驾驶、骑坐)不同交通工具所产生的行为特性与视觉特性，从

中找出规律性的东西，作为对道路景观与环境分析的依据。

1. 行为特性

不同功能的道路有着不同出行目的的人流与车流。从我国一些城市居民出行调查情况看，步行和骑自行车是目前城市道路上活动的人群的主体，乘坐汽车者较少，这是我国城市交通的特点。

街上行人有路过的、购物的、观光的以及逛街的。路过的人流是从一个出发点到一个目的地，特别是上班、上学、办事的人员行程上往往受到时间的限制，因而有时间感，来去匆匆，思想集中在“行”的上面，以比较快的步行速度沿街道一侧行走，争取尽快到达目的地。对他们至关重要的是道路的拥挤情况、步行道的平整、街道的整洁、过街的安全等，只是有一些特殊变化或吸引人的目标，才能引起他们的关注。购物者大多数是步行的，一般带有较明确的目的性，他们关心的是商店的橱窗、陈列品，注意商店的招牌，有时为购买商品在街道两边来回穿越（过街）。他们中间有利用上下班间隙的匆忙购物者，也有时间充裕的工休者。另有一类行人则以逛街或观光为目的，他们游街逛景，观看熙熙攘攘的人群，注意街上行人的衣着、商店橱窗、街头小品、漂亮的建筑，在广场或休息处停下来，欣赏街景或看热闹。

骑自行车者每次出行均有一定目的性，或通勤，或购物，或娱乐。他们在道路上骑行时都是从一地到另一地方，在道路上都为通过性的。目前骑自行车者在上下班时都处于潮水般的车流之中，一般目光注意道路前方 20～40m 的地方，思想上关心着骑车的安全，偶尔看看两侧景物，并注意自已的目的地，如以 10km/h 速度行驶时，骑车者在人少的路段还较悠闲，拥挤时则思想集中。像北京长安街上，骑车者平均以 19km/h 前进时，由于注意力较集中，很难注意到街景的细节，更不会有多少左顾右盼的机会。骑自行车的速度比步行高 3～4 倍，因此骑车者在注意力集中点上以及对街景细节的观察上，必然与步行者有所区别。如骑车者从路上通过时注视路边 8m 远的景物，其回转角大约每秒 30°，而步行者则小得多，而且骑车者由于受到自行车行驶位置的限制，他们对道路及视觉环境印象具有明显的方向性。

载重车、轿车的驾驶员多系职业性的，他们出车次数多，因此对交通环境熟悉程度与关心重点很不相同。机动车中，个人拥有小汽车的极少，拥有摩托、轻骑的较多，他们的骑行中的视线范围不太受到车窗限制。但有些交通管理部门规定要戴头盔，因而头部活动与视线受到一定影响。大轿车（包括公交车辆）的驾驶员与乘客没有可能观察到街景，像坐在窗口的乘客、乘旅游车的乘客以及外地来的乘客则关心并想欣赏街景，这是一般乘客的心理状态，特别是外地乘客更希望利用公交车辆看到更多的城市风光。

综上所述，在道路上活动的车流、人流中，人们都是在运动中观察道路与环境的，由于他们的交通目的性不同，因此在道路上也有不同的行为特性，同时他们所使用的交通工具不同就有不同的视觉特性。

2.视觉特性

视觉特性的研究是道路景观设计的基础，考虑到人们不同的交通行为特性，现对不同的视觉特点做一简单的分析。

在街道上行走或车辆低速行驶时，眼睛的视力以最强的部分看到物体细节时的视场角为3°，如集中精力观察某物时，人眼的盯定角度大约为18°，有些情况下我们观察物体时头部不动，只需要转动眼球。一般眼睛容易转动的角度为30°，其最大界限为60°。如果看不清，在身体不动的情况下转动头部，在街上行走或乘车者有时为了扩大观察范围，还可以转动身体，以扩大视场范围。

一般人们在道路上活动时，俯视要比仰视来得自然容易。站立者的视线俯角约10°，端坐俯角15°，如果在高层上对道路眺望8°～10°则是最舒服的俯视角度。在一般速度较低的情况下，速度对视场角度没有明显的影响，因此人们对路面以上一段高度内的景物的印象较清晰，而对上部则较为模糊。

人们在道路上进行有方向性的活动，特别是驾驶员，在速度逐渐增高的情况下，头部转动的可能性也渐渐变小，注意力被吸引在车道上，视线集中在较小范围以内，注视点也逐渐固定起来，而形成隧道视。同时车速越高，驾驶员对自己前面不容易注意到的范围也就越大，如车速64km/h时，车前距为24m以外，96km/h时车前距为30m以外，不易看清物体。

在现代的汽车交通环境中，驾驶员只有在行车不紧张的情况下，才有可能观察与道路交通无关的事物或注意两旁的景物。行车过程中两侧景物在中等车速的情况下，驾驶员或乘客需有$\frac{1}{16}$s的时间才能注视看清目标，视点从一点跳到另一点时，中间过程是模糊的，如果看清则需相对固定，当两侧景物向后移动得很快时，一旦辨认不清，就失去了再次辨认的机会。同时外界景物在视网膜上移动过快时则视网膜分辨不清，景物就会模糊。车辆运动过程中视野大小与车速快慢成反比，据此，视野中画面大小也与道路周围环境广狭成反比。在车厢内的人与骑车者、步行者在视野上不同，其中之一是车厢内视线受到车窗尺寸的限制，形成多处死角；同时驾驶员夜间视野又受到头灯角度及中心光束等限制。在公交车辆内的人则随在车厢内的不同位置，有不同的视界死角，因此改善大型客车的车窗，使乘客有较大的视野范围，则是客车现代化的重要标志。

三　考虑现代交通条件的多层次道路视觉环境

对道路视觉特性的研究与分析表明，道路交通在以步行、马车为主时，人们的视觉问题在一般状况下并无十分显著的影响，而以汽车为主后，人们乘车连续活动就和以前有不同的体验。对交通干道，快速路的景观构成要考虑汽车速度因素，这意味着一切景观尺度需要扩大，建筑细部尺寸要扩大，绿化方式需要改变，而且速度越高，这种变化越大，汽车时代产生的新视觉问题，要求设计人员用大尺度来考虑时间，空间的变化，同时环境中也需要有特殊吸引人的景观。这是技术进步给我们带来的新概念，是对传统观念的冲击与挑战。因此人们的视觉特性成为道路景观设计的重要依据。驾驶员、行人、骑自行车者在道路上处于不同的观察位置，必须注意这些特点，不同的位置可能形成不同的印象。特别要考虑我国城市交通的构成情况和未来的发展前景，并根据不同道路的性质，各类用路者的比例，做出符合现代交通条件与规律的设计，以提高视觉质量，各种不同性质的道路要选择一种主要用路者的视觉特性为依据。如步行街、商业街行人多，应以步行者视觉要求为主。有大量自行车交通的路段，环境设计要注意骑车者的视觉特点。交通干道、快速路主要以通行机动车作为视觉线形设计的对象，它的环境设计也要充分考虑到行车速度的影响。只有考虑到上述各种视觉特点，即考虑到由不同交通方式产生的速度差异的因素，才能正确地应用到设计中去，也才能形成具有当代风格的道路视觉环境。

1. 道路网视觉环境印象的关系

现代城市道路网是由各种不同性质与功能的道路所组成，如快速道路系统、交通干道系统等，也有人提出要建立自行车道路系统，以及依附于道路网的公共交通系统，步行系统等等，这是一个复杂的多层次的结构。路网的构成受到地形、城市规模、布局以及城市交通运输结构等方面的影响。道路是城市图形的骨架，道路的视觉特性往往对环境的印象起控制作用，而路网的结构在人们对环境的体验过程中是关键。构成城市形象的五要素[路(path)、边界(Edges)、区域(districts)、结点(Nodes)、目标(Land marks)]只是城市环境形象的原始素材，它需要用相应的图形构成一种令人满意的形式，即依靠道路网、标志群以及区域的联结等来构成环境形象。道路网是组织城市艺术和使人获得城市正确形象的手段，而穿越城市的常见或潜在的交通线路则是取得整体秩序的主要方法，它和其他形象的构成要素关系最为密切，只有在道路网上的连续性的活动中，人们才能获得城市美的体验。因此主要交通线路就是主要形象特征，对城市形象在概念上起着控制作用，现代的道路系统为当今大规模的组织城市持久的形象提供了可能性。如增添城市的标志，将道路按性质、重要性及交通特点形成不同要求的视觉等级，建立区域主题单元，对混乱的结点进行清理，使其增加方向的可辨性，用道路网处理好各种构成因素的相互关系，使城市有着比较完整的视觉形象。

2. 城市道路的视觉环境

道路是一种线性环境，它由道路与道路边界的建筑物以及其他各种环境元素所组成，人们在道路上所能看到的景观是构成城市景观的最基本的单元之一。不同的道路线形、不同的运动速度有不同的视觉条件，街景的构成方法也不同。对于不同性质的道路，由于交通目的性不同，对环境中景观元素要求也不同。如道路的交通量加大，交叉口数量则应减少，也就是说交叉口的间距要加大，路段长度要增加，对路段来讲因交通量增加，道路宽度应加大，因而道路一切环境元素的尺度也应随道路的尺度加大而变大，所以道路环境中景观元素都依附于这种变化，只有正确处理好这种关系才能形成好的视觉环境。

(1)在不同性质的道路中起主导作用的交通方式的相应视觉特性是道路视觉环境设计的控制因素。如交通干道、商业区道路、居住区道路，由于交通目的性不同，所以沿街建筑、绿化、街头小品以及对道路自身要求都有所差异。如城市道路计算车速在 60km/h 以上的快速路或交通干道，是以快速、安全、舒适为主的，线路是线形设计对象，因此景观元素必须要与之相协调。如某市在郊区高等级路旁修建人像雕塑，这在快速交通工具为主的情况下，人们对每个雕塑几乎毫无印象，反过来在沿途适当布置几个尺度较大，造型简洁明快的雕塑，就会给人们以较深刻的印象，其他建筑等也是如此。而商业街或居住区道路步行人流较多，可以布置一些街头小品、休息椅凳或各种雕塑，建筑物上的装饰也可以细致一些，这样就能适合步行者视觉环境的特点。因此，不同的道路、不同的计算速度所决定起主导作用的视觉特性是环境设计的控制因素。

(2)道路视觉环境特性。道路的视觉环境要有特征，不同城市的道路要有不同的特征，同一个城市的主要道路也应各有特征，这种特征也就是相互区别的特殊性。一个城市的主要通道有可能形成一个城市的主要特征，人们熟悉的路往往也有最强的印象能力，从视觉环境的角度看商业街、居住区道路、交通干道是各有特征的，同时人流、车流也可以构成道路上的特征，道路线形、横断面的形式是道路自身的特征，特别是沿街建筑的形式、绿化等是使视觉环境能否具有显著特征的关键。再者在道路环境中，道路的连续性也需要通过两边绿化形式，临界建筑的特征，建筑形式等得到体现。这种连续性还可以表现在一条路的运动感上。道路是动态环境，在行驶速度较高的情况下，道路环境中的各种视觉因素应该有助于加强道路环境的连续性与行驶过程中体验到的运动感。

(3)交通线路对组织城市景色的作用。城市的道路网是城市图形的骨架，要形成一种“形象”，就需要在道路网的运动过程中获得，一个城市中的主要交通线路应该使人能得到一个城市形象的清晰概念。一条好的交通线路还能将一系列景点组织起来以丰富对城市风貌的印象。不同的交通线路使人得到不同的印象，如南京的入城交通线路有两条，一条是从下关车站开始，另一条是从玄武湖畔的南京站开始。走下关看到挹江门、狮子山、沿途有绿树成荫的梧桐……；而走中央门进城沿途则是高大翠绿的雪松……。一个城市的交通线路(特别是公交路线)决定于客流的需要，应当重视交通线路的美学作用，在一定情况下甚至对城市印象起到控制作用。

3.道路视觉环境中的动态景观

道路上的人流、车流是道路环境中的动态景观。交通工具是道路上的主要视觉因素，不少人为城市交通干道上潮涌般的车流壮观景象赞叹不已，因此道路上的交通工具是最引人注目的动态景观，这种景观涉及车辆造型、色彩、交通秩序。一种是乘坐或驾驶交通工具人的印象，一种是步行人或其他观察者的宏观印象。交通工具的不同车速、密度等都影响交通工具中的人和行人对交通环境的印象。人群也是道路环境中又一动态的视觉因素，拥挤的人流被认为是市面繁华的象征，人流中最吸引人的部分是人群的穿着，由于精神文明与物质文明的提高，衣着色彩也丰富起来了，它是交通环境的动人景色，人流中的秩序、交通安全感是环境中的主要问题。

4. 道路交通设施

交通环境中的标号标志、各种交通设施以及道路标线等均是道路环境中的视觉因素，以往我们看到一条整齐的大街觉得很美，但现在许多道路中都放上了密密麻麻的红白相间隔离墩，在人行道与车行道之间安上护栏，这些视觉因素在交通环境中均是引人注目的。道路的划线可以增加环境美感，对组织交通，诱导视线均有很好作用，而交通设施除考虑交通功能以外，其尺度、造型、色彩对交通环境均有直接影响，良好的交通设施应与道路视觉环境相协调。

现代交通带来了现代城市景观的重大变化，我们研究现代交通条件下的人的行为特性与视觉特性，无疑对我们创造具有时代特色的道路视觉环境，对美化现代城市，在理论与实践上均有重要意义。

注：本文为 1987 年北京城市交通工程国际学术会议征文，刊公安部《交通工程理论与实践 I》。

试论道路网的美学

摘　要：本文是“试论城市道路美学研究与应用”一文的继续。建筑学中有很多从建筑美学角度探讨形成美的城市一般规律的论著。然而现代城市复杂的多层次的路网与现代化的交通工具使视觉条件产生变化，因此这种传统的思想已被逐渐打破。本文应用(美)Kewh Lynch的都市形象五要素，结合现代交通条件，提出考虑到城市艺术的科学合理的道路系统才是形成一个美的城市的基础，文章阐述了道路网对城市图形构成的作用，并对道路网的美学一般规律进行了探索。

城市景观是由各种景观元素构成的一种视觉的艺术。人们对城市的主要印象不是从远处，也不是从高空或高层建筑上俯视所得到，而是从道路网的活动中所获得。街道上的建筑布置依附于道路，城市中的景点也是由路网去联系的。道路网的格局对城市布局的影响以及对景观构成的作用也早为人们所共知。所以考虑到城市艺术的科学合理的道路系统是形成城市美的基础。

一、城市的形式与视觉因素

路网在城市美学中的作用不是孤立的，它和城市形式和各种视觉因素有关，为了研究路网与城市美的关系，首先对构成美的城市的一些原理与因素进行分析，并以此作为探讨道路网美学的基础。

1. 关于城市形象五要素

人们对城市的印象主要是从视觉中获得，但也包括其他一系列精神上或心理上的因素，这种印象反映了同一时代人的共同感受。美国著名学者 Kewh Lynch 在其名著《Lmage of the City》一书中提出具有时代感的人们对城市形象的心理因素有5个方面：路(Path)、边界(Edge)、区域(District)、节点(或叫中心点、Node)，标志(目标、Land mark)。上述5个因素合在一起构成了城市的个性，这5个要素也是分析城市美的尺度，这些因素构成城市的统一图像或形象，可以根据它来探索城市美的规律与普遍性。

(1)路(Path)

路是人们日常活动的通道，在城市里它是一个动线网络，观察者可以经常经过它。铁路以及可以航行的城市河流也是城市通道,也可以理解为路。在路上的活动可以观察、了解城市,其他环境中景观元素都沿着它布置或用它去联系(见图1)。

(2)边界(Edges)

边界也叫边沿,它是将一个地区从另一个地区分离开的屏障,或者是能使两个地区互相连接起来的联结部(线)。河川、海岸线、山崖以及中心公园相对的延续的高楼群均能形成边界。边界可以从远处看清,也能够接近。利用空间、水面、植物等使其保持自然边界,而这些鲜明边界可以提高图像的形象能力(见图2)。

a)

b)

图1　路(path)

a)城市高架路;b)乡间小路

a)

b)

图2　边界(Edge)

a)上海外滩以连续的高层建筑与黄浦江水面构成的边界;b)以水面构成的边界

(3)区域(Districts)

区是量度范围的,它拥有城市内比较宽广的地区。一个区域它应有共同的特征,在区域内观察者应在心理上有进入内部的感受,它的特征可以从内部观察得到,这种特征可能是空间特征,或是其他的特征,也可能是地形特征或者是建筑的类型或形式的特征。这些特征也可能表现在色彩、质地、素材、地面、规模、立面的装饰、照明、种植、树种、立体轮廓的连续性等等(见图3)。

(4)结点(Nodes)

也叫节点或焦点,也称为中心。典型的结点是道路的交叉点,但一个大的连接许多道路的广场或一个市的中心也可以看成是结点。结点是交通路线上的突变点，人们在交叉点要做出行进方向的抉择，因而要精力集中地注意周围环境。结点也可能是商业集中点。一个结点应有它的特征以便于人们识别。欧洲城市的结点以往常采用广场的形式，结点四围的墙、铺地、地形、植物、照明等的布置和它的连贯性决定了人们对这种印象的形成能力(见图 4)。

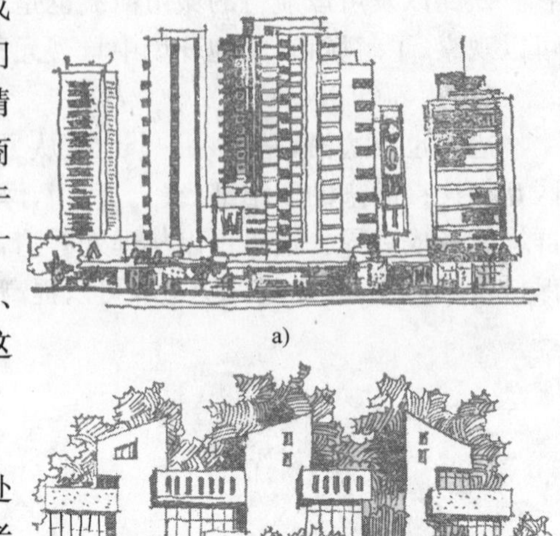

图 3　具有不同特征的区域

a)城市中心区；b)城市住宅区

(5)目标(Land mark)

目标也有叫标志的，它与结点不同之处在于结点可以进入而目标不能进入，观察者只能在处部观看，如广播电视塔、摩天大楼、但也有小的目标，如喷泉、雕塑等这些标志均能使人产生对城市突出的印象。目标还有助于人们在城市中判断自己所在的位置，并且被越来越多的人们用来导向。目标是城市印象构成的重要因素，它有助于使一个区域获得统一感，一个好的目标应该是突出的，并应成为环境的协助因素(见图 5)。

a)

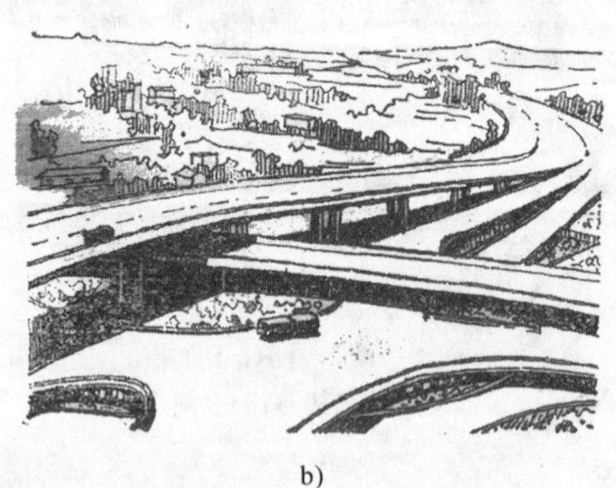

b)

图 4　结点(Node)

上述五因素是构成环境形象的原始素材，它可以互为衬托，也可能互相矛盾，应研究不同因素的相互关系以构成一种令人满意的形式。

2. 城市的形式与视觉要素

(1)土地与自然特征

土地的特征是决定城市形式的前提，首先要找的是土地特征如平坦的、起伏的、丘陵、山岗等。再就是评价地形的特征，并考虑与地形相结合的道路网与建筑的形式，使设计能充分表达它们之间的关系。与土地特征相连的是自然特征。对自然的

图5　目标(Land mark)
a)巴黎埃菲尔铁塔；b)(美)密苏里州圣路易斯市的不锈钢"拱门"

视觉印象主要调查周围自然景观的特征，以便使建筑和城市的形式在美学和功能上与其相适应，同时也可以评价建筑与城市对增进自然美的程度，并决定城市需要保护的自然地区。一般认为小城市是自然怀抱中的一个物体，一个大城市应该是环抱自然的。与自然环境有关的还有当地气候，如光照、降水情况、风的频率等，这些因素影响城市街道走向以及城市、建筑的色彩变化和视觉效果。

(2)密度、纹理、质地

城市内的密度是不均匀的，不同地区、地段密度不相同。密度数值反映了建筑区与空地的关系，将密度、地形与建筑形式联系在一起就能产生城市视觉特征。建筑在视觉上的粗细程度称为纹理、粗细成分的混合程度称作质地，如大小相似的小块土地的小住宅区可以形容为具有细致纹理和均匀质地。有不同尺度建筑的大街区，可以形容为粗糙的纹理和不均匀的质地。而相同建筑尺度的大街区则可称为粗糙纹理和均匀质地。一般粗糙纹理和不均匀地质的地区是不会使人产生好感的。

(3)城市空间

城市与建筑空间按其大小可分成若干等级的空间系列。这个系列可以从小尺度的亲切庭园空间到宏伟的城市广场，直到城市所存在的自然空间为顶点。城市空间的大小影响人和景物的关系。建筑学的观点希望城市空间能真正封闭，这些封闭的空间如同碗形或管状，并认为有足够的封闭使人的注意力集中在空间之内，这样给人一种整体感。如一条大街两侧封闭才能形成一个空间河道以抓住人的注意力。封闭的程度取决于视线距离与建筑高度。空间封闭与建筑墙面连续有关，墙面之间的开口立面的剧烈变化或檐口突然改变都会削弱空间的封闭感。

(4)城市实体

由地面、建筑及城市中各种构造物组成城市实体，各种尺度的实体可以组成城市空间及不同的城市活动形式。通过对城市实体的设计可以创造任何形式的城市空间。

(5)城市平面形式

城市平面形式对城市图形构成是很重要的，平面形式决定了干道网的形状，从而使人们对城市有不同的印象。如平面形式不同对功能也会产生影响，如对交通运输是否便捷，能否方便的到达市中心与公共绿化，是否有利于分区之间联系等等。一般常见的城市平面形式有放射形、矩形、环形、直线形等。

(6)路与方位

路的功能是车辆、行人通道，路的功能决定于线路在城市中心的地位与作用，反映路与城市的关系，沿道路活动可以看到路边连续的绿化与连续的建筑，路线的走向、平面线形、横断面等影响着城市的外貌，它是决定城市形象的主要因素。城市的方位感受城市结构的布局是否合理等因素的影响。如视觉不明确就会失去方向感，因而造成混乱。城市的方位决定于城市内起指示作用的标志，如标志是市中心的高塔、摩天大楼或其他高大建筑等，另外地物、河流、区的边界也都是城市的标志。城市的车站码头、闹市区都应考虑到外观鲜明的方位设计以增加方位的明确性，而突出的标志和路的明确关系就会使人产生方向感。

(7)远景和轮廓线

每个城市都可能有引人注目的远景景观。一般依山、傍水的城市都能从远处看到城市的美景，进入城市或离开城市的景观是城市的珍品，也是城市设计的重要组成部分。城市的轮廓线就是城市的远景景观，是集合一起的城市体型的视觉形象。

远景和轮廓线在夜晚的灯光下或在黎明黄昏的朦胧阳光中均有无穷的艺术魅力，城市夜景中的道路照明则使城市产生灯火辉煌的景观。

综上所述，一个美的城市必须是清晰易辨的，清晰易辨就是对地区、道路、目标要能一目了然，使人很容易掌握全貌和特征，这样对环境的印象才能鲜明，历历在目。行人也才能行动轻松自如。清晰易辨是一个美的秩序问题，城市美不是探讨最终的秩序而是发展中未完成的秩序。清晰易辨就是使人容易识别，并使人做到按自己的目的选择自己的观察事物，并将这些观察的事物统一起来赋予它某种价值上的意义，也就是构成景观的对象，能唤起富于个性与构造性，在观察者的脑海中产生强烈的印象能力。印象能力强的城市则大致有好的外观，景观明而悦目，并使人心旷神怡。形成这种印象能力的因素是我们分析城市美的尺度，并能以此指导我们去创造一个美的城市。

3.道路是城市形象的第一因素

从上述城市形象和视觉因素的分析过程中我们可以看出，当人们进入一个城市时，城市进出口使人们产生对城市的第一印象，而对城市的印象是在沿道路的活动过程中所获得的。当我们来到一个不熟悉的城市时，在沿主干道、支路、街巷的活动中便逐渐获得对它的初步印象，在经过多次活动之后便开始熟悉和了解它的特性或个性。

道路是城市的通道，人们沿着道路观察城市。美国凯温·林奇所阐述的城市形象五要素中路在多数被测试者中的印象是占统治地位的。所有城市中的环境要素多是沿道路布置或与它相联系的，人们要去的地方也是用路来判断它的方位的，如某名胜古迹在某某路；某公园在某某路。至于五要素中的标志、节点、边界、区域只有和路联系在一起才能反映它们的相互关系。没有路这些关系都要产生混乱，摩天大楼加空地就不能称其为城市。城市形象的要求只有和路联系在一起，再加上在道路上有方向性的连续活动中才能获得对其他因素的感受，而路对于形象能力的作用也就在于它的连续性和具有方向性的活动可以形成对城市的鲜明印象。

二、道路网与城市布局及城市美的关系

城市从形成之日起它就和道路交通联系在一起，交通发展了城市也就发展了。现代化的城市道路交通已成为一个多层次的复杂系统。现代交通的发展使得一些传统的城市规划与设计的思想被打破，步行时代或低速交通工具的城市布局方式已不适应城市发展的要求，在规划的战略上把长期的土地使用与交通规划合为一体的规划方法已成为新的潮流，为达到这目的，在规划时可以拟定不同用地方案和不同解决交通的办法的假想城市结构，如英国默西舍德利用上述方法从中找出投资与收益最为理想的方案，因此城市的布局和交通联系的方式，以及交通方式对城市的影响都是十分明显的。

城市的发展过程也反映城市交通现代化的历程，十九世纪欧洲一些城市交通落后，步行、马车为主要手段，城市人口多集中于工厂或作坊附近，当马拉的轨道车出现以及随后的蒸汽火车和电车的出现之后，人口开始疏散，城市开始向外围发展，这时城市大多表现为沿主要交通干道发展，如沿铁路呈星形扩展。当二十世纪汽车化开始以后，城市道路系统中汽车专用路、快速路、立体交通的发展使得人口更加分散。过去数十公里可以老死不相往来，而现在却变成人们上下班的行程距离。由于向郊外发展，卫星城镇的兴起，出现以中心城市为核心的大都会地区。人们乘坐不同的交通工具沿不同的交通路线在道路上运动，对城市的一切认识了解都和道路交通联系在一起了。

1. 城市道路网的主要形式

对于大小不同的城市，不同的城市布局以及地形、气候、气象、地质、水文、交通方面等的影响会有不同的道路网络，这样的网络联系着城市的不同组成部分，通过它城市产生活力，使城市功能得到正常的发挥，道路网成为城市的骨架与动脉并构成城市平面的图形，一般平面路网形式从对城市平面构图角度看可以分下述几类。

(1)辐射环式路网：这是一种常见的城市路网形式，从城市中心或中心区放射若干主要干道，在网外有一个环或若干个环组成的道路干道系统，这是当今世界上流行的并认为是较好的解决城市交通问题的一种结构形式，欧洲的巴黎、伦敦，我国的成

都等都是这种形式。

(2)矩形路网:在我国又叫棋盘式路网,它以规则的方格或矩形构成干道系统,它的特点是道路以十字相交,街坊规整便于建筑布置。我国的洛阳以及北京、西安的旧城多属这种系统,目前认为这种形式仅适合小的城市。

(3)星形路网:这种道路系统在工业化的初期或沿交通干线发展城市为多见,现代城市如受地形限制也可能形成这种系统,在放射道路之间多系空旷空间,对于星形路网干道之间的来往是不方便的。

(4)直路形:这种路网形式主要受到自然地形限制,往往发展为脊状道路,沿干线两侧有短的街巷。这种路网图形在丘陵、黄土地区以及山岭区经常可见,在我国这种道路的一段商业街又同时是交通干道,而两侧则是联系对外交通。

(5)树枝形式自由式路网:几条脊柱形道路汇集到一起则形成树枝形,树枝形道路网完全随地形伸张,横向没有联系。假若横向可以建立联系,则形成自由式路网,如我国青岛、重庆就是如此。

(6)卫星形与星群形的路网:卫星形是大城市四周有一系列卫星城市,由于现代交通条件的改善不少人为了改善居住条件而住到城市周围,或在大城市的周围为各种不同目的建立了卫星城镇,这些卫星城均有一定的干道与大城市联结,大城市、卫星城又有各自的道路系统。而星群形则是由大小比较接近的一些城市群形成,如日本京阪神就是一例。

这些不同的平面形状是由于地形或城市发展中的其他历史因素所形成的,上述形式可能适用于一个城市的局部,也可能适用于整个城市。这些不同路网形式对城市的功能有不同的影响,在现代城市中也会有不同的布局,当然布局又反过来影响路网结构与形式。这些形式总的原则都要有利于城市交通运输,对城市各组成部分要有便捷的联系,也要便于和外界联系。由于这些路网结构的不同,主要的交通通道和城市各部分联系的方式也不尽相同,人们对城市的观察、印象也随之产生不同的效果。

2.道路网与城市形象的关系

对构成城市形象的五要素前面已做了介绍,这五个要素不是构成美的城市的原理,却是分析美的城市的尺度。上述提到在对城市形象进行研究的过程中,在被调查者的印象中,路是占有统治地位的要素,并且一般人对城市的印象是靠路网结构和路与路之间的关系去发展对城市的印象,因此路网对城市美的印象形成是至关重要的。

(1)道路网的交通功能

科学合理的道路网络必然会给城市带来很多方便,也能增进人们对城市的认识与了解,并以道路的网络来组织城市艺术。对于城市道路网的美学问题,它的艺术本质和其他艺术形式是有区别的,在平面上或在高空俯视能有美的几何图形的路网不一定是好的路网,好的路网要具有实用性,因此交通功能是重要的。具有实用价值的网络才能带来生动的环境形象与网络的条理性,使人们对城市感到清晰易辨,路网功能与美学要求的结合是研究道路网对形成美的城市最重要的问题。

现代城市的路网和过去传统路网的区别在于，路网是由各种不同性质与功能的道路组成的系统，对于大城市有交通干道体系，快速道路系统……，也有人提出要建立自行车道路系统，以及依附上述系统的公共交通系统及步行系统或者专用步行道等，它是一个复杂多层次的结构。这种网络的构成，受到地形、城市规模、布局以及交通运输结构等方面的限制和影响。建立这种科学合理的网络对现代城市是必不可少的。没有这种合理的系统，城市功能会下降，人们出行不便，交通拥挤混乱，则人们对这种城市的印象也是厌恶的。要建设一个美的城市，科学合理的道路系统始终是城市开发与发展的主要问题，也是城市设计的主要技巧。道路网和交通问题是城市设计的制约因素，依附于道路网的交通路线，担负着组织城市各项活动的作用，因此对城市各项活动进行分类，如生产、生活、工作、娱乐等等，考虑各种不同活动之间的联系并加以权衡，这是城市设计过程中能否建立合理的交通系统的关键。

(2)路网与城市形象

道路网是一个城市图形的骨架，经过科学的调查研究，采用现代化的交通规划方法有可能形成一个实用的路网，但不论道路系统如何科学合理，如不考虑城市美学要求就不能形成一个好的城市。

城市由路网分成大区域与小区域，由于路网是多层次的，因此道路有时进入这些区域的内部或者成为这些区域的边沿，由于现代化交通的发展在道路上的视觉特性往往对环境的印象起到了控制作用，而道路网的结构在人们体验环境过程中又起着关键作用。构成城市形象的五要素只是城市环境形象的原始素材，它需要以一种图形构成一种令人满意的形式，即依靠道路网、标志群以及区域的拼联等等，这些因素组合得当，才能互为衬托相得益彰，如组合不好，会互相矛盾产生形象上的混乱。道路网是组织城市艺术和使人获得城市正确形象的手段，而穿越城市常见或潜在的交通路线是取得整体秩序的主要手段，它和其他形象构成要素关系最为密切。只有在路网的连续性活动中人们才能获得城市美的体验。一个美的城市必须有鲜明的清晰的形象，标志群、区域应与道路有明确的关系，而边沿也应在道路的活动中可见，这样才能得到对城市特征的印象并了解到城市结构的相互关系，这样观察者对环境就易于识别，也能正确理解它们空间的关系。从以上论述我们可以看出，依附道路网的主要交通路线就是主要形象特征，并对城市形象在概念上起控制作用，现代化的道路系统为当今大规模的组织都市持久的形象提供了可能性，如果增添城市的标志，将道路根据其性质、重要性及交通特点形成不同要求的视觉等级，建立区域的主题单元，对混乱的结点进行清理，以使其增加方向的可辨性，用道路网来处理好各种构成因素的相互关系，使城市有着比较完整的视觉形象。

关于路网与城市形象的问题还应注意一点，就是路网是多层次的，一个道路网除有干道系统外，还有附属于它的各种层次的道路。如第一次到北京来的人如果走的较多的是二环路，那么立交、高楼、快速路在他印象中较深，一个在北京生活时间长的人，则北京胡同的印象对他来讲就更深。事实上王府井大街、前门大栅栏、东西长安街对一个外地来访者印象都是深的，他们对北京的印象可能是上述众多印象的复合，也很难用一两句话来讲清，这种形象对他是清晰的还是混乱的，形象是正确的还是片面的，这些都反映了路网中交通路线对城市形象的控制作用，但也说明一个完善的道路系统可以使人得到对一个城市形象的全面正确的概念。

如果说城市景观在现代交通条件下作为一种动态艺术，那么道路网就成为这种动态艺术形成、创造的关键。合理的道路网从景观角度及城市视觉来看，均有利于组成连续空间，以丰富人们的观感，并创造新奇的景色，从而避免景色的雷同或毫无特色。交通路线可以把一系列的城市景色组织起来反映出城市的风貌，现代的道路网可以把新的城市复杂的各种建筑物与风景规划、景观规划结合，并对城市的视觉形式加以控制指导，以创造一种新的具有自己特点和风格的城市。因此我们可以得出初步结论：道路网是创造城市美的基础，好的、科学合理的、同时考虑到城市美学要求的道路网与城市建筑艺术等的结合，就有可能形成一个美的城市。

三、道路网设计的美学要点

道路空间是城市的主要外部空间之一，也是交通的通道。除交通功能之外，它是人们观察城市的主要场所，因此要从美学的要求加以研究。

1. 重视路网对城市结构的影响

一个城市范围内应该构成给人印象深刻的景观，并且这些景观应该是可见的、连续的、清晰的。好的路网布局应该使人对城市一目了然，使城市的历史和现在都能展现在人们眼前。清新的格局可使人们对城市交通干道系统与城市基本功能分区、主要中心区、自然风景区、城市绿地、名胜古迹等的关系清楚，人们很容易通过道路网识别要去的地方，这样可以改进人们的来往条件并增加了相互交往的机会，以促进社会生产发展以及满足人们购物、休息、文化娱乐、体育活动的需要。好的格局、清晰的布局可使人们感情上产生安定感，而不会对出门感到困难或畏惧，这样有助于改进人们对城市的感情，扩大人们对周围的环境的认识，也会使人们在城市复杂的事物相互关系中得到一种美的享受。如果形成的都是混乱的道路网，产生众多的交通问题就会使人感到厌恶。

作为一个好的道路网，大量的纵横道路的重复，必须是有规律的可能预见的，否则即可能混乱。要求格局清晰就要使道路网结构形式简单明白并呈现清楚的形象。在路网结构中对全局有影响的就是连接点——交叉口。道路交叉形成形象结点也就是交通转折点、道路方向抉择点。在交叉点的位置，车辆、行人进入或离开必须看到周围标记，对四周要有方向感，观察者在任何情况下都能感受周围环境，明白自己要去的地方。因此交叉结构的清晰可见，道路之间关系清楚，形象生动，这样连接点的结构就是好的。从道路网全局来看，交叉点关系清楚，人们不会因方向上产生迷惑而失去在环境印象中的连续性。

道路网是在长期的历史中形成的，当然现代交通需要我们对旧的路网加以改造以适应日益增长的交通要求。路网与城市的关系是重要的，但必须在空间上、地形上、方向上形成一种连续网络。网络中道路之间的关系，当然也受到很多方面的影响，但它们在结构上必须简单明确，规划的路网人们是容易记忆的。在路网中纵横的道路给人们的感受是不一样的。南北向的道路与东西向的道路在人们心目中的印象与视觉中的形象也是有区别的，有一定走向的道路有助于增加道路空间特征，而且使路网的关系也更加明确。当然道路有时可以作为区域边界，甚至可以作为形象特征的边沿看待，这样一来网络对城市的格局就更加重要。

2. 道路网的美学要点

都市印象的形成，道路网是对观察者的视觉起控制作用。人们依靠路网去发展对城市的印象。道路成为取得城市整体秩序的主要手段，要建设一个美的城市，要有一个能方便居民工作、购物、休息的便捷的路网，而这路网要与自然地形相协调 ，并有利于建筑物的布置，能形成一个好的视觉环境。道路网犹如人体血脉一样和城市一起搏动。然而城市道路密如蛛网，大街小巷何止千条，不少城市街道雷同，在一个城市里可能更是如此。在考虑路网中各种不同的交通功能的同时，在不同的道路上不应使观察者产生视觉上的混乱，人们要求在众多的道路中找到它们的特殊性、明确的方向性，在环境上有连续性，以及使它具有空间特征、运动感等，并使人们把主要各种道路很方便区分开来并获得对环境的印象，这种路网才是可取的。

(1)道路特征：路网中主要道路要有特征，不同的城市道路要有不同的特征。同一个城市中，主要道路也应各有特征。只有具有特征的道路才能与其他道路区分开来。这种特征也就是它们相互区别的特殊性。一个城市的主要通道就可能形成一个城市的主要的形象特征，如上海的主要形象可能是外滩或南京路。人们熟悉的路往往也有最强的形象力。道路的特征是交通功能上的需要，也是美学上的需要。

一些道路上大商店和剧场、体育场往往可以赋予它特征，这种情况下人们往往将某商场、某剧场等与某路联系在一起，从而成为这道条路的特征。这种例子很多，如王府井与西单最有力的区别就是人们把百货大楼和王府井联系在一起构成它的特征。如果凭一般印象是难以把这两条道路特点区分开来。道路的性质用途如交通干道、商业大街、居住区街道是各有特征而且是容易区分的，因此人流、车流也可构成道路特征。道路不同的横断面形式以及线形上的特点是道路自身的特征，而沿街的建筑形式与立面可以赋予道路以鲜明的特征，沿街绿化、道路照明、街名等都可以赋予道路特征，只有具有特征的道路才能有不同于其他道路的性格与个性。

(2)道路的方向性：路网中主要道路要有明确的方向性，要使道路有明确方向性就必须有明确的起终点，特别是引人注目的终点。一般广场、公园、纪念性建筑、美术馆等人尽皆知的地方作为道路终点才能表现特性，如西安雁塔路是以和平门为起点而以大雁塔为终点。一般观察者认为道路有一种方向并以其终点来识别，在街道上活动是沿着某一个方向的。明确的终点，街道沿线的变化，以及方向感等使观察者得到一种前进感，如观察朝向反方向行进，这种感觉就有所不同。如道路上的纵坡变化、上坡或下坡以及街道上商店多变、人流增加意味着商业中心趋近，线性方向的正反观察者感受是明显的，这种方向感可以通过梯度变化来取得，也就是沿一定方向特征逐渐递增。方向感强的道路中明确的起终点，可以增加观察者对道路的识别，有助于把道路位置与城市关系联系起来，使观察者有明确的方位。有些道路没有明确的终点目标，会引起观察者的种种猜想，甚至误认为其他地方为终点，这样就失去了原来可以具有鲜明特征，引起道路形象上的混乱，这种情况下，在道路终点突出一些终点目标因素，去强调它的结束或与其他道路的差别。有时也可以把一些有名的目标布置在街的一边而形成明显的方向感。

道路具有方向性，就便于度量，人们可以判别自己在道路（或城市）中的位置并判定已经过或剩余的行程，这就是距离感。这种距离感的产生要借助于道路的特征、建筑的变化、门牌路标、广场等才能形成。

有方向性的道路不一定要是直线，一般有规律的曲线使线形产生的变化并不会迷失方向，而道路上多次方向变化就容易使观察者失去道路的方向感。

(3)道路的连续性：道路网中的某一条道路应具有连续性，这是很重要的道路功能上的要求，人们识别道路也习惯依赖这种性质，连续性可以通过道路两旁的绿化形式，临街建筑的空间特征、建筑形式以及后退的红线等得到体现，同时街名也可以使一条路增加连续感。南京中央路分离带中的两条雪松，前三门大街的建筑群均是这方面的例子。连续性还可以表现在一条道路的运动感上，道路空间是动态环境，线形上有曲线、上坡下坡，在高速行驶时都可以产生或加强这种运动感。因此，道路有运动的视差，可以产生动态的视觉效果，均有助于加强其形象并产生整段时间的连续感。

城市道路的连续性会加强一条道路的整体感，一个好的道路网贯通的所有交通干道都应具有很好的连续性，使网络之间呈现出清楚的相互关系。

(4)重视交叉口的作用：道路网络的结点——交叉口，在一组道路中具有全局意义，相交的道路在交叉口关系要清楚、形象要生动，不能是含糊的连接点，使陌生的用路者失去方向。两条路的结点，反映了道路的局部结构，它的形式必须简单、明白，呈现清楚形象。现代的道路交叉比传统的道路交叉更加容易引起混乱，现代立交用众多的标志表示道路之间的关系与方向。现代化的立体交叉往往使道路的连续性受到破坏，并使道路连续的意象受到中断。因此交叉口对道路的联接从功能上、视觉上都应重视用路者的心理特点，而不使形象产生混乱。目前许多城市组织单向交通，单向交通化对改善行车条件提高通行能力有一定作用，但单向交通容易使不熟悉的驾驶人员对道路结构形象感到困惑。单向系统机动交通是不可逆行的，这是一种心理上的障碍，正因为如此，司机由于受到限制在行驶上是谨慎的。甚至限制过多的单向交通可以使外地驾驶人员不敢进入，从而降低了路网的可识别性。

(5)街名的作用：道路网的格局与道路之间的关系往往是通过路名来体现的，如上海以城市名称来命名中心区的一些东西向街道，用一些省名来命名南北街道，使人们对市中心主要街道 的关系有清晰印象。一些地方用经纬来分别命名南北与东西街道，也有的用数字来给街道命名。有人从城市美学的角度提出异议，但从实用性来看这些命名方法在道路网络中街道关系十分清楚而且容易识别。如日本的街名××区×条×丁目×番地以及欧美有些国家用字母命名的街道均起到这种效果。

一些古城如西安主要交通干道取名为东大街、西大街、南大街、北大街以及南关正街、北关正街等等。这些命名方法除历史上的因素以外，从路网美学观点看使街道与城市有非常明确的关系，和在网络中有清楚的位置。另外一些街名反映了城市或地区的历史、民间传说，如南京的估衣廊、糖坊桥、鱼市街之类的街名，西安在原唐兴庆宫边开辟的兴庆路等能引起人们的向往和对历史的联想。

另外街名对一条路的连续性也有很大的作用，如南京中山路从路线情况来看与北面的中央路是顺适的。而目前的中山北路是通往挹江门的，有 30°左右的偏角。这样一条本来不十分连贯的路取名为中山南路、中山路、中山北路而连续在一起，路名起了连续的作用。加之中山路沿线绿化主要是法国梧桐，而中央路以雪松为主，这样自然地将两条道路区分开来。

上海的南京路，还有宝昌路在交叉时已经错位的道路均是用街路将一条很长的街道统一起来，这样增加了街道的连续性，也使人容易区分它们在城市中的地位与作用。假若一个性质不同，特征有很大区别的路取用统一的街名，就没有什么价值与意义。而一些方向相同作用、地位相近的街道，如果频繁地变换街名就给人以支离破碎之感，而且破坏了街道的连续性，因此要重视街名，好的街名系统在道路网络中是具有实用性与很高的美学价值的。

(6)道路网中交通线上的韵律与节奏：现代城市艺术由于现代交通工具的出现，在道路上的活动中，因时空变化而产生沿路活动中的韵律与节奏，这已成为当今现代城市中用路者在长距离运行和乘坐快速交通工具行驶时必然的体验。沿街活动的特征、标志、空间的变化、道路自身线形的变化等必然使用路者产生节奏感，道路视觉环境的变化，运动感的时间变化的四维空间所提供的舒适性正是节奏与韵律的体现。人们会厌倦单调乏味的行程，如视觉环境逐渐变化或者产生一定的高潮变化，这种多次的反复必然使用路者在道路上的运动过程产生节奏感，这种韵律与节奏，正是当今对道路舒适性的要求。这可以理解为对新的交通干道路网设计的新方法，这种设计技巧的开拓必然使道路设计进入一个新的阶段，路网中不同的交通干道所有不同的韵律与节奏，同时考虑到把大的、新的城市复杂结构物，城市要素，风景，用路网组织到一起，这样就能创造具有当代自己风格与特点的新城市。

3. 交通路线对组织城市景色的作用

讨论路网美学时我们不能不研究一下交通路线的作用。路网仅是一个“图”，而“形象”就是要在道路网的运动过程中获得，城市形象的要素是要在路网的活动过程中去体验认识，有好的道路网是城市美的基础。城市景观作为一种动态艺术依附于道路网的交通路线，它对这种艺术的形成与创造最为重要，合理的道路网中的交通路线可以使人们得到清晰的城市形象，好的交通路线还能使一系列景点组织起来以丰富对城市面貌的印象。如第一次到北京的人，一个从东单开始经东单北大街、美术馆等到西四，而另一人走长安街经西单到西四，同样一个目的地，但由于交通路线不同就可以得到不尽相同的第一个印象。当然北京站是进入城市“内部”的，但却起了和城市出入口第一印象的作用。因此一个城市的主要交通路线，当然客运需要是重要的，但对城市建设来讲，这种通道的美学作用一定要重视，有些情况下甚至对城市美的印象形成起控制作用。

4. 新旧道路网的协调

现代化的城市建设往往是从道路网的改造开始，一个城市的道路格局是经过漫长的历史而形成，一个城市建筑可以不断发生变化，建筑也可以拆了再修，道路断面也可能改变，路面也会不断翻修，而道路格局一旦形成就很难改变，而这种改变对城市就是伤筋动骨的大手术。但城市在不断发展，交通需求的不断增加，无疑要对原有路网进行改造与进行新的交通干道的建设。新的路网要充分考虑原有的道路网的特点，使原有路网与现有交通干通系统有机的结合。根据视觉特性与美学的要求来看，道路干道系统倒不一定是直线，而次要道路、街坊、道路形状，也可以规整或者比较自由，这样不但可以新旧结合，而用实用，也能丰富城市景色。城市现代化的路网有的将新干道系统完全覆盖在原有路网上这样破坏了城市原有风貌。而有的则在新区域发展将旧城区路网纳入它一部分，如洛阳就是这样做的。新旧路网的结合与充分利用原有道路系统是一个十分复杂的问题，现在不少城市干道系统毫无特色，待路网改造完成原来城市也就面目全非了，因此如何将新的交通干道系统与原有路网有机结合而不失历史特色，这对城市道路网进行现代化改造时是值得探索的重要课题。

参考文献

[1] [英]J.M汤姆逊.倪文彦，等，译.城市布局与交通规划.北京：中国建筑工业出版社

[2] [日]加藤.晃.竹内传史.城市交通与城市规划.江西省城市规划研究所

[3] [英]W·鲍尔.城市发展过程.北京：中国建筑工业出版社，1981

[4] [美]开文·林奇.宋伯钦，译.都市意象.台隆书店，1981

注：本文发表于华东公路1988年“全国山区旅游公路综合治理”学术年会增利，收入《城市道路美学》专著。

论城市道路线形美学

摘　要:本文是笔者城市道路美学系统论著之一。道路线形影响街景的构成,不同性质的道路有着不同的交通构成。用路者由于他们运动速度不同,而产生不同的视觉特点。道路景观设计应考虑上述特性与它们的差异。

文中分析用设计车速、道路性质、使用状况来判定线形设计内容,有重要实践意义,即城市道路设计车速在60km/h以上时,要求作为线形设计对象,小于40km/h则强调与地区特点相结合。本文从景观角度将城市道路线形归为四个常见类型,这对研究线形与环境配合有重要参考价值。文章还从现代交通特点对城市道路线形美学的一般原则进行了探讨。

关键词:道路线形;街景;道路线形美学

道路空间是一种线性环境,这种环境是由路与边界的建筑物及其他各种环境元素组成,道路上人们看到的景观元素是构成城市景观的基本单元之一。由于路线线形不同,产生的视觉条件也不同,因此街景的构成方法也不相同,讨论线形对街景构成的作用,以及线形的美学特点对于提高视觉环境质量有重要意义。

一、线形对街道景观构成的作用

城市的道路网是由不同性质、功能的分层次的道路系统所构成。城市生活离不开在道路上的活动,路在人们的印象中是控制因素,人们沿着它观察城市,各种建筑及环境中的景观元素都是沿着道路布置的构成千姿百态的街道景观。

建筑学家长期以来对街景有许多论著,从建筑美学的角度阐述如何构成一个美的广场与好的街景。由于城市交通现代化,用路者的视觉条件产生了变化,因此传统的街道美学的许多概念就需要根据城市不同的道路性质的交通特性去研究与评价。

影响道路景观构成的三个主要因素是线形、道路性质与用路者的视觉特性。如城市交通干道、商业区道路、居住区道路等则由于道路的交通目的性不同,道路环境中的各种景观元素如路、建筑、绿化、街头小品等都必须根据这些道路的特点,对景观元素提出不同的要求。不同性质的道路有着不同的交通构成与不同的用路者(司机、乘客、骑车者、行人),由于他们运动速度不同,而产生不同的视觉特点,道路景观设计首先要考虑上述特性与这些特性的差异。对建筑尺度、体量、环境中各要素的尺度等提出不同的要求，正如我们不能把北京二环上的高层建筑尺度、体量运用到前门大栅栏去一样，反之亦然。

道路的交通量的大小影响道路的尺度，一切环境元素的尺度也应随着道路的尺度加大而变大。

道路环境中的元素如建筑、绿化、街头小品、灯柱、交通标志等都是沿着道路的两侧布置的，各种不同环境元素可以产生不同的道路特征，相同的环境元素在不同线形的道路上布置又会产生不同的视觉效果。如平面曲线，纵断面的起伏都能对景观的构成产生显著的影响。由于城市交通结构复杂、交通量大，从交通组织上看，道路的横断面变化也多，如一块板、二块板、三块板……等道路，机动车、非机动车、行人的运动位置布置不同，交通的分隔方式也不一样，因此对景观的构成也应采用不同的方法。

二、城市道路线形设计的美学要点

城市道路的平纵线形主要由直线、曲线组成，两条路线相交形成结点，它用平交或立体交叉等方式来处理，使不同方向的道路之间相互沟通。城市不同等级的道路在路段上的交叉口的间距也不相同，速度大、交通量大，交叉口间距则要求大；反之交叉口间距则可以小一些。假若交叉频繁会使路线区间很短，多数交叉口之间道路是用短捷的直线相连的。但一条长街因交叉过多而容易失去线形上的连续性。现代交通的发展要求城市道路能满足其要求，不同道路根据其性质，作用、地位服务于不同的交通需要，发挥其各自的作用。在线形设计上考虑到不同的交通需要也应采取不同的设计方法，但功能不是唯一因素，只有考虑到城市美学要求的线形设计才是令人满意的，路线线形是构成道路环境印象的主要控制因素。

1. 从景观角度探讨城市道路线形及分类

(1)平面线形要素及美学特性

平面线形有三个要素，即直线、圆曲线和缓和曲线。

①直线：城市道路一般交叉口之间常常采用直线相连，一条长街也可能是一条直线或者是若干条不同方向的直线、折线连接而成。直线对于规划人员、设计人员或用路者都具有特殊性质，这种线形便于选择与设计，只要能通视用双眼或仪器就能将直线确定。因此直线是最容易确定的线形。

直线带有很明确的方向性，在城市中宜于两侧建筑的布置，沿线两侧所有道路设施、绿化均宜与这种线性环境协调，从而具有强烈的线性特征，给人以整齐、简洁之感。我国自古以来把“道路如矢”作为道路美的一种象征。直线形道路方向明确，道路有连续性，这种特征也很容易通过沿线的各种平行道路环境因素而得到加强。一条宽阔的直线大道宏伟而有气度，沿一条直线前进将使延续的意象大大增强。但直线道路从车行道或人行道的视觉上来看均比较单调、呆板，静观时路线缺乏动感。同时在平坦地形以外，直线很难与地形协调，在两条同向曲线之间插入直线就形不成连续线形，通常的美学观点认为两点之间的直线连接很难被认为是最美的。因此直线的应用一定要和地形、地物和道路环境相适应。

②圆曲线：平面线形中圆曲线是使用最多的基本线形要素之一。传统的道路主要线形是直线，由于汽车增多特别是近年的快速交通干道或城市高架路的修建，圆曲线已成为使用最多的基本线形要素。还有一种复合圆曲线，它是指同向不同半径的两个以上的圆直接相连组成的曲线，复合圆曲线也能构成优美的线形，但两曲线半径不能相差太大，应有很好的配合（表1）。表1中所列的配合范围能很平顺相连与过渡，而无需在二曲线之间加入缓和段。

复曲线的配合 表1

$R_{小}$(M)	$R_{大}$ 与 $R_{小}$ 的比率	$R_{小}$(M)	$R_{大}$ 与 $R_{小}$ 的比率
100～500	1.3	1 000～2 000	1.7
500～1 000	1.5	2 000 以上	2.0

③缓和曲线；汽车从直线进入平曲线或从一个圆曲线进入另一个圆曲线时，行车轨迹都是渐变的。插入缓和曲线在视觉上线形变得平顺，使行车增加操纵的便利及舒适感，也增加道路的安全感。缓和曲线一般较短，虽然是平面线形要素但不是设计主要线形要素。

曲线作为平面线形要素，由于城市汽车交通的发展与快速道路的建设，市际之间高速道路的修建，为适应高速行驶的要求，得到越来越广泛的应用。曲线线形生动，富有流动感。在曲线上行驶可以很清楚的判别方向变化，看清两侧景物，平缓适当的圆曲线可以使驾驶人员看到路侧景观，从而加强了环境印象，同时也有诱导视线作用，曲线容易与地形配合，用来绕越地物，具有曲线线形的道路往往有生动的街景。

(2)纵断面线形设计要素

纵断面线形要素有直线和圆曲线（或其他曲线）。从线形设计角度看，则分为纵坡和竖曲线而与平面直线和平面曲线相区别。

①纵坡：为适应地形的变化和排水的需要在纵方向有一定的坡度变化，一般城市道路纵坡较平缓，只有在山城或丘陵地区的城市有时才能出现较大的纵坡，纵坡一般适宜平缓，但小于5‰可能造成排水困难。从汽车的动力特性分析，不同设计车速对纵坡有不同要求，因此城市道路纵坡选择要考虑地形、道路性质、汽车行驶特性以及交通量大小等因素。

②竖曲线：在变坡点一般设置竖曲线，最常用的竖曲线为圆形和二次抛物线，为保证视距与缓和转折并增加乘客的舒适性和便于司机驾驶，对竖曲线有最小半径与最小曲线长度等限制。

(3)从城市道路景观构成角度对城市道路线形分类的探讨

现代交通的发展,机动交通工具已成为主要出行工具,因此对城市道路设计线形、速度、舒适性、安全性等方面提出了许多新的要求。传统的城市街道对路线平面、纵面没有特殊的要求,在路网中由于频繁的平面交叉很难使一条长的街道在线形上是完整的,当然城市范围扩大,新型交通工具的使用以及减少出行时间等方面的要求,使在城市中对行车速度的提高早已是现实生活中的重要课题。因此设计车速是我们确定线形设计内容的关键,(日)大胜美等著的《公路线形设计》中按设计车速、性质、使用状况来判断线形设计的内容是很有实践意义的。从它的划分中只有设计车速在 60km/h 以上的快速路、主要交通干线,才是道路线形的设计对象,这种道路在线形设计时要满足快速、安全及舒适性的要求。因此要求线形顺适,并具有良好的视线诱导。对于一般计算车速在 40～60km/h 的道路,则应以安全为主,路线要根据道路所在地区特点去考虑,在条件允许的情况下,对线形的平顺性也应加以重视。40km/h 以下的计算车速一般难以成为道路线形设计对象,因车速较低,道路线形应与路线所经过的地区有机结合,并与环境相协调。因此 40km/h 和 60km/h 车速是我们对城市道路线形设计上很有价值的两个界限。设计车速 60km/h 以上的道路对自身线形要求与环境配合的要求都与 40km/h 以下不能作为线形设计对象的一般街道有很大区别,从上述分析来看,以往建筑学中讲的街道美学的概念很多方面就不能用在快速交通的路线环境的设计。在城市快速道路上行驶,由于车速增大,一切空间尺度应加大。速度的增大,单位时间内移动的空间距离也加大,用路者对建筑和其他环境因素、感受时间及对各目标印象交换及持续时间等都产生显著影响,因此必须考虑这种快速交通的环境感受和低速行驶情况下相比必然有很大的差别。因此,考虑交通性质并用计算车速来区别道路线形环境特点的分类方法是有重大学术价值和实践意义的,应引起城市设计工作者的高度重视,这也是对交通环境设计思想的更新。

路线形式对组织街道景观有特殊的重要性,城市道路除快速路、主要交通干线对车速有特殊要求以外,一般在路线的线形设计上不占有重要位置,特别是街道频繁交叉,使路线分为若干较短的段落,由于交叉在景观处理上过多的考虑了自身的因素,往往使一条长街很难产生线形上连续的印象。而交叉口之间路线的各种线形要素往往对景观构成影响比较显著,笔者认为大致可以归纳为以下四种常见类型。

①简单的平面直线形与具有小纵坡的街道

城市一些干道特别是交叉口之间往往在平面上是简单的直线,这种类型道路纵断面上变化很小,在视觉上没有明显上下坡感觉,对纵面视线没有显著影响,这是城市道路比较常见的一种路线形式。这种线形的道路两侧建筑容易布置,各种环境元素宜与直线线形相协调,从车行道、人行道上的视觉角度来看比较单调,静观时缺乏动感。

②平面直线与平面曲线组成的平面二维线形(纵面上纵坡很小)

这种道路主要由平面直线与曲线构成，这种线形的关键是直线的长短与平曲线大小，以及曲线与曲线，直线与曲线配合是否恰当，如配合不好在视觉上，心理上，安全上均会出现问题。具有流畅的平曲线的线形，使路线富有动感，方向的变化可以引起视觉上对前方的注意，因而增加了视觉的清晰性，所以具有曲线形的路线，往往带来生动优美的街道景观。

③平面直线与竖曲线组成的纵面二维线形街道

这种线形在平面上是直线，纵断面上有明显的上坡下坡，并插有凸形或凹形竖曲线，这是城市道路中可以常见的又一种主要线形，它的变化主要表现在纵向。这种线形对视觉产生很大影响，在凸凹曲线上下坡时用路者的视觉条件有很明显差异。这种变化的本身对道路环境中建筑与路的协调及其他环境元素的协调带来许多视觉上的课题。凸竖曲线的上坡路段视线因受坡顶阻挡，前景容易中断而降低了道路的连续性；而下坡时视野则比较开阔，甚至可以看到全景，处理得好景观则比较优美。

④具有平纵配合的三维立体线形交通干道

这种线形在微丘、丘陵或山地均是常见型式，甚至在一个坡顶可以看到路线前方有两个以上的平曲线和纵方向的几次起伏，这种线形要注意平纵的配合，路线宜平顺、流畅、如与环境配合得很好，往往可以形成极其生动的街景，在各个方面均能有很好的透视。

从对景观构成影响的角度分析，主要线形大致归纳如上，也有比上述形式更复杂的组合。一条路的街景好坏路线是基础，研究各种线形组合的特点，有助于我们研究路线与建筑以及路线与环境协调。

2.城市道路线形设计美学要点

(1)一般原则

线形设计直接影响街道景观的构成，城市道路线形设计首先要考虑到交通的功能，因此线形设计中道路的位置与作用对线形设计的内容是十分重要的，在前面我们讨论过，不同道路性质对设计车速与线形设计的要求是不同的，线形设计主要是考虑高速行驶下的安全、舒适问题，因此城市道路设计车速在 60km/h 以上时才能是线形设计对象。而在 40km/h 以下，因车速低对线形没有特殊的要求，即强调线形与所在地区特点有机结合。而对于 40～60km/h 之间的道路，主要强调安全性以及和地形、地区相结合，线形尽可能平顺。因此在城市道路线形设计中上述车速界限是我们确定路线是否作为线形设计对象的依据，也是研究线形美学首先要解决的问题，在城市中只有设计车速要求在 40km/h 以上，同时安全性，平顺性有一定要求的情况下，将路线作为线形设计对象才有意义。

线形设计要有助于加强道路方向性和连续性。道路是车辆与行人的通道，从道路功能和美学的要求上看，都应具有十分明确的方向性与连续性，具有良好的方向性的道路易于用路者对道路的识别，具有连续性会使道路产生整体感、统一感。而不会对道路印象感到是支离破碎。道路具有连续性，即使它不甚便捷，人们也认为是可靠的，并能为对它陌生的人诱导方向。道路对用路者来讲方向的正反是很明显的，直线的方向是明确的，接近 90°的转弯其方向也同样明确。如路线中有微小的曲折但能保持基本走向的路线，其方向感也是明确的。路线是东西或南北走向则具有明确的方向感，易于识别。而一些放射性道路或多路交叉的路口中，各条道路的方向对陌生者来讲会产生困惑。

人们对于熟悉的道路，由于道路本身或用路者的用路目的等因素，对道路有明显的方向感受，如到市中心去感觉方向是正的，离开市中心则是反的。每天去上班时，去的路感觉是正的，回来的路则是反的，用路者把这种印象与道路环境的因素联系在一起，就能产生强烈的方向感。特别是分向行驶道路，来去行驶位置不同，这种方向感就更为强烈。同时沿途不同的环境特征，也会使人们产生明显的距离感。从以上分析来看，观察者往往是赋予道路正或反的方向，而这种方向也往往是以道路终点来识别。

道路具有连续性表现在线型和环境有较统一的特征，道路要具有连续性首先要求线形上具有连续性。一条道路的线形配合，技术标准的应用，都会对线形的连续性产生影响。假若道路宽度突然变化，这种连续性也会受到破坏。道路的连续性也表现在沿街特征的连续性。没有统一特征的路段对道路的连续印象会产生影响。一条长街中，各路段的特征有时很不统一，往往用街名将它们统一起来，使人产生整体和连续的印象。

道路要有明确的起终点。一条具有明确的方向性与连续性道路需要有明确的起终点，用路者在道路的活动中常以终点来识别与判断方向。公园、广场、纪念性建筑、市政府、美术馆等均能成为很好的具有特征的起终点。西安的雁塔路是以大雁塔为终点，而起点是和平门，这样一条路从何处起到什么地方结束就非常清晰，使之具有明确的方向特征。没有明确起终点的道路，容易失去一条道路的特征。城市道路大量的起终点是在交叉口，因此一些交叉口有纪念碑、广场或知名建筑而加强这些特征。单纯以道路相交的街名来判别起终点不会给用路者带来明确的印象，应该突出视觉环境中的特征因素。

关于道路的特殊性设计。道路要避免雷同就需要增加它的特征，交通量的大小，道路性质，建筑形式、绿化种类、沿街设施等均能增加这种特征，而使人们把不同的道路区分开来。在路线设计中也可以通过一定的手法来加强这种特征，如滨河路、山城道路在路线上均有很强的道路特征，道路在线形设计上都应考虑上述因素，并赋予它们路线设计上的不同特征，道路横断面的不同形式也是这种特征之一。一条好的路应有强烈的特征，一般人们熟悉的路往往被认为具有最强的形象。直路与弯曲的街道有不同的特征，城市快速路与商业大街有不同的特征，道路上人流多少，车流密度也能成为道路特征。宽阔的大道与窄街，小巷有明显的特征，一些有高楼的街道也会使道路具有特征。缺乏特征的道路使人容易混淆，并难以得到对它的整体印象，新规划与建设的城市在道路与环境上使人产生雷同感是由于道路与环境设计中没有注意道路与环境特征设计的缘故。

关于道路环境自身的韵律与节奏问题。用路者在道路活动过程中韵律与节奏感来自路线自身和环境两个方面，用路者在行车与行走过程中，随着时间的推移，视觉环境不断变化，如缓慢的出现或消失则产生一种节奏感，这种令人愉快的变化，经常反复激起人们的兴奋感，因此节奏感是研究汽车交通条件下线形设计的不可缺少的要素。路线的韵律与节奏变化大部分是通过视觉得到的，也有通过运动感觉和平衡感觉得到的。如直线、曲线、上坡、下坡行驶，离心加速度变化，加减速行驶等。这种随时间推移的二维空间变化，可以提供舒适感。考虑线形与景观的时间变化对当今汽车交通与城市交通干道、快速道路设计的重要性也日益增加，并应提上日程。线形变化、平顺性、连续性、运动的感受、沿街活动特征的变换可以形成一种韵律图。路线设计应考虑这种新的设计技巧，以丰富人们对道路的感受与印象。

(2)路线要与地形相协调

城市道路要与地形相协调，这是确定路线的重要原则。地形影响道路的平面与纵断面线形，不论从路线设计还是美学方面要求，道路都应与地形相结合。

平坦地形路网比较规整，而丘陵、山城路网的布置则比较自由，平原地区路线以直线为主，但考虑到原有道路的利用，以及现有建筑、古迹、景点等地物的影响也不一定勉强取直，这种情况下道路有一点弯曲就会有一系列的景色变化和封闭透视形成，并且带来生动的街景变化，这比长直线的无限透视更可取。如陕西关中平原的西安东大街，它中段的弯曲所造成两边街景的变化就是一例。但地形平坦的道路上所看到的城市景色往往由于受到这种地形限制，观瞻者的视线仅能看到附近区域，在透视上景物的深度、广度都比较小。然而在有起伏的地形上，城市空间比较生动，建筑艺术构图手法也比较灵活，道路的景观也不处处受到视野的限制，在道路活动范围内的视野可能出现俯视、仰视等不同的视觉因素，这种地形下的道路可以增加观察城市的机会，也能丰富城市景色，并容易获得对城市总轮廓、多景象、多层次的全景印象。对于这种地形起伏的丘陵或山地的路线布置比较复杂，平竖曲线的配合应予重视。丘陵城市路线可能出现连续的平面或纵面曲线，如哈尔滨南岗公滨路就是一例，它在视野范围内可以看到两个以上平面曲线和纵坡的几次起伏，这种路线要注意线形的流畅和与地形的密切配合。对路网中的干道系统应充分考虑交通功能的需要，要有适应快速行驶与连续交通需要的顺适线形，因此有可能采用配合地形好的以曲线为主的设计手法，以增加道路的运动感，这种路线下的各种道路环境中的景观元素都应十分注意车速因素的影响，在尺度、体量等方面也应随车速的变化而变化。不同的地形应根据不同的道路性质采用不同的布线手法，在满足功能的前提下，要充分考虑它对组织城市景色的作用，为用路者提供丰富的观察城市的机会。不同地形布以不同特点的线形,并有与之相适应的其他景观元素配合,这样就能形成具有明显地方特色的道路环境。

(3)线形要与区域特点相适应

城市是由具有不同特点的区域构成的,除上述讨论的线形与地形关系之外,线形应与城市区域特点相适应。城市是由道路、建筑组成的街区和公共绿地等所组成,它们构成各种不同的形式。城市中心区常由较高大的建筑或比较规整的直角相交道路构成,作为交通干道需要在地面穿越中心地区时,应在中心地区边缘通过,并以某种方式和其相联系,而远离中心的地区可能由于地形变化或土地使用没有中心区那么多限制,往往可能有曲线形道路或其他形式的道路组成的街区,另外从传统的建筑艺术角度考虑,在上述地区中还修建有尽端式道路系统,这种情况则有比较多的丁字交叉,此外还有一种以建筑空间和绿化组成的混合形式。那么对商业区、工业区、居住区内部的道路系统都应适应这种地区的特点。商业街、步行街居住区道路、林荫大道等的线形问题都要与区域的特点相结合。《[美]实用公路美学》一书中,对城市道路美学原则中提到的唯一特点,就是“使道路在结构感强烈的周围环境中显得恰如其分”。这种思想正反映了与区域相适应的道路是我们对城市区域性道路设计的美学指导思想,它不同于全市性的交通干道与快速道路系统。它们之间,一种是强调环境中地区特点是决定因素,另一种是强调速度因素在环境设计中的主导作用。

线形设计的美学问题中还有线形配合视觉线形等内容,这两个内容在各种线形设计著作中均有论述,这是不再赘述。

三、道路横断面设计的美学要点讨论

因横断面与道路景观有密切关系,我们也放在线形中一并加以讨论。

横断面对道路景观的影响要注意以下几个方面。

1. 道路横断面宽度与建筑高度的关系

关于道路与建筑高度的关系,通常认为街宽为建筑2倍,这样可以充分观赏建筑的空间构成(并考虑到采光,通风等因素),这种分析主要是以步行者站立街道的一侧观赏对面建筑提出的结果,然而以大量机动交通为主的交通干线中分析它的建筑与道路的关系时,要以机动车辆上用路者的视觉特性去考虑,如果仍用过去的比例关系,不会产生好的视觉效果。交通干道两侧的高层建筑应有虚实,空间变化要显示出一种韵律,这种道路与建筑的关系并不像传统的街道概念——两侧要有像牙齿一样密排的建筑。北京二环路和一些城市干道上许多建筑高度与道路宽度的大致比例关系约为1∶1左右 ,这种新的关系是对过去概念的突破,反映出新的比例关系。

2. 注意道路景观空间的完整性

一条道路的视觉环境是由路以及两侧建筑、绿化等构成的整体,由于交通组织的需要、道路断面采用不同的分隔方式,使得车流、人流处于不同的断面位置,但分隔过宽则使空间涣散,或因分隔带中的绿化过于高大而将空间分隔,从而割断街景元素的相互联系，这样也很难形成优美的街景。

3. 注意横断面要素对加强线形特征的作用。

所有横断面要素都是沿道路中心线平行延伸的。这有助于加强用路者对道路线形的强烈印象。从反映优美线形、视线诱导以及形成好的街景方面均有重要作用。

参考文献

[1] [西德]汉斯·洛伦茨. 尹家锌，等，译. 公路线形与环境设计. 北京：人民交通出版社，1984

[2] [日]大塚胜美，木仓正美. 沈华春，译. 公路线形设计. 北京：人民交通出版社，1987

[3] [美]开文·林奇. 宋伯钦，译. 都市意象. 台隆书店，1981

[4] 阪神高速道路公团. 景觀配慮した都市高速路设计の手引

[5] [日]芦原义信. 尹培桐，译. 街道美学刊

[6] Pianning cities W. Houghton-Evans London. W. C. I

注：本学文系1994年中国土木工程学会年会征文，发表于1994年12月南京交通高等专科学校党报，收入《城市道路美学》专著。

论城市道路景观与地形

摘　要：城市地形的特征会给城市景观带来个性，作为城市道路的骨架必须要有与地形十分融合的配合方式，这样道路上就会有与地形特点相适应的视觉特征。平坦地形条件条件下道路景观构成中的视觉因素是要考虑如何以交通干道来组织城市景色。而复杂地形条件下，由于地形的高差会使得干道不在一个平面上，人们可以有多种观察城市的方式，因此可用全景规划的手法使干道网与建筑群以及城市的空间景观布局有机的联系起来。只有充分地研究这些特点，才有可能形成优美的道路景观。

城市的景观设计是以土地功能利用为基础，通过对土地性质用途的研究便可确定对它利用的方式，城市地形的特征会给城市景观带来个性，作为城市道路的骨架必须有与地形十分融洽的配合方式，这样在道路上就会有与地形特点相适应的视觉特征。城市的地形、水面、台地可以丰富城市面貌，创造有特征、有个性的城市来。设计者在充分认识自然景观特征后才能构思出与地形相结合的道路，与地形格格不入的道路在景观上也一定不会有好的效果。对城市土地利用是从道路网布置开始的，线形的设计直接影响到城市景观，因此，道路在满足功能要求的同时，如何考虑地形特点并与之协调以获得良好的视觉效果，是研究道路与环境协调的第一位问题。

对城市的印象除高层或高处俯视以外，主要从道路上的活动中获得，人们从道路上来观察城市建筑艺术的面貌。地形不同用路者视觉条件也不同，而且地形对城市建筑面貌也产生显著的影响。首先地形构造的空间尺度特点决定了视觉空间的形式和规划，也决定了建筑的节奏、韵律和比例关系；第二是用地高低参差能产生各种不同特征的视觉联系，形成广宽、深度和层次各有不同的近景、远景与外观；第三是具有独特风貌的地形如斜坡悬崖、峭壁等就有与之相配合的建筑和工程构造物，如错层的房屋、勒脚的建筑以及挡土墙、护坡、梯道等。这样将大大丰富城市面貌而且使城市具有个性。

一、道路与平坦地形

一般平原地区地形起伏不大，地面自然坡度较小，对道路布设与建筑布置均不产生显著的影响，我国许多大中城市都属于这种地形。

平坦地区道路网的布置与路线均不受地形的限制，多数情况下路网比较规整，目前由于交通发展可布设相应的环行及辐射形道路，市区道路如不是受到原有道路改建或建筑以及其他因素限制，则交叉口之间平面线形多为直线，这些地形下的一些不规整的道路多由各种历史因素所造成。平坦地形的纵断面不产生纵坡上的困难，一般用路者纵方向不会受到视线的阻挡，在长直线道路上可以有无限的透视。一般情况下多以干道网来处理建筑群的相互关系，以构成一个完整的建筑环境。以直线为主的道路两侧建筑有规律的布置往往给人以强烈的节奏感，易于形成雄伟或严谨的气氛（图 1），如北京东西长安街、太原的迎泽大街等，但平坦地区由纵断面方向变化甚小，如平面上稍有变化则用路者的视点也将随不断变换的沿街景色而变化。平坦地形因道路两侧视野受到限制，因此对横断面的型式选择，对用路者在道路上观察位置起决定作用，对道路环境中因地形所产生的特点，特别是视觉上的单调感，应通过横断面设计予以改善。水网地区在路线布置上要与水系平行，沿河组成街景。

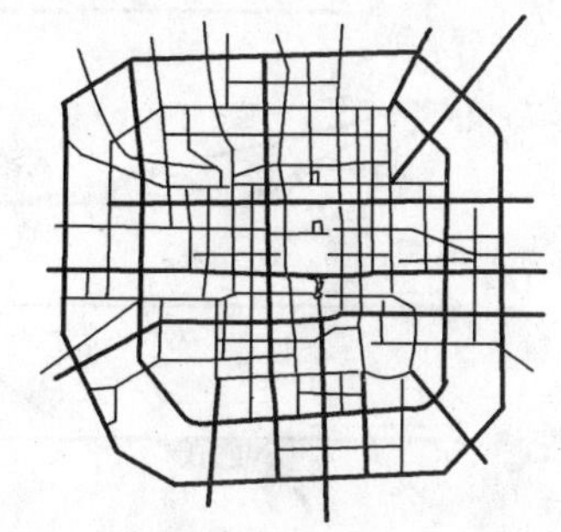

图 1　平坦地形下路网比较规整（北京）

在平坦地形情况下人们很难在交通通道以外获得城市印象（除高层俯视以外），所以城市景观面貌通常局限于观瞻者附近街道与广场立面的外形与透视上，这些景物广度、深度比较小，在这种情况下道路环境对城市面貌与印象形成有决定性意义。

二、道路与复杂地形

1. 复杂地形的一般分类

复杂地形是指丘陵、重丘或山岭。一般微丘是指地形起伏不大，地面自然纵坡在20°以下，相对高差 100 米以下。而重丘陵地形指有连绵起伏的山丘，地面自然坡度在 20°以上，有较深的沟谷与分水岭，路线平面、纵面大部分受到地形限制。而山岭地形变化复杂，地面自然坡度在 20°以上，而且有陡峻的山坡、悬岩、峭壁、峡谷、深沟等等，道路平面、纵断面大部分也受到地形的限制。

2. 在复杂地形下的视觉联系形式与视觉空间

在复杂地形城市中，因为地形有高低起伏，能大大改变城市面貌及其外部自然环境的景观条件。在起伏地形条件下，可见范围明显增大与道路相互配合的建筑艺术的构图不再受到视野限制。在复杂地形下人们对城市面貌的观瞻与平坦地形相比，具有大量不同形式的视觉联系。按（苏）Д·布阿特罗的分类，各点之间的视觉联系分为制高的、延展的、连续的与间断的，以及深度无限的与受地形某些限制的（图 2）。每种视觉联系图像确定的形式决定了该图像的特点。视感的基本要素是观察点与观察对象之间的单位视觉(视线),由单位视觉联系导出的复杂地形条件下的标准联系有下列几种形式(图 3)。

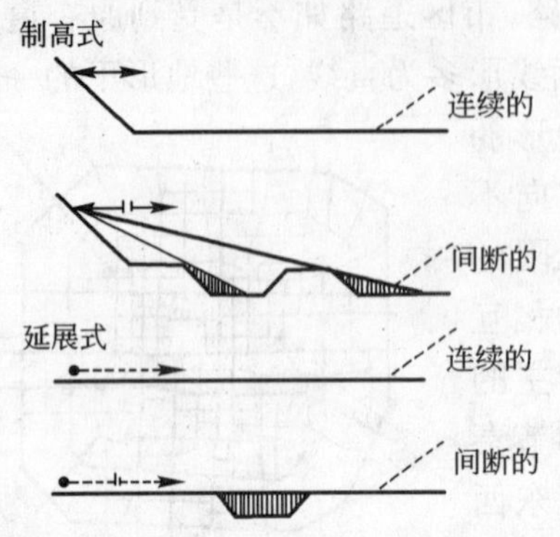

图 2 复杂地形下按视觉联系特点的分类

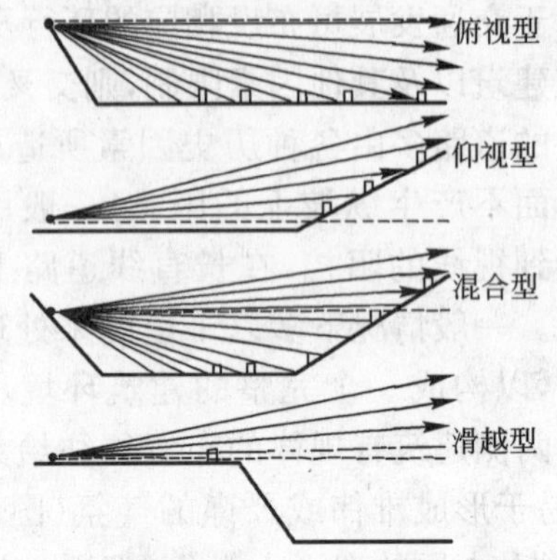

图 3 复杂地形条件下的视觉的标准联系形式

(1)从高位点视低处(俯视型或鸟瞰型);

(2)从低洼地区视地形高处(仰视型);

(3)从一些高地视另一些低洼地面(混合型);

(4)顺高原型地面平视(滑越型)。

从上述形式中可以看出,不同视点所形成的视觉图像的特点中,地形可以成为观察对象的基本要素和组成部分,可以从城市感受开阔市外空间的自然风光、城市建筑的天然背景、城市建筑物和城市总轮廓的多景象、多层次的全景等等。在研究地形对形成城市建筑物和外部自然环境的视觉联系与构成各种不同景观的影响规律之后,可以将城市用地有相对的共同视觉环境条件的地区划分为独具特色的视觉空间。视觉空间按其形态(封闭程度)分类:全向型、多向型、双向型、单向型与内向型几种。其中内向封闭型视觉空间能赋予各点以良好的视觉联系(图 4)。

从上述地形与视觉关系的分,可以使我们进一步了解这些复杂地形下用路者视觉上的特点。平原区视线限制在道路空间之内,而复杂地形用路者的视线却能与道路空间之外的城市景观或自然景观相联系,从而更加丰富了道路环境,进一步加强了道路对观察城市的作用。

3.复杂地形下的路线布置与景观问题

复杂地形下的道路网要与地形密切配合,在满足交通功能要求的同时希望道路上能有良好的视觉环境。复杂地形下道路系统布设比较自由,主要道路可沿平缓坡地、谷地位置,次要道路可布置在坡度较大的地段上。山地、丘陵道路网的布置一般可采用枝状尽端式、之字式或环形螺旋式系统(见图 5)。在这些道路系统中一般线形比较弯曲,且纵坡较大对行人不便。因此复杂地形条件下的步行道路系统的规划十分重要,并且这两个系统对城市面貌的形成具有特殊作用。必须使城市景观设计

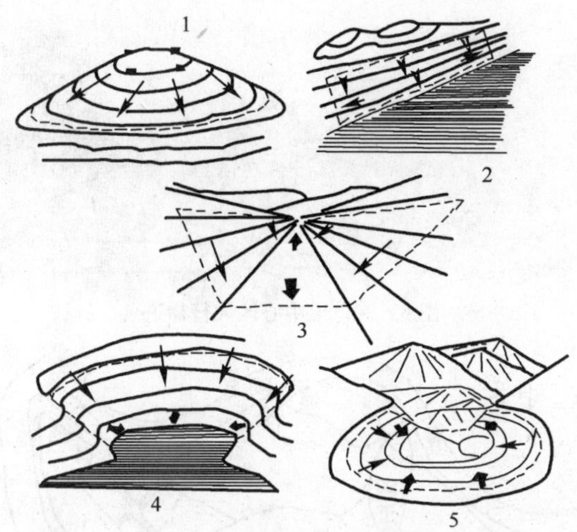

图4 视觉空间的基本类型

1-全面型(环景);2-多向型(全景);3-双向型(通廊);4-单向型(半圆剧场);5-内向型(杂技场)

与道路网规划密切结合,这样才有可能取得好的效果。如渡口市炳草岗干道系统是枝状,但不是尽端式,在平行道路之间用纵坡较大的道路回转衔接,而人行则辅助以梯道。(见图6)山城重庆则有不完全环行的干道系统辅助一些之字形道路构成路网,以解决平面各位置的交通,并有人行梯道、缆车等来克服高差较大的人行交通问题。(见图7)这些路网配合地形比较自由,不问仰视、俯视都有可能看到多层次多景象的城市景色。

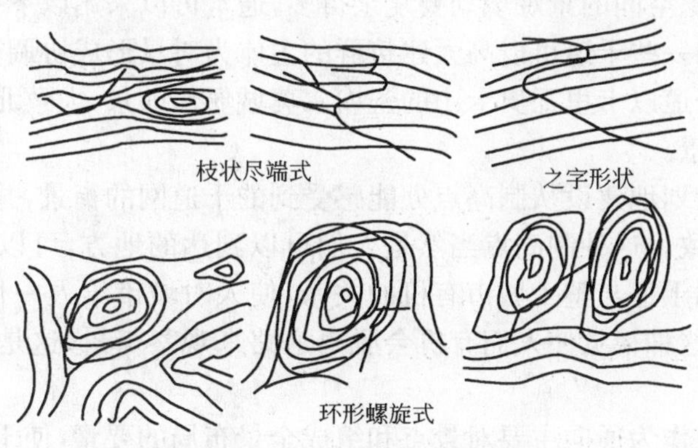

图5 复杂地形下的道路系统布置形式

丘陵和山地城市由于地形高差大,人们可以在街道空间或高处欣赏城市的面貌和市郊的风光。这样在路线布设上要求尽量布置单侧修建建筑的街道,此外还可以沿斜坡、坡边、坡脊等处设置步行和车行道以开阔视野观赏景物与风光。在这种条件下,地形的分割与变化是形成道路上不同景色的先决条件,这些景色按一定顺序相互交替出现,从而带来了生动的丰富多彩的景观。在复杂条件下建筑群应考虑采用全

图6 渡口市中心区人行梯道

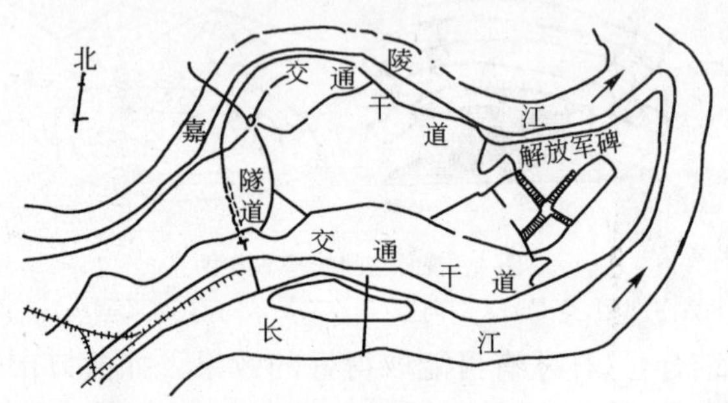

图7 山城重庆市的干道系统

景规划手法，这样采用直线干道的规划手法就有所下降，一般在平原区用干道网来形成统一的城市结构，这方面的重要作用则有所下降。因此，在复杂地形条件下希望干道网的处理与城市建筑群的整个空间景观布局的处理能有机的协调起来，这种要求比用一条干道组织空间的景观规划要复杂得多，通常可以采用以下手法。

(1)在城市中一些干道可以高大建筑群的主体为对景形成协调街景，如那不勒斯市东北，西南间干道以卡里瓦奥卡山的圣埃尔莫城堡作前景，大致北向的道路则以卡波季蒙泰宫作对景。

(2)可以有计划地建设从制高点处能感受到的干道网的街景，并使其与整个空间布局能够协调一致。这种制高点当然是人们可以到达的地方，可以通过它对干道进行俯视，并能看到干道与整个城市有机的关系，使人对城市给人一目了然，并得到对街景美的感受。这种视觉使人们有机会脱离道路来观察街景，这是路外人对街道的一种宏观印象。

(3)利用于道作为通向主要对景点和组成全景布局的要素，使干道成为全景布局的组成部分。

在复杂地形条件下，交通路线上可能有各种工程构造物，如有桥梁，也可能有栈道和悬出路台，有的还可能有城市隧道。另外，除了有大致沿等高线走的干道以外，还有顺坡的升降工具，如缆车，这种交通方式和干道成为对比的景物，更加丰富了景色的内容。此外还有挡土墙、人行梯道、步行桥等构造物同样可以丰富艺术面貌。(见图8)

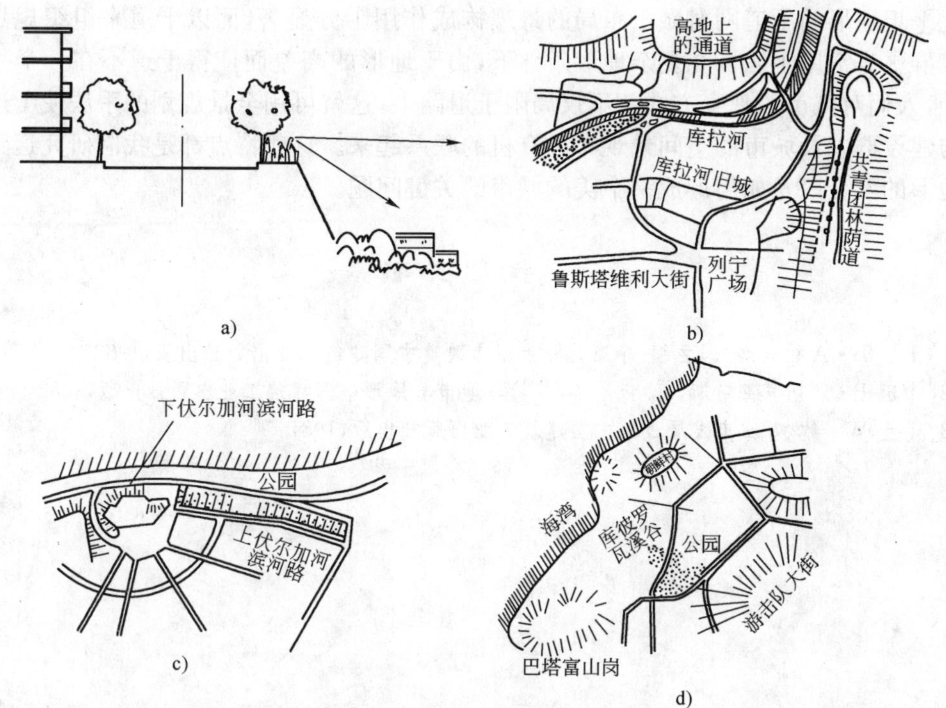

图 8　丘陵和山地的路线布置(一)

a)单侧布置建筑的道路断面;b),c),d)在交通线一侧布置建筑的实例(苏联),从这些道路上可以俯视城市低处与市郊景色

世界上很多城市都是在复杂地形情况下建成的,对路网与地形配合也有不少好的例子,如美国最大港口城市旧金山是一座在典型的丘陵地形上采用棋盘式路网的城市(当然主要干道系统为了交通便捷,它的走向则要根据交通的需要)。一些街道通向有主要建筑和风景广场的丘陵地带,市区的伦巴尔特大街为迂回形,被当地市民称为“世界最弯曲的街道”,城市中心区的棋盘式路网的朝向是对着建成区的中心图因一皮克丘陵,因此在路网布局与景观配合上取得很好的效果。另外,匈牙利的布拉格也是在丘陵河岸上发展的城市,其地形高差不超过 100 米,它的居民区在丘陵顶部,商业区在较低的平坦河边,多数街道有回头弯道,两条高差不同的相邻道路则利用人行梯道联系,在交通问题上它拟建隧道、高架干道等来解决城市交通问题,这些均能形成城市的特殊景色。

综上所述,城市道路网、干线道路配合地形是道路线形设计美学的重要内容。平坦地形条件下道路景观构成中的视觉因素是要考虑如何以交通干道来组织城市景色,这种条件下各景点、建筑物与道路之间是平面位置上的联系,用路者的视觉除去高层眺望以外主要是在道路上所能具有的各种视觉条件,它们的联系方式,观察位置——观察对象无不受到道路环境中的各种限制,而且是在平面的条件下研究的。因此平坦地形的干道网对城市布局的景观构成作用十分显著，而以干道来组织规划建筑群更是常用手法。在复杂地形条件下，由于地形的高差而使得干道不在一个平面上，人们对城市的观察方式就不仅局限于道路上，这就可用全景规划的手法使干道网与建设群以及城市的空间景观布局有机的联系起来。这些特点都是我们研究道路与地形的配合以及如何形成一个美的城市的关键问题。

参考文献

[1] [苏]B·A拉夫洛夫，主编.李康，译.大城市改建中国建筑工业出版社出版，1982
[2] [苏]B·P克罗基乌斯，著.钱治国，等，译.地市与地形中国建筑工业出版社出版，1982
[3] [英]W·鲍尔.城市发展过程中国建筑工业出版社出版，1981

注：本文发表于《陕西建筑》1989年第3期，收入《城市道路美学》专著。

论道路与建筑环境

摘　要:研究建筑与道路协调应首先研究不同交通条件下用路者的视觉特性、居住道路、商业区道路,属生活性的,以低速交通为主,但也有的道路交通性、生活性兼有,而城市干道、快速路车速增大,道路尺度加大,从而带来建筑与道路之间产生新的比例关系,不同道路性质建筑应有不同特征,使不同用路者都获得街景的良好印象。

道路空间的边界在城市中主要部分是建筑。日本著名建筑家卢原义信在《街道构成》中讲:"街道,按意大利人的构思两旁必须排满建筑形成封闭空间,就像一口牙齿一样由于连续性和韵律而形成美丽的街道"。B·鲁道夫斯基所著的《人的街道》中讲:"街道正是由于沿着它有建筑物才成其街道,摩天大楼加空地不可能是城市"。从这些论述中,我们可以清楚的看到,建筑学家对建筑与街道关系重要性的认识。作为街景,我们可以看成路和建筑和其他元素组成的街道景观。

现代城市中,街道上建筑艺术的视觉效果与道路的交通性质、交通组织和交通管理有密切关系。多数道路由于有交通管理,而使观察者受到观察速度与位置方面的限制。因此,研究建筑与道路协调就不能不考虑上述因素。

一、道路交通特性与道路和建筑的尺度

在研究建筑与道路环境协调问题时,不同交通条件下的视觉特性是我们分析问题的出发点。对不同街道的性质,有不同的视觉要求。建筑与道路协调问题也应有不同的着重点。交通干道、快速道路是交通性的,对车速有一定要求,要以机动交通的驾驶者及乘客的视觉特性为主。居住区道路、商业大街是属生活性的,以低速交通方式为主,则主要考虑步行者的视觉特性。当然有的道路生活性与交通性两者兼而有之。一般讲,在汽车交通条件下由于用路者在道路上的运动速度提高,而带来一系列的变化。在车速较高的情况下,观察者观察方式的变化以及由于车速增大产生道路尺度的变化,进而带来建筑与道路之间产生新的比例关系。

人们生活中都有这样的经验;当列车以 100～120km/h 的速度在田野上奔驰时,在路基边缘的树木都是一晃而过,影像连续而且不清。当列车快速通过小站站台时,

由于高速通过，站台上的站牌往往也辨认不清，列车通过后也就失去了辨认的机会。而离路基较远的景物在旅行过程中往往可以注视，并能从几个方向观察它的面貌。著者认为路侧景物，若回转角大于 72°/s 则物体模糊不清。当两侧景物向后移动时，以此来推算辨认路边景物所需的最小距离(图 1)，其计算值 $D_{\min}$ 如表 1 所示。一般电影、电视的始像时间为 5s，即开始注视到看清楚必须有一定时间。如需要 5s 注视时间来辨认景物，以获得清晰印象，则在一定车速下所需要的辨认距离 D 值如表 2 所示。从一些资料所列的实验证明，车速 64km/h 能看清车厢两侧 24m 之外物体，车速在 90km/h 能看清车厢两侧之外 33m 的物体，因此与著者的推算结果是一致的。

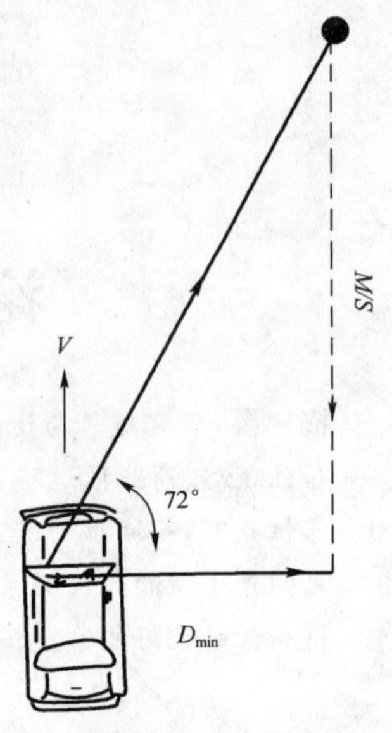

图 1 不同运动速度下辨认路边景物的横向最小距离图示

$$\lg\alpha = \frac{y}{D} = \frac{V \cdot t}{D}$$

$$D = \frac{V \cdot t}{\lg\alpha} = \frac{V}{3.0777} \quad t = 1\text{秒}$$

不同车速下辨认路边景物的最小距离 表 1

车　速	km/h	20	40	60	80	100	120
	m/s	5.56	11.11	16.67	22.22	27.78	33.33
最小距离($D_{\min}$)	m	1.80	3.61	5.42	7.22	9.03	10.83

5s 注视时间获得景物印象的车速与距离关系 表 2

车速(km/h)	20	40	60	80	100	120
距离(m)	9.03	18.05	27.08	30.10	45.3	54.15

现在用表中数值来检查北京前三门大街和月坛大街路侧建筑物与道路视觉要求，是否符合图 1 所示的要求。前三门大街作为城市交通干道[图 2a)]，计算车速应为 60km/h，则最小辨认景物的横向最小距离为 5.09m，5s 清晰的辨认距离为 25.45m，而且前机动车外侧车道内车辆距建筑物距离均为 35m，因此驾驶员或乘客可以看清两侧高层建筑的细部。月坛大街作为交通干道[图 2b)]车速 40～60km/h，则分别要求 25.45m 或 16.95m，目前为 18m。南京中山路红线沿一侧车道中心线为 16m[图 2c)]，在这种情况下如车速为 40km/h 以下，则可满足上述要求。从上述分析看，机动车辆速度提高，道路用地宽度需要增大，以保证机动车道和路边建筑有足够的距离。如果这种距离不够对用路者来讲，就很难对环境有美的感受，这样，其感受就好象火车通过深路堑或隧道两侧一样。目前自行车比较高的车速在 20km/h 左

右，而一般车速在 12～15km/h，在建筑距自行车道两侧 3～4m，即一般人行道有三个步道就可满足其 D 值要求。而一般步行速度只有 5～6km/h，因此没有特殊要求。在（苏）《公路美学》一书中介绍了车速与司机前方能清晰辨认的距离的关系，从中可以看出车速提高，视野变小，注意力集中点加大，司机清楚辨认距离也加大。注意力集中点：当车速 60km/h 的时候大约为 180m；80km/h 时约为 300m；100km/h 约为 420m。

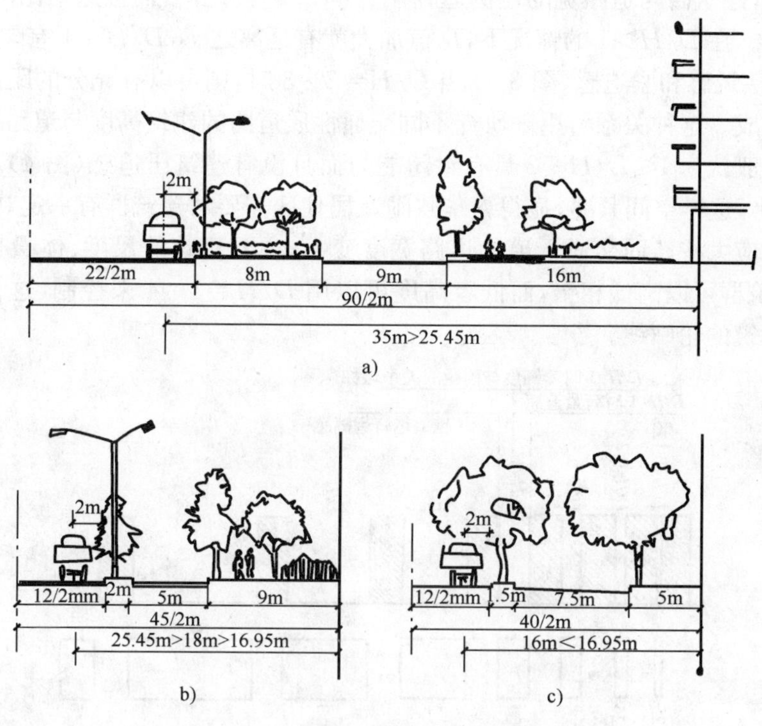

图 2　几条道路的 D 值检查示意图

a）前三门大街；b）月坛大街；c）南京中山路

以上论述的，是在汽车交通条件下道路与建筑景观构成关系中的动视觉特性问题。因此在交通干道、快速路两侧建筑应考虑高速行驶要求，道路尺度变大、建筑尺度、体量也相应加大。而且建筑不能连续密排应有高低变化、虚实结合以形成韵律与节奏感。目前很多街道仍应以步行者的视觉为主。以往传统的对街景的论述，多谈的是低速交通情况下或步行用路者的感受，而目前行人由于交通管制的限制，只能在两侧人行道上行走，视点位置受到限制。上海商业大街南京路、淮海路，北京的王府井大街、前门大街都是如此。以步行或低速交通工具用路者的视觉特点为主的街道，要求街道空间形成封闭，一条大街要求两侧面封闭，使其成为一条空间“河道”，这样才能抓住人的注意力。当视觉为 45°时，注意力比较集中，视线距离与建筑高度为

1∶1,这时观察者容易注意到建筑的细部,这是全封闭的界限。当视觉为30°时,是封闭的界限,这种情况下观察者可以看到建筑立面的细部,也可以看到建筑的细部,此时建筑高度与视线距离比为1∶2。当视角为18°时为部分封闭,这是视觉开始涣散的界限,这种距离会使观察者去注意建筑与周围物体的关系。当视角为14°时,建筑高度与视线距离比为1∶3,此时空间不封闭,观察者倾向于将建筑看成突出于整个背景中的轮廓线。从以上分析可以看出,以步行用路者为主的街道,从视线集中的要求来讲,建筑高与道路宽的比例适宜在1∶1～1∶3之间,而且这个比例越小,空间就越紧凑。在 $D/H>1$ 的情况下,D 值加大就有远离之感,$D/H=1$ 有匀称感,$D/H<1$ 时有接近感和紧迫感(图3)。当 $D/H=2\sim3$ 时,则可以有充分的距离观赏建筑的空间构成。这种关系可用来研究不同交通性质道路的建筑高度与道路宽度的比例关系。一般认为 $1\leqslant D/H\leqslant2$ 具有封闭能力而且没有建筑压迫感(图4)。但商业街 D/H 宜小,这样空间紧凑,显得繁华热闹。居住区需要对建筑群有一定观赏机会,这种比例就应大些。而交通干道的道路宽度变大,主要建筑的尺度、体量也应相应加大,但建筑群可以高低相错,而低者高度可以用 $D/H=1∶4$ 来控制,这样可以从天际看清建筑的轮廓线。

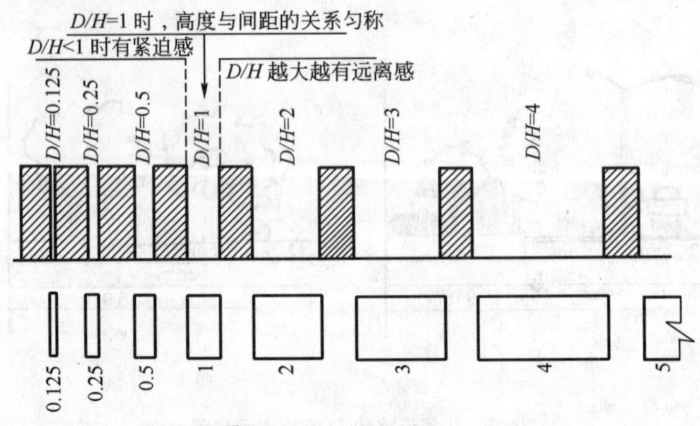

图3 道路与建筑的 D/H 的关系

道路与建筑的高宽比例关系,还应考虑日照与通风等要求,这里不再赘述。

二、建筑与道路线形

路线有平面线形与纵断面线形要素,它们能组合成三维空间的立体线形,对立体视觉线形问题在线形美学中已进行了讨论。从线形与街道景观组成的关系看线形可分为:简单直线形、直线与平面曲线组成的三维线形、直线(坡线)与竖曲线组成的二维线形、具有平纵配合的三维立体线形四类。在这四种线形上驾车或步行时,用路者对环境的印象是不同的,很显然以相同的建筑群在这些不同线形上布置,其艺术效果是不同的,而相同的线形布置不同的建筑就会使它们各自产生特征(图5)。因此,对

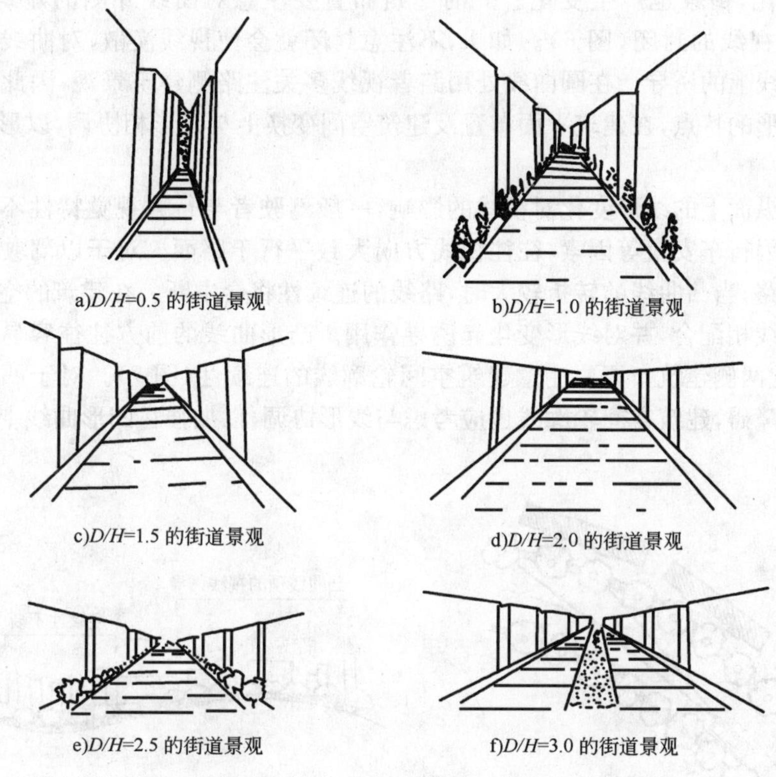

a)D/H=0.5 的街道景观　b)D/H=1.0 的街道景观

c)D/H=1.5 的街道景观　d)D/H=2.0 的街道景观

e)D/H=2.5 的街道景观　f)D/H=3.0 的街道景观

图 4　相同建筑形式而 D/H 不同的街道给用路者的印象

建筑群的平面布置以及空间的组合要考虑上述各种因素。一般情况下，直线形道路的两侧建筑可以有规律的布置，从而容易形成一种雄伟、严谨的气氛，这是因为线形前方视线不受限制，视线也比较开阔。由于直线道路线形比较单调，建筑群的变化将有助于形成运动过程的韵律与节奏感。带有平面曲线的道路在曲线变化处，由于视

a)　b)

图 5　相同的线形分别布置不同建筑的视觉效果

线位置变化，街景也产生变化。此时建筑布置要注意对曲线外侧的建筑处理，首先要注意视线的封闭(图 6)。如果，不注意封闭就会使视线涣散，对曲线运动方向也缺乏视线上的诱导。在圆曲线处用路者视线多关注路侧建筑景观，因此要充分利用曲线线形的特点，在建筑平面布置及建筑空间变换上与线形相协调，以形成优美的街景。

对于纵面上的线形变化对视线的影响，一般驾驶者与行人视觉特性不同。驾驶者的视线因行车安全等因素，往往视线方向大致平行于路面。对于以驾驶者视觉为主导的道路，当凸曲线的转折较大时，路线的连续性将会中断。在建筑的空间变换上要与凸曲线相配合，并对线形变化起诱导作用。凸形曲线的前方往往容易造成前景消失，因此两侧建筑布置要注意建筑空间轮廓线的连续性(图 7)。对于凹曲线底部视线没有障碍，建筑空间轮廓线也应考虑与线形协调，以加强在凹形曲线上行驶的运动感。

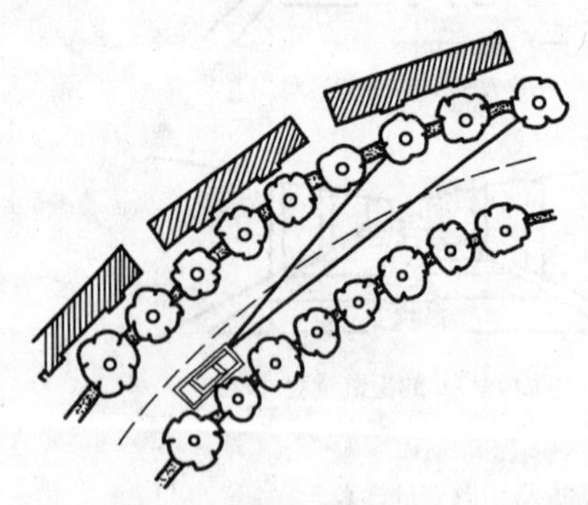
图 6　曲线外侧视线要封闭不使视线涣散

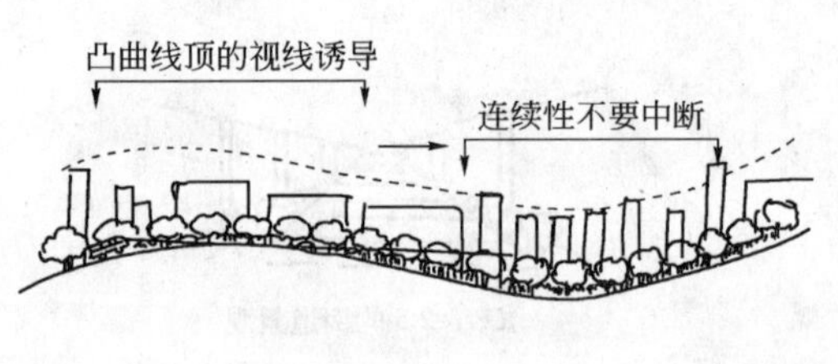

图 7　凸形曲线要注意视线诱导不使连续性中断

具有三维空间立体线形的道路往往是由于地形的原因所形成，强调建筑与复杂线形的配合，以显示道路流畅的空间线形。除考虑线形的因素外，还需考虑面上的视觉因素，即用路者从道路上可以眺望城市面貌。

建筑沿城市道路的布置方式主要有两种。一种为间隔布置，沿街建筑彼此之间有一定的间距。这种布置适应性很大，各种线形及地形情况均可以用沿线布置的方法。这种布置建筑不是连成一片，沿道路两侧有虚有实，有助于加强在道路上活动的运动感与节奏感。建筑空间的组合上彼此要协调，相互呼应，注意完整性，不能互争突出，这样就能获得丰富多变的效果(图 8)。另一种布置方法为连续周边布置(图 9)。这种布置方法是沿街道建筑红线不间断地布置建筑，这种布置方式往往在道路交叉口间距比较小的情况下采用，如哈尔滨市街道里的几个街坊就是典型的例子。这种布置方式街景比较单调，因此要十分注意建筑高度与道路宽度比例，沿街建筑空间要有一些标志性的建筑，以丰富建筑空间的变化。有些情况下，街道要考虑建筑的日照、地形、线形等因素，并注意上述因素的协调，如有的在曲线外侧一边布置建筑，要保证内侧的视线以形成优美的街景。山城或滨海、滨河也可以在道路一侧布置建筑。在曲线上的建筑布置可以比较自由,但要注意与地形和环境的协调(图 10)。

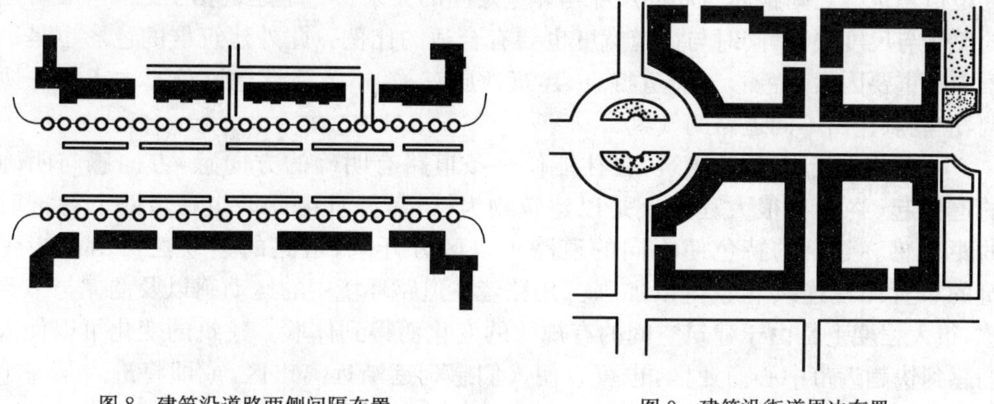

图 8　建筑沿道路两侧间隔布置　　　　图 9　建筑沿街道周边布置

三、建筑与道路的整体协调和美学要求

一条道路的艺术布置的好坏,建筑是否与道路协调是最主要的因素。前述的建筑与道路宽度协调,与线形协调,主要是从几何线形、尺度比例等因素来研究沿街建筑与道路的关系。一条好的街景的形成从建筑与道路协调来讲,首先要注意的是道路性质问题。对不同性质的道路,建筑应有不同的特征,再就是要注意不同地方的不同风格,这样才能避免建筑环境的雷同,并避免失去特色。一条街的建筑设计要从整体出发,要有足够的道路空间,使观察者有机会观赏到建筑的正面。对于驾驶者来讲,观察建筑正面机会较少,因此要重视其他立面的设计,以使用路者能获得街景的良好印象。一条街的建筑布置要注意它的进退,高低的起落,建筑空间的变化,同时建筑轮廓线的变化也要有规律,不能杂乱无章。轮廓线可以蓝天或蓝色林木为背景,使其有和谐明朗的形象。

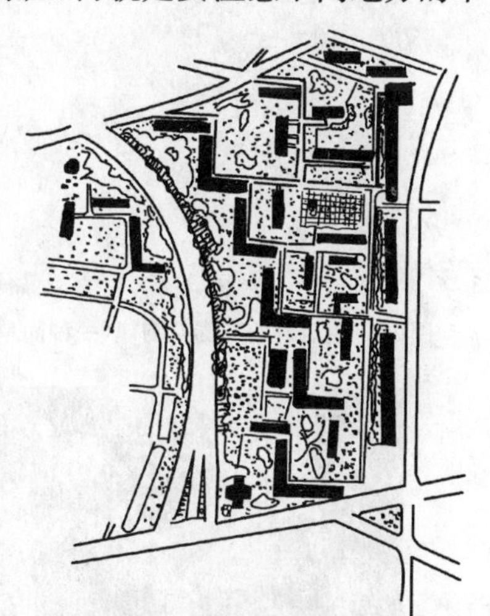

图 10　曲线上建筑布置的一个例子
(例中的曲线外侧布置比较生动,使用路者前进时能对建筑有比较深的感受,但路线的线形诱导需要通过绿化来加强)

建筑群的空间构图,一般利用对比、韵律和节奏、比例和尺度、色彩变化等手法。所谓对比就是采用大与小的对比,复杂与简单、高与低、长与短、横与竖、虚与实、色彩的冷暖、明暗等手段,以使主体建筑或建筑群空间富于变化,从而打破单调、沉闷、呆板之感。同一形体有规律的重复和交替使用所产生的空间效果,就是节奏与韵律(图 11),对于

沿街、滨河道路的建筑群及交通干线两侧建筑的空间组合都可以运用，这样可以丰富沿街风貌并给用路者以美感。但是简单的重复容易呆板单调，不宜多用。比例与尺度是指建筑群之间整体与局部尺寸与体量之间的关系。一组建筑相互之间应有合适的比例与尺度关系，同时与街道宽度也要有合适的比例。此外建筑群的色彩也是街景中的重要因素。色彩与街道特点、建筑性质有关，一条街道建筑色彩力求统一协调，应能烘托出不同道路的气氛。

一条道路上的有名建筑，往往能使一条道路有明确的方向感，方向感与明确的道路起、终点在很大程度上是以建筑物为标志，并且由此产生在道路上行进时的距离感。建筑的特色使不同的道路可以区分开来，道路的连续性可由沿街建筑的布置而使连续意象得以加强。用路者在道路环境中的运动感以及韵律与节奏感，很大程度上是由于建筑空间的有规律的变化而得到体验。建筑的变化可以使人们感到快趋近市中心商业区，也可以使人们感到逐渐远离市区，或即将进入某一个区域。

传统的具有地方特色的街道也是一个城市文化历史的遗产，这种街道的美学价值很大程度取决于它富有地方特色和丰富多变的建筑群(图 12)。

现代的城市快速路，高架路是现代城市特色，而与之相配合的高层建筑则是现代城市的大型环境设计的重要部分(图 13)。

图 11　建筑群的节奏与韵律(一种简单的重复)

图 12　南京具有民国特色的文化街区

图 13　具有高层建筑的现代交通干道

建筑与道路协调是道路环境中的主要课题，应运用行人与乘行各种交通工具人们的视觉特性，并根据道路性质，地方特点等去探索它们协调的规律，以取得建筑与道路整体协调的美学效果。

参考文献

[1] [日]芦原义信.尹培桐，译.街道美学刊

[2] [美]开文·林奇.宋伯钦，译.都市意象.台隆书店.1981

[3] [美]托伯特·哈姆林.邹德浓，译.建筑形式美的原则.北京：中国建筑工业出版社，1982

注：刊于《陕西建筑》收入《城市道路美学》专著

城市快速路与环境规划

摘　要：城市快速路对城市社会与心理上的分割远远超过以往的城市内铁路。所以城市快速路不仅是几何设计与构造物结构设计对象，也是景观设计对象。要合理选择路线位置，注意与区域特点、环境特点相结合。由于行车速度高，环境中景观元素的体量、尺度应该加大，并在环境中增加一些具有特征性的建筑与具有吸引力的景观。以丰富城市面貌，创造具有现代特征的城市景色。

城市区域的不断扩大，生产发展，出行增加，车辆增加，交通拥塞，事故增多，车速下降。为了解决上述问题，提高行车速度和道路通行能力，在一些大城市内修建一些快速道路。在我国北京二环路或天津中环路等被理解为我国的城市快速路，但这些道路平交较多，同时没有实行封闭，对进出限制不严，如果作为快速路还是很不完善的。

城市快速路，它和高速公路是有区别的，公路在郊外，条件没有城市限制严格，所以在技术标准上不同。如公路技术标准中高速公路的平原区计算车速为120km/h，而拟定的新的城市道路技术标准（草案）中城市快速路的计算车速为80km/h，其他技术指标也比高速公路低。城市快速路往往有高架形式，特别是它的交通管制方式往往使城市环境受到很大影响。以前认为铁路穿越城市造成城市结构的破坏，而现实证明一些城市快速路造成的影响远比铁路更为严重，所以不少人认为城市快速路对城市环境的冲击是灾难性的，城市环境与城市快速路在理论上也是不相容的，但是城市快速路以独到的功能上的优势在城市中存在并继续发展。

一、城市快速路的形式及特点

城市快速路是在城市条件下修建的供汽车快速安全行驶并有较高通行能力的道路，一般都有6～8车道。修建时一般和原有路网分离开来，作为一个更高的层次，在空间处理上有三种方式，即在现有道路之上，或在现有道路之下，或在现有道路平面上。地面快速路一般造价便宜而且比较经济，如日本首都高速路有三分之一左右是在地面上通过（见图1）。由于快速路限制出入，要封闭两旁部分街口，给通过地区居民和用路者带来很多不便，同时切断了相邻的地区，所以需要修建一些人行天桥或地下人行过道，将被快速路切断的地区重新连接起来。另一种形式是用路堤抬高或高架通过，就是高架快速路(见图 2)。一般采用路堤形式只能是局部的，从景观上来看会造成视线障碍，景观效果不好。高架快速路造价远比地面高得多，连续的很宽的高架路就很难与两旁城市景色相协调，因而造成景观上的问题(见图 3)。高架桥下的空间虽然可以利用，但都不是很理想，在高架路周围噪声与空气污染等方面的公害也很严重，同时高架路与两侧需要连接的地面街道(是高架路进出口)的上下坡道连接问题也不容易处理得好。高架路下面行人与车辆虽然能够通过与地面形式起的分隔作用不同，但实际上仍对社会起了分割作用，这种分隔主要是心理上的。还有一种形式是路堑式快速路(Swken Expressway)，它的通过方式是在地面之下采用路槽形式，这种形式对城市地面上的景观影响较小，而造成的地面分割也可用人行桥或与原地面标高一致的跨线桥梁通过(见图 4)。路堑式的快速路这种形式景观上虽好，也可降低噪声影响，但在建成区对改造原有路网时采用这种形式往往因地下设施管线拆迁费用及两侧护墙的建筑费用而使得其费用往往比高架更为昂贵，我国虽无修建路堑式快速路的经验，但一些城市在修建地下人行过街道时，一些管线所造成的影响也使后来工程望之生畏，因而不少过街问题采用人行天桥就是例证。

图 1　在地面上通过的快速路

图 2　高架通过的快速路

图 3　很宽的高架路很难与地面两侧景色协调

图 4　路堑式的快速路

不论什么形式的快速路都会给城市带来一些新的问题,包括社会上与景观方面的问题,然而快速路毕竟是为了适应城市交通现代化而生,它已成为一些现代大城市重要组成部分。并且现代化的城市快速路、高架路成为表现城市环境特征和反映城市交通现代化的标志。这种道路它给城市带来了新的尺度。在城市各种景观元素之间通过的这种快速路的带状空间,在形式上、视觉上均产生显著的线型特征,它和高架路一样在视觉上有着重要的意义。在快速路上迅速的交通活动将给城市带来全面的和过去完全不同的景象,因此要充分利用它的特点来丰富城市面貌。

二、城市快速路线形设计美学问题探讨

城市快速路不仅是城市道路几何设计对象,也是景观设计对象,因此线形自身协调,线形与环境的协调是美学要求的出发点。

1. 关于快速路的路线合理位置选择以及与区域特点配合问题

快速路线形设计除满足交通量的需求以外,计算车速是线形设计的主要依据。美国一般是 50 英里/小时,交通量超过 2 000 辆/日;日本则分 80km/h 与 60km/h 两种,并且全部限制出入,同时美国城市高速路需要量按每 10 000 人一英里或10 000辆登记小车 3 英里来规划计算,上述因素决定了高速路的线形特点与城市中的分布。

一般快速路选线时其平面位置应选在需要改建的地区或建筑物质量较差的地区,这样改建时就容易使所设计的建筑物与环境能和快速道路相协调,如勉强在建成区通过是很难保证快速路与周围有机的配合到一起。在改建区安排快速路则可以根据社会、景观等方面要求全面重新安排。如英国利物浦内环路修建时就尽量把路线安排改建区,并对两侧纵深全面改建、使内环快速路与周围建筑尽可能成为一个整体。东京快速路有些地方利用城市河道在水上高架,使水道空间得到充分利用,而且与环境配合得很好。北京二环路也充分利用原城墙与护城河的环形带状空间而减少在城市中修建快速路的拆迁,而且二环附近多系待改建区域,因此配合二环路修建的各种新建筑群给北京带来了新的景象,从而成为现代北京的主要特征。

快速路也有利用街道位置修建的做法,不少是采用在原有道路上修高架路的方式,这样可以保持大部分地区街道与建筑现状。采用这种方式的前提是最大限度的保留周围的环境。而只对少量地方进行改造。广州人民路在原道路上修建高架路,上海修建高架路的想法也都属于这种利用方式。快速路不应建在原来建筑风格好的地区,路线有必要的话应该绕越。

城市快速路在大城市中主要不是解决区域内部交通问题,而是提供区域之间或是城市与外部的便捷交通联系方式,因此高速路的路网与城市其他层次的道路系统应能很好配合,才能发挥它的作用。

2. 快速路的线形设计特点

目前城市快速路根据各国规定的技术指标计算车速多在 60km/h 以上,因此路线设计不同于一般城市街道,它是视觉线形设计对象。除考虑路线的经济性以及与地形和地区的特点配合以外,线形要优美平顺,以保证汽车快速行驶,并有足够的安全性和舒适性,线形要充分考虑到视觉与心理上的因素,因此要求线形是连续的,并且要能诱导视线。平面与纵面要有良好的配合,以使其具有良好的立体线形。对于立体线形的设计与视觉分析在公路线形设计中多有论述,此处不再赘述。

3. 快速路与环境的配合

快速路,特别是高架快速路对城市环境冲击是严重的,一些多车道的快速路从城市中穿过,往往将城市一分为二。巴黎塞纳河的滨河路的一段过去是宁静的步行带,而现在成了车流繁忙的快速路,环境破坏贻尽。快速路给城市造成的社会问题往往比景观问题更为严重,由于快速路的通过,往往造成一个城市完整的区域被分离得支离破碎,如处理不好,产生的问题比解决的问题可能更多。因此快速路与环境配合问题既有景观方面问题也有社会方面问题。

快速路修建时不论采用高架式、路堑式,或者是地面通过等形式,都应努力克服对城市景观造成的影响,力求快速路与环境能够协调,同时快速路的建设要与快速路周围建设作为一个整体来考虑。如距伦敦 12 英里靠 M4 快速路的 Heston Grange 却在快速路附近创造出可居住的环境,该地住房单朝向、背向快速路,减少车辆的影响。东京有一条快速路,将商店、办公楼等与快速路结合成一体,组成协调的街景,使高速路与两侧建筑群融为一体。

对于快速路与环境的协调问题,主要核心是快速路具有很大的断面宽度,同时具有高的行车速度。因此景观空间的构成则以汽车速度为标准,这意味着建筑尺度与体量也随着车速的增高而加大。环境设计就需要用大尺度来考虑时间与空间的变化,有必要在环境中增强具有特征的建筑和有特殊吸引力的景观,这样才能使用路者在行驶过程中对环境有较强的印象。从路外人的宏观印象角度看,高速路周围的建筑尺度与体量的增加也能获得路与环境协调的感受。一些传统的街道空间的构成的手法,如两边密排的建筑形成封闭的街道空间等,均不适用于快速道路的环境构成。

城市快速路带来景观与环境问题是新的问题,它要求我们根据上述特点去创造一种新的、具有时代特色和风格的新的城市景色。

4. 快速路的环境保护

快速路的环境中除视觉环境外,影响大的就是汽车噪声与废气的污染。对于废气污染的主要对策除对汽车本身排放量经常加以检查限制外,从工程上没有更多的办法。快速路的环境保护措施主要指的是工程上所采取的防噪声的措施。

道路上的噪声来源主要是马达声,微弱的排放声,以及轮胎与路面行驶过程中的摩擦声。路堑式的快速路具有一定减低噪声的能力。高架式快速路除车道两侧用封闭式的墙加以保护外,采用一些箱形混凝土结构,对隔音也有一定作用。在地面上通过的快速路则可用防噪声墙来减少噪声对周围的影响。如果有条件种植一些绿化植物对防噪声也有良好作用。

快速路的视觉环境保护问题也是很重要的。一般认为快速路上的广告是视觉公害,各国对高速路旁设置广告问题多有各种限制,并强调监督管理,一些大的宣传牌或广告容易分散驾驶人员注意力,引起行车事故,纽约州过境道路管理局 1963 年在调查中发现,广告中 1/3 的广告牌成为引起驾驶事故的原因。但广告可以为人们提供一些必要信息,因此有的设置集中广告牌,这种广告不是宣传性的,而是服务性的,但必须加以监督与管理。

参考文献

[1] 熊广忠.城市道路美学研究与应用.西安公路学院学报,1984,4

[2] [日]加藤·晃,竹内传史.城市交通与城市规划江西省城市规划研究所

[3] [美]开文·林奇.宋伯钦,译.都市意象.台隆书店,1981

[4] 首都高速道路公团のしおり1985

[5] 阪神高速道路公团.景觀配慮した都市高速道路设计の手引

注:本文系 1989 年北京国际交通运输学会学术论文,发表于公安部“交通科研所交通工程理论与实践论文集”。

城市桥梁美学研究

摘　要：城市桥梁反映了时代工程技术与建筑艺术的成就，也反映了城市的风貌。现代交通发展，城市快速路、立交与高架路的出现，都为城市桥梁建设带来新的理念。本文对桥梁造型、桥梁与环境协调，以及城市高架路、立交桥的景观设计方法，以及景观评价等做了初步的探讨。

跨越城市水道的桥梁是道路环境的组成部分。为适应现代交通还出现了高架路与立交桥。自古以来，人们都十分重视桥梁的功能与它的建筑艺术，历史上许多桥梁都反映了当时工程技术与建筑艺术的成就。不少城市桥梁也反映了城市风貌，甚至成为一个城市的标志。对于桥梁美学的研究中不少侧重于桥梁造形，也就是把它做为工艺品来研究。通常对桥梁的印象是在沿道路的活动中所获得，在现代的交通情况下，应该充分考虑用路者在各种不同交通条件下的视觉特性，并根据建筑形式美的一般法则和桥梁建筑的功能等，探讨城市桥梁造型的美学原则和桥梁与现代城市环境协调等方面问题，使城市桥梁能更加具有时代特色。

一、桥梁与道路环境

1. 概述

桥梁是道路环境的有机整体，桥梁平面、纵断面线形是路线线形的一部分。桥梁往往是道路环境中甚至自然环境中最吸引人的景观。如美国旧金山的金门桥（图 1），我国南京的长江大桥等。这些桥梁都反映了一个时期人们在工程上，建筑艺术上的成就，所以大型桥梁工程长期以来为人们所关注。当人们驱车从桥梁上跨越江河、山谷、海湾的壮观景象，使人们久久难以忘怀。在汽车交通条件下，由于行车速度较快，桥梁在用路者面的迅速地出现，并在桥梁上快速地通过，这种出现与通过时间是暂短的，用路者此时对桥梁美的体验和感受肯定有别于传统的审美观，这是机动交通条件下的视觉特性，应考虑这种特性与用路者对桥梁审美新的感受与要求。由于新材料的出现，工程技术的进步，快速交通的要求。轻盈的结构，简洁的线条，明快的色彩，这些都反映了时代的特点与桥梁建筑艺术的风格（图 2）。

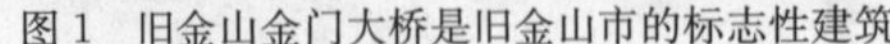

图1 旧金山金门大桥是旧金山市的标志性建筑

图2 采用新技术、新材料而具有时代特色的桥梁

对桥梁的观赏主要是用路者的印象，但是，多数桥梁（尤其是城市的）不能形成特殊的印象，对周围环境也不起支配作用。一些大型桥梁由于它的体量、宏伟的规模等而成为环境中景观的主导因素，并对周围的环境起到支配作用。但不论什么情况，桥梁与道路、桥梁与周围环境应该是相互协调的。即使桥梁是构成景观的主要因素，也要和环境融为一体。一般公路桥梁是自然景色中的一种人造景观，犹如公园中的亭廊对环境起到点纵作用一样，使自然环境增添新的美色。城市桥梁是跨越城市各种大小不同的水道的人工构造物，它在城市各种复杂的人工建筑物的环境中难以象公路桥梁那样和城市各种建筑物有机的融为一体，同时，街道两侧视野受到建筑物限制，因此，用路者在跨越水道前一般缺乏桥梁与水道关系的整体印象，只有在滨河路上才能看到桥梁侧面；在沿水道两侧的高层建筑上才能看到桥梁侧面；在沿水道两侧的高层建筑上才能获得俯视的宏观印象。后两者的印象均有一定条件限制，有它的特殊性。因此研究桥梁与道路的关系，桥梁和环境的关系，对深入探讨城市桥梁的美学特点无疑是重要的。

2.桥梁与道路协调

路线遇到水道就需要用人工构造物来跨越，小的是涵洞，大的则是桥梁。涵洞是路基的组成部分。用路者对涵洞一般没有什么印象，甚至在车上旅行过程中毫无察觉。而一般桥梁，用路者可从桥的上部构造栏杆、灯柱或其他桥头装饰等，在道路上看到这种变化（图3）。如桥梁在竖曲线上，上下坡道上，平曲线上，或桥头有平曲线等。此时用路者则可能有较明显的感受，并产生鲜明的印象（图4）。

图3 用路者从桥梁上部构造上看到路与桥的关系

图4 桥头引道有曲线路段用路者可以观赏到桥梁全景

由大的江河分割的城市其跨河的桥位往往决定了路线的走向，而一般水道的桥位则牵就于城市的路网布局，由道路走向来决定桥位。跨河处由于桥面标高受到设计洪水位，桥下净空，桥梁上部构造的高度等制约，纵断面线形要产生变化，一些大桥或重要桥位则受河流的地质、水文等因素的影响要对跨河位置进行选择，此时道路与桥位的相接则使平面线形也产生变化。因为桥梁的纵面线形、平面线形以及桥头两端的平纵面线形均是道路整体线形的一部分，务必保持其整体线形的流畅。这种情况下，桥梁在景观中的重要性相当程度取决于它在平面线形中的位置。如桥头是曲线用路者则能看到桥的侧面。由于一般桥梁位置取决于道路的走向，如前所述只有大桥或重要桥梁的桥位对路线才起主导作用。

一般用路者从路侧看到桥梁时，能够看清桥梁的形状与桥梁与水道和周围环境的关系。不少讨论桥梁美学的论著，其重点多是从桥的侧面（主要是正侧面）的构图，来讨论桥梁作为一个纪念性建筑或景物来观赏的艺术效果，而不是多数用路者对桥的印象。从平面看观赏桥梁有下述几种典型位置（图 5）。其中正侧视线Ⅰ的印象，只有在水道中或离桥梁很远的路外人才能得到，而顺桥向在桥上车行道或人行道对桥梁的印象是多数用路者的印象，而图中Ⅳ的顺桥向情况和Ⅰ均是极端情况，而Ⅱ、Ⅲ是在大约 45°～60°的斜上方看到桥梁形状，通常可以作为比较合适的立地点，即路旁透视图的透视方向，因为这些方向与位置可供人们经常用来眺望桥梁，也是表现桥梁特点的极好地方（图 6）。

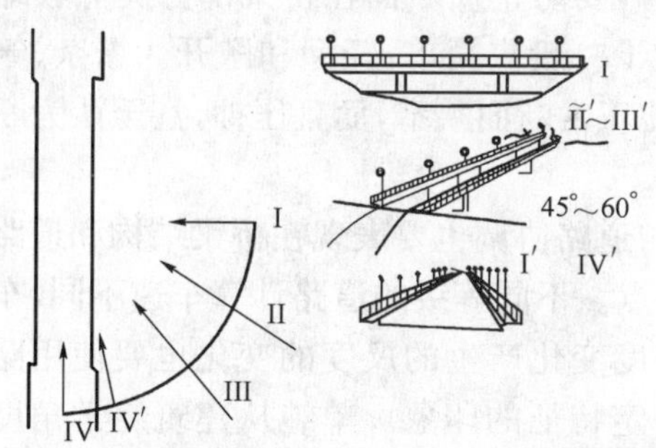

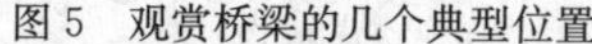
图 5　观赏桥梁的几个典型位置

图 6　在滨河路边对桥梁的眺望

在山谷中的桥梁或城市中的桥梁，路外人都有可能从高处俯瞰桥梁的全景，此时桥梁则成为环境中的重要景色。

一般大桥从地位上看它不属于道路，此时路则处于从属地位，而桥位控制着桥头路线的走向，一般希望未到达大桥前，桥梁都能展现在用路者眼前，这就需要能在视线比较开阔的曲线上驶向桥梁，这样就可以透视其侧面，也自然而然地享受到通过桥梁时的兴奋，看到壮观的景色和桥梁的结构美。南京长江大桥和武汉长江大桥在引桥上可以看到正桥的侧面，这种手法也是在城市应用的实例。

从以上分析可以看出,路线平面线形与桥梁协调,除桥梁平面线形是路线的有机部分以外,在桥头两侧引道能有适当的曲线配合则可收到好的效果。在高等级道路上(包括高架道路)弯桥或 S 形桥梁是不可避免的,而且弯桥和 S 形桥梁都能成为有很大吸引力的线形。桥面的纵断面线形应与引道两端协调以保持纵断面的平顺性,因此可能出现坡桥。特别是中小桥更应要求纵面与两端坡尽量一致,在桥上的纵断面不发生突变。过去有些桥梁上有较大驼峰,从侧面看也许是美的,对排水也是好的,但从行车方向看,线形连续性被中断,破坏了纵断面线形视觉上的连续性,中断了道路连续的意象。城市桥梁中,有些有通航要求,而两头引道又受到街道两旁建筑的限制,往往使跨河部分引道很陡,桥面出现驼峰,上海苏州河上有些桥梁就是这方面的例子。而大桥的正桥较长,同时有足够的引道长度,因此纵面线形容易平顺,同时平纵配合也比较容易。纵断面纵坡转折处应插入比较平缓的凸形竖曲线,并确保行车视距。

综上所述,从平纵面的配合对用路者来讲是希望桥梁与路线配合一致。中小桥梁要求桥上的线形变化不那么明显,在一般情况下要求整体线形完全一致。而大桥的两端路线设计是要作为桥梁整体设计的一部分来考虑,以寻求它们之间的优美配合形式,使用路者能获得桥梁在环境中的总体印象。同时应注意一些桥梁的结构也对线形有明显影响,例如有些桥梁结构不适合修成弯桥,有的上承式拱桥由于上部结构成弓形,如果和平曲线配合不好,则对景观产生明显的影响。

桥梁的横断面一般要求与道路横断面配合,要防止横断面在桥梁部分突然收缩而产生狭窄感,并且出现交通瓶颈。桥面的栏干一般应简单,轻型和敞开。繁杂、笨重和封闭的桥面栏杆就使得通过桥面时感到比正常断面狭窄,而且压抑,甚至认为断面产生变化。

桥梁是道路交通功能的有机部分。桥梁与道路协调也要表现在桥梁结构和道路功能的一致,在建筑尺度上也应力求体现这一点。不同等级的道路计算车速不同,车速的提高也意味着建筑尺度的扩大,所以因速度变化产生的尺度的变化也要使用路者通过构造物时得到体现,有可能时要增加一定特征的印象。单纯从建筑美学角度来分析桥梁的造型,而脱离道路功能,仅将桥梁作为一种观赏对象是不够的。事实上看到桥梁的人多数是用路者,而多数用路者在直线道路或城市街道上通过桥梁时很难体验到桥梁的美。因此从桥梁与道路协调角度来讲,如何重视现代交通条件下的视觉特性,使不同的用路者对通过的桥梁能有美的体验才是最重要的。脱离用路者要求,将桥梁单纯作为一般人们的观赏艺术品或纪念物,这种桥梁自身的美学价值将大大降低。

3. 桥梁与环境协调

桥梁是风景和城市景观的一部分,有些情况下桥梁可能成为支配环境的决定因素。如美国加利福尼亚州,在选择某高速公路“桑马特奥沟”一座高于河床 76m,桥长约 550m 的大桥时，因桥梁巨大，建成后将会支配周围风景，人们最初考虑的是修拱桥，拱桥跨越深谷时，桥型是美的，因峡谷是 V 形最好修单跨有飞跃之势。但从制成的模型中看，单跨拱桥在峡谷地形中过于突出，同时在这简单的桥位上结构显得太复杂了。经过比选最后采用了桥型轻巧优美的五跨焊接等厚钢板梁桥，从而获得了和周围环境协调的效果(图 7)。

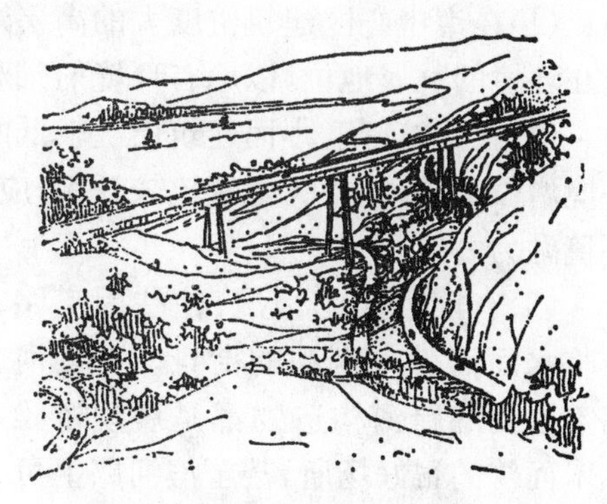

图 7　跨越桑马特奥沟的等厚钢板梁桥和周围环境(深谷等)十分协调

在大自然环境中的桥梁与城市内部的桥梁所在的环境不同，因此城市桥梁与环境的协调问题有自己的特殊性。城市景观是人造环境，特别是在有建筑物的环境中，桥梁要和它们协调。(图 8)中英国泰晤士河上的桥梁与它周围的环境是协调的。我国江南水乡过去建筑的许多桥梁和原来环境配合得很巧妙。如上海跨越苏州河口的白渡桥与外滩环境，特别是沿道路视线方向的上海大厦等建筑群的体量与建筑形式、色彩等的配合是十分协调的。同样，在西安跨越护城河上所有桥梁都采用空腹式的拱桥与古城风貌相一致。从上述的实例可以看出不同时代，不同城市特点，不同的建筑形式，桥梁与环境协调也有不同的特点和要求，如法国巴黎塞纳河和美国迪斯尼乐园的现代桥梁风格(图 9)，图中前者等厚式梁桥与现代建筑风格保持一致；后面拱桥(两座)与巴黎铁塔时代和风格是保持协调一致的。而现代城市的建筑也必然要求桥梁建筑的材料、结构、形式、风格与现代城市的特点相适应。在现代城市的快速路上，如采用笨重的石拱桥或粗大的重力式桥墩，同样使人感到与环境是格格不入的，不会引起人们的美感。城市桥梁与环境的协调问题要注意下述几个方面问题。

图 8　泰晤士河桥与周围环境配合协调

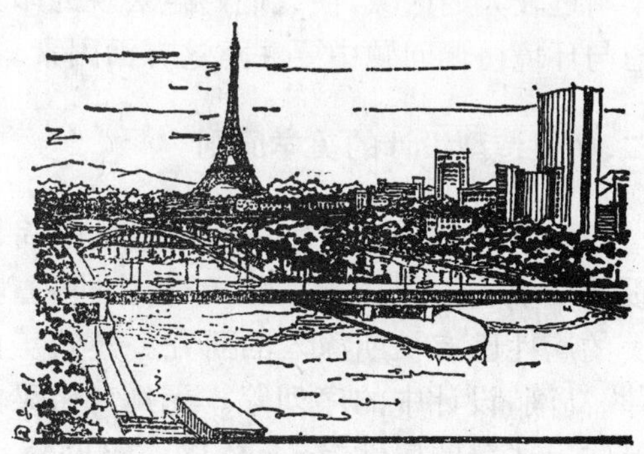

图 9　巴黎塞纳河上两个不同时代的桥梁建筑风格

(1)在市中心区建筑密度大的高层建筑区域,如桥梁跨越小的水道,则宜将桥梁放在环境的从属地位,以原有环境的景观为主,不宜突出桥梁以使它们相互协调。

(2)在建筑密度小而建筑层次较低的地区,即使跨越的是小水道也可以使桥梁为环境增添美色,如桥头两端比较开敞,应在环境中给桥梁应有的地位,使桥梁与周围环境融为一体。

(3)有滨河路的情况,往往因道路滨临水面而带来生动的街景。在滨河路上看到的跨河构造物都是展现桥梁艺术面貌的很好场所,甚至滨河路上可以看到群桥(图10)。这种情况下沿桥方向和桥梁侧面的视觉要求都是重要的。因此桥梁与环境协调问题,应从这两个方向进行检查,以取得整体配合、协调的良好视觉效果。

图10 滨河路上往往出现群桥而成为城市的重要风景

(4)有些大的江河将城市分割,为联系城市两大区域而修建的桥梁对环境有支配作用。这种情况下桥梁往往成为这个区域中最吸引人的景观因素。其他各种人为的环境因素要注意与它配合。为了更好地展现桥梁的艺术风貌,可以在桥的两端修建桥头公园或桥头广场,以及滨河公园等(组织好桥头交通以避免对主要交通方向的干扰)。这样可以使桥头有足够的空间,为人们提供开阔的视野,并使居民有机会将桥梁作为风景进行观赏。

(5)重视桥梁的不同结构形式与城市环境的协调。城市建筑在不同时代、不同地区均有自己的特点与风格,对桥梁结构形式的选择要充分考虑上述特点以取得协调的效果。

(6)在城市环境中不少桥梁附近都有建筑物,可以对桥梁进行眺望,并能看到桥梁附近较大的区域,使人们产生宏观的印象,也是城市桥梁观赏上的重要特点,在考虑与环境协调问题中要注意这方面因素。

二、桥梁造型设计的美学原则

桥梁是一个工程建筑物,适用、坚固、经济、美观是评价建筑的主要因素。现代设计要求建筑物功能完善,结构先进,富有创新精神,离不开上述因素。对建筑物美的属性已有长期深入的研究。建筑美的一些法则,如统一、均衡、比例、尺度、韵律、高潮、设计中的序列等。无疑对桥梁的造型设计有着重要的指导意义。现就建筑物上述美的属性,结合桥梁建筑的特点,对桥梁造型设计的一般美学原则进行探讨。

1.桥梁的建筑形式与目的和功能的一致性

建造一座桥梁是为了一定的目的，而功能上的要求不一定是唯一的目的，但却是目的里最重要的因素。桥梁的功能首先是交通要求，它可能是单纯的联结两岸的道路交通，也可能是道路、铁路两用桥，还具有铁路交通的功能。有些河道上还有要求桥下通航，这也是对桥的功能要求。对功能的进一步探讨，还可以在交通问题上考虑不同道路等级下的车速要求，不同交通量下对宽度的要求，从结构上看的设计荷载以及抗御自然影响、抗震、抗变形、抗振动等方面的能力。这些都可以理解为桥梁的功能。有些桥梁建筑在建成后要成为环境中的重要景观，这可理解为目的。从上述的目的与功能出发就要求有与之相适应的建筑高度、跨度、上部与下部构造。上部构造的梁、拱、悬索等结构要表明它的单纯、清楚和给人足够的稳定感。这些基本结构又和材料有必然的联系，例如大的跨度必然要求材料轻质、高强。反过来材料的选择也必然影响结构形式的选择。因此桥梁建筑形式道先取决于它的功能。桥梁的质量和美的统一首先表现在形式和功能的一致性(图 11)。近代的建筑美学评论家认为，建筑美的重要基础之一就是表现建筑功能或使用目的。

a)

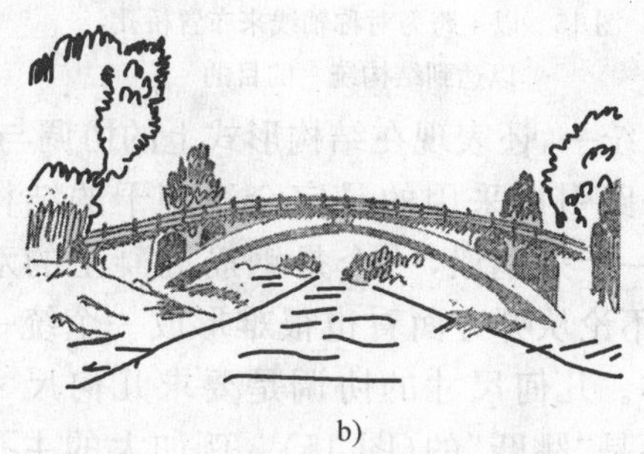

b)

图 11　桥梁形式与功能

a)与快速道路相交的跨线桥、大跨度，造型简单线条明快，体现了桥梁建筑形式与现代交通功能的一致性；b)传统的石拱桥是材料不发达与低速交通的产物，笨重的体量、粗糙的石块是力量的象征。

2. 桥梁要有精炼的结构形式

一个美的桥梁要有精炼的结构形式，特别是现代大型桥梁建筑结构多样以及跨径、墩台形式等复杂多变。要想获得精炼的结构形式，就要求，在桥梁构图上做到有引人入胜的统一；桥孔布置与上下结构的均衡，同时桥梁的线条要有力，简洁而且具有连续性(图 12)。

图 12　具有精炼的结构形式的桥梁实例(日本)

统一：统一是艺术评论的主要原则之一，一个复杂的桥梁建筑要有高度的统一使其成为一个和谐的整体。统一是指的桥梁局部与整体的关系，要避免各局部自成体系,而使整体造型孤立分散,造成结构上不协调。统一首先要注意不同的结构体系不要混杂使用。这种结构体系统一,也如建筑学中所要求的简单的几何形状统一是同一道理。如一简单梁式桥上部构造简单明了。那么墩台造型也要简洁与上部构造相协调。

统一还可以通过桥梁次要部位,对主要部位的从属关系来达到。也可以讲,是主从与对称的法则。所谓"主"即桥梁的主跨,一般是桥的中心。两侧部位为"从",可以起衬托作用。如果以主跨中轴线来布置桥孔,则产生桥梁主次分明的对称形象(图13)。这种以中轴线对称来表现主从关系的手法主要是将桥孔选为奇数,中孔为主孔其余对称配置。这样使主从关系十分清楚,而且使桥型匀称、优美给人以安定感。如果主从关系不清,结构形象就感到平淡,不能强调视线中心以引起人们的注意,从而使观赏者视线涣散(图14),这样的桥梁难以给人深刻的印象。

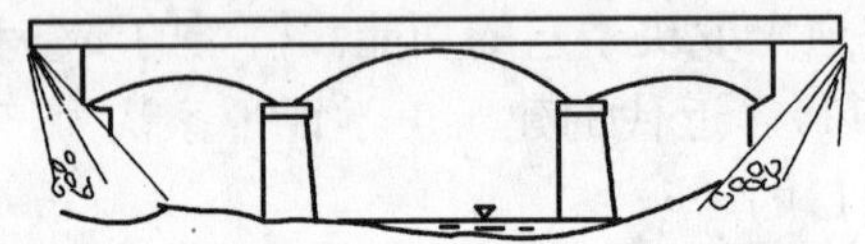

图13　以主跨为对称轴线来布置桥孔,以达到结构统一的目的

图14　主从关系不清,视线中心得不到强调,而使视线涣散

统一,还表现在结构形式上的协调与几何尺寸的协调。如南京长江大桥的正桥与公路引桥采用的是完全不相干的结构形式,一个是钢梁,一个是钢筋混凝土的双曲拱,不论从哪方面看也很难形成一个统一的整体。几何尺寸的协调是要求几何尺寸应该不是"跳跃"的(图15)。例如大的主孔与较小的辅孔是不统一的,高而窄的桥就显得上下不统一等。

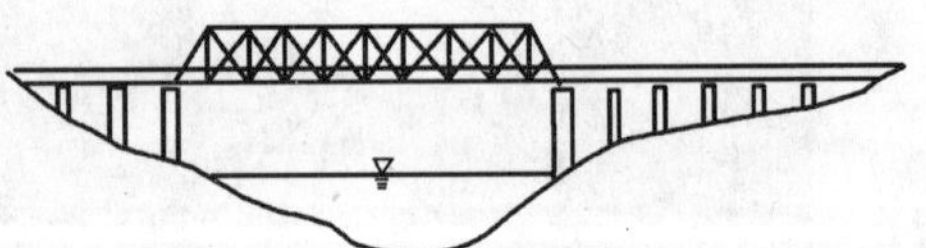

图15　桥孔尺寸相差悬殊破坏了结构的统一感

其他方向的统一,还表现在色彩的协调、功能与使用目的的协调等。

桥梁结构造型的均衡:稳定均衡是观赏对象美的属性。均衡即要求桥梁中心的两边视觉份量是相等的,即左右两半吸引的份量是一样的,而使观赏者产生一种健康而平静的瞬间。上述统一中讲到的以奇数来布置桥孔,两侧对称,就是最简单的均衡。而比较复杂的均衡则是不对称的或不规则的均衡。如河滩不对称,主槽偏向一边,主孔不在对称轴上,此时均衡中心的两边结构中心可能不同,但在美学意义上两边能等同时,也就是对均衡中心加以强调,同样使观赏者都获得均衡感。利用构图上所谓杠杆平衡原理,也可以产生均衡感觉。如主孔偏一边,另一边有适宜数量的附孔,那么给人的感觉也是均衡的。均衡与稳定关系是密切的,均衡可以体现构造物的基本功能,表现出构造物的稳定感。

桥梁的连续性:桥梁的连续性首先表现在桥梁线形与道路线形的一致,即平面,纵断面线形与道路线形的连续性,这种连续性则是道路线形美学的重要标准(图16),特别是一般桥梁要求平、纵线形和路线一致,这样道路上视觉的连续性不致在桥位处因为平面、纵断面线形的突然变化而使连续性中断(图 17)。这样桥梁自身的连续性也得到了加强,特别是曲线桥往往因有好的线形连续性而产生很强的流动感。

图16　桥梁的线形与道路线形一致,体现了线形上的连续性并有很强的流动感

图 17　桥梁的线形应与路线保持一致

桥梁的连续性还表现在桥梁的侧面构图上,其纵向通过水平线条或平顺曲线与两端相连,流畅的从一端达到另一端并与道路纵面平顺连接,而产生一种流畅的美感,这种连续性、流动感将给桥梁带来生动的形象。

简洁的线条:桥梁精炼的结构形式还表现在结构上简洁的线条。以往用传统的观点看待桥梁与现代不同,如粗笨而结实的桥墩,厚厚的拱圈,或其他复杂的上部结构形式,是为了使人感到这桥梁有力量……如此等等(图 18)。在材料比较原始的情况下,假若结构单薄,反而使人产生不安全感,并由于对这种结构感到担心而丧失美感。低速交通时代,桥上的复杂装饰物可供用路者品赏,因此这种装饰是美的。而现代交通,由于条件的改变视觉特性改变,同时新型的桥梁建筑材料的出现等,使现代桥梁造型设计的概念上产生新的变化,要求桥梁结构的线条简洁、明快、有力。简洁表明结构合理而有力量,同时使它们之间的关系清楚,并适应现代交通下的视觉特性要求(图 19)。

图 18　具有复杂的上部结构的桥梁、在现代建筑群前显得那么笨重古老

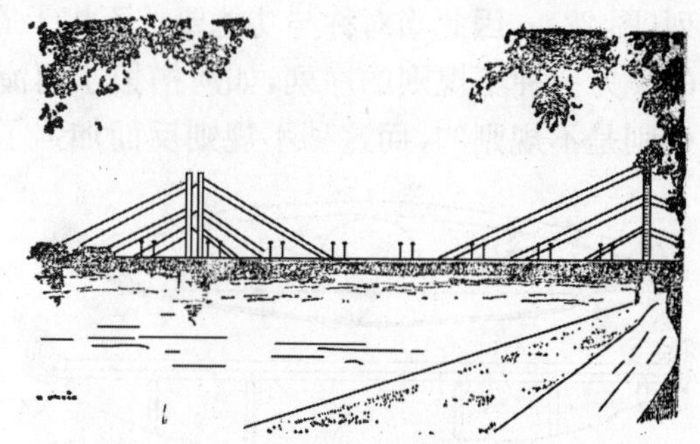

图 19　现代的斜拉桥线条简洁,结构合理、充满着时代气息

3. 适宜的比例与尺度

具有优美的比例与恰当的尺度都是桥梁美的重要条件，比例反映了桥梁整体与桥长、高度、宽度之间的关系，也反映了桥梁整体与局部，或局部与局部之间的大小关系。如桥梁上部与下部的比例应该协调，图 20a)、b)中：一种是细高的桥墩与上部构造不成比例，使人缺乏安全感；另一种是粗笨的上部(包括较大的跨度)而与低矮的墩台不相协调；图 20c)则是桥孔布置比例不当，使人感到轻重不一，觉得两端尤为沉闷压抑，同样比例还存在纵向与横向关系上，一座小桥有很宽的桥面也是缺乏美感的。从上述分析可以看出三维空间和谐的比例是达到建筑美的重要特性，尺度和建筑美是密切相关的又一建筑特性，合适的尺度会使桥梁呈现预期恰当的尺寸，并使人产生寓于物体之中的美感。桥梁的尺度可以通过环境中某一参照物(如树、建筑物等)或行驶其上的车辆来判断，而桥梁自身的比例尺度可以通过和人关系最紧密的尺寸来判断，如桥上的栏杆、灯栓等均可用来判断桥的长度、高度等，从而使人们对桥梁产生尺度感(图 21)。

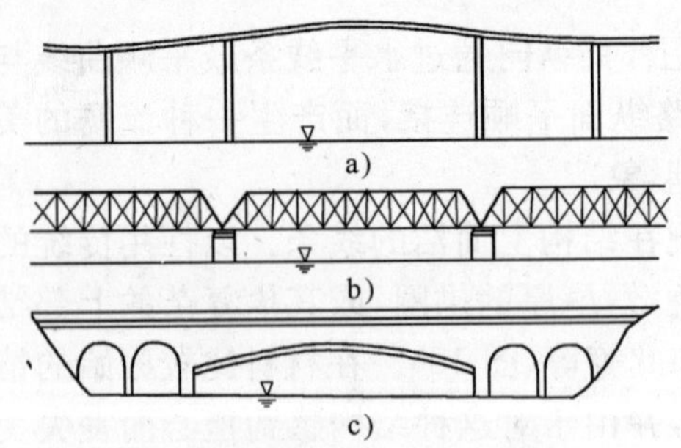

图 20　桥梁结构比例不当的几个例子

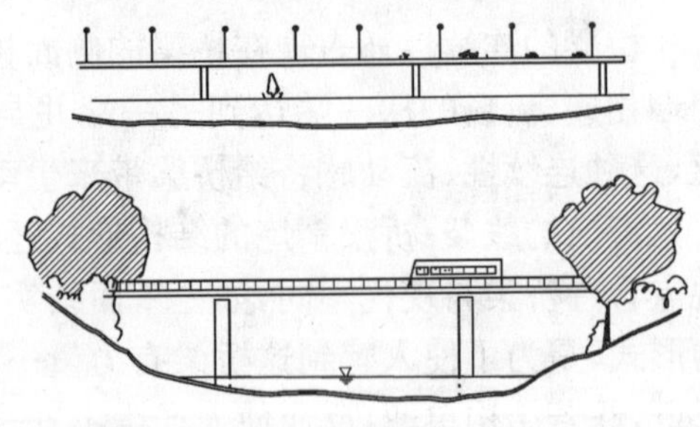

图 21　桥梁的尺度举例

4. 序列原则的应用

对一座桥的观赏是一种连续不断的审美体验。序列分有规则和不规则的两种。规则的序列产生一种庄重、爽直明确的印象，而且强调高潮。一般对称就是一种常见的规则序列，如中孔是大跨，而两边对称布置的桥孔逐渐变小的拱桥，梁桥就是规则的序列(图 22)。因此当对称与功能要求不相矛盾时，应用对称方法来构成序列往往是成功的。另一种不规则的序列，如河槽偏于河流一边或山谷两边不对称时，在结构上的序列则是不规则的，而这种不规则反而加强了流动感，产生引人入胜的效果(图 23)。

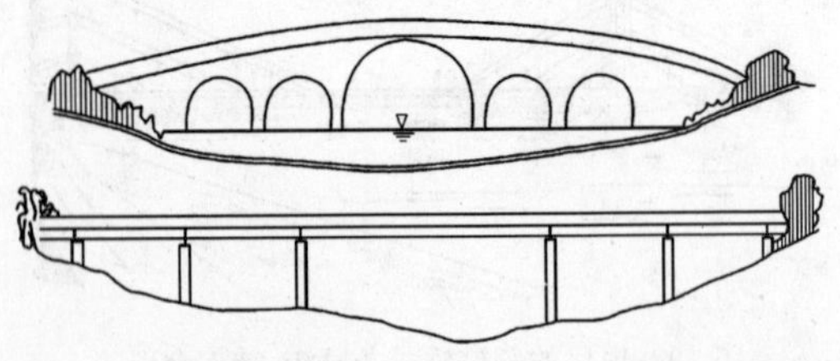

图 22　当功能和对称不相矛盾时，对称就是序列很成功的元素

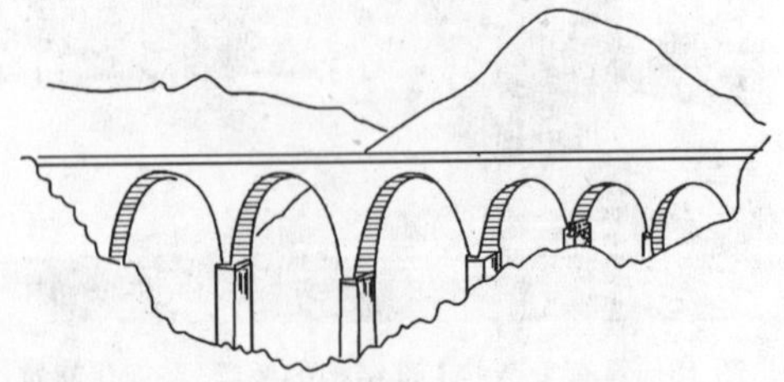

图 23　不规则序列的一个实例

序列的重要规律之一，是利用结构物的线和边的作用。如边和杆件有过多的方向便使观察者感觉混乱，从而产生不安定与不愉快的情绪。假若限制这线和边的少数方向，便可减少混乱提高序列美的效果。在一个序列中并不是不允许构件有变化，如一种梁组成的系统，它的中间通用一种拱来中断一下，如果配合得好也可以获得很好的美学效果(图 24)。

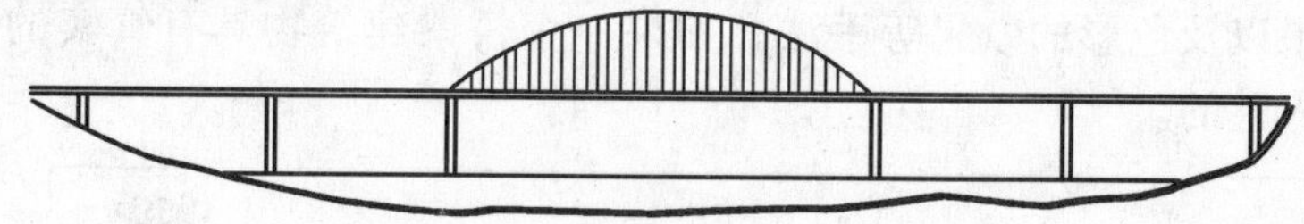

图 24　由不同的上部构造组成的序列

在序列的规律中，包括一些相同构件的重复使用，这种重复使人们产生韵律与节奏感。桥梁设计的韵律最简单的应用是采用形状或尺寸的重复。如一系列尺寸相同的拱或梁构成的系例本身就有韵味，而比较复杂的则是不同的形式或不同的结构尺寸组成的系列，也就是以不同的重复产生的韵律往往更有魅力(图 25)。

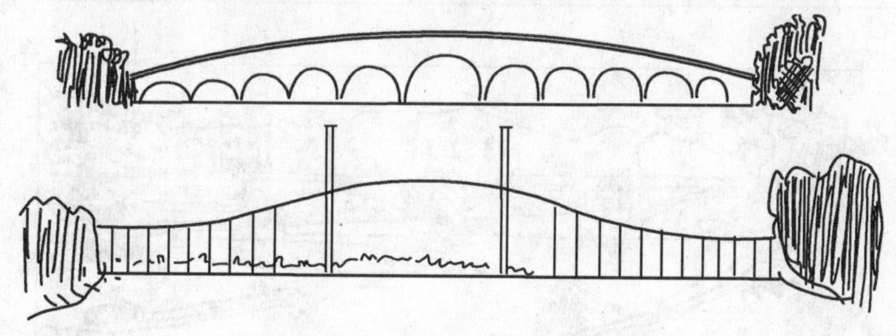

图 25　以不同重复构成的韵律

5.桥梁的风格与性格

桥梁的风格是桥梁建筑物与桥梁设计的一种格调。建筑学中的风格指的是设计者以某种观念或理想施加于设计，并将这种观念或理想清楚地表现在设计创作的每个细节之中。桥梁风格表现了时代、民族、社会的以及文化等的特点。不同时代有不同的风格，不同的民族也各有自己的风格。即使一个时代不同国家与地区它们的风格也是不相同的。各国桥梁设计也必然考虑自己民族、文化的特点，但在现代交通条件下所形成的一种时代风格，它们是十分相近的。例如快速交通情况下，采用新型的材料，桥梁结构轻盈，线条简洁，纤细，大跨度等都反映了时代的风格(图 26)。

桥梁建筑的性格和其他建筑物一样，是反映建筑物外部观瞻和内在目的之间关系的一种特性。任何桥梁建筑物都应有区别于其他桥梁建筑的特点。一座桥梁把它显而易见的所有特点，综合起来便形成了它的性格。如果桥梁没有自己的建筑个性，所有桥梁都是一样的，显然是没有美感的。桥梁的风格往往从桥的外型上便可获得印象。而性格就比上述概念更为深刻，这种性格可以引起人们的深思。现代桥梁要使它有性格是困难的，因建筑美学中的性格相当程度求助于建筑功能的体现，而众多的桥梁它的功能又是相近的，所以要想使桥梁设计具有性格，就需要充分认识这座桥在道路中的作用、意义、以及它特定的环境，通过设计的形式来引起人们的某种情绪与联想，如安全、舒适、壮观等。这些情绪都是形式直接引起的。而为了更好地表现这种形式，可以利用在美学基础讲到的，重量与支持的效果；线条和韵律的效果；复杂和简单的效果以及色彩的效果等手法。如果一个桥梁建筑物具有真实的性格，那么一定是引人入胜的。

a)

b)

c)

图 26 桥梁的风格与性格

a)四川都江堰的南桥，具有传统的风格与地方特色；b)四川乐山的五通桥（空腹拱）代表了五十年代到六十年代我国地方桥梁的风格；c)轻盈的结构、简洁的线条充满了时代的风格

6. 表面质地与色彩

桥梁为了能与环境协调并反映它的风格、时代特征就必须依靠选择合适的色彩。一些城市早期的桥梁，它的表面质地与色彩多与原城市建筑是协调的。质地的粗糙或细致和结构形式有关。但一般墩台表面可以粗糙些，而梁及比较细微的立柱则可以光滑一些，表面宜于无光也不需修饰。

桥梁表面的色彩美学效果是显著的，上海外滩白渡桥与上海大厦是协调的，苏州河上四川中路桥是钢筋混凝土的拱桥，它与邮局大楼等沿河建筑群色调也是协调的。目前个别城市立交，一座桥上用上几种对比很强烈的颜色，十分刺目(其解释是为了安全)。现代城市桥梁的色彩要和环境有机配合，一些结构轻盈、色彩明快的浅色调的桥梁，在现代建筑群的对比或衬托之下是美的。如这种环境再用深色调往往使人感到沉闷、陈旧。

7. 其他

关于桥梁设计的其他美学问题还有阴影的利用，复杂性与多变性的应用，以及桥面附属设施的美学处理等。

阴影的应用:桥梁构造上有许多突出部分，特别是水平方向的突出部，它们在阳光照射下产生阴影，这种阴影对水平线起到了加强与渲染的作用，同时使桥梁表面的构造立体感得到很好的表现，纵向的阴影对表现桥梁的连续性也有重要作用。

复杂性与多变性的魅力:对现代桥梁结构的简洁、统一当然是最重要的，但创造性的变化必然在有序的排列对比中加强了美感。如在桥梁设计中一个多跨的长桥其主跨能有所变化就会带来更大的魅力。

桥面附属设施:桥面系中对桥梁美有显著影响的是栏杆与灯柱，从功能上来看是桥面边缘的标志，对行车方向视线诱导，行人及车辆安全等有重要作用。而照明为夜间行车提供必要的照度，同时使桥梁能有好的夜景。

栏杆由古到今经历了由繁到简的过程。栏杆设计除安全可靠以外，从美学上看主要应与桥梁主体构造相适应。在低速交通条件下考虑人们观赏要求，栏杆可以有一定的装饰性，立柱之间的构件可有一定的几何图案。适应快速交通要求的桥梁(没有行人或行人很少)栏杆必须考虑到行车视觉要求以及路外人对栏杆与桥的整体配合印象，此时要求栏杆简洁、明快，而过多的变化则会感到繁琐、零乱。栏杆是用路者在桥面上的主要视觉因素之一，应该根据不同桥梁的特点与使用环境综合考虑。

灯柱是桥面最突出的垂直要素(图27)。灯柱的美学问题要注意两个方面，一是灯柱的造型，二是灯柱的高度与照明效果。灯柱造型必须与桥型相适应，现代交通条件下的桥梁灯柱造型要简单，不要有过多的装饰性。灯柱的高度取决于照

图 27　灯柱是桥面最突出的垂直因素

明的要求,如灯柱过高往往显得狭窄,灯柱过密两侧在视线中有封闭感,这些特点在设计中应该综合考虑。有些立交或桥头广场的桥梁还可以采用高杆照明。桥梁的灯柱及灯具,白天是桥面上的景观,而夜间能使桥梁有好的夜景,一些大桥往往由于夜间照明显示了桥梁的连续性,并能看清桥上路缘的清晰位置以确保交通安全。

三、高架路与立交桥的景观

城市交通的发展,车辆的增加使得城市交通日益拥挤,为提高平交路口的通行能力开始修建立交。当路段通行能力不够、交通拥堵,特别是城市快速路的出现,高架路也就应运而生。高架路,立交在城市出现给机动交通带来许多便利,但对城市的生活环境产生很多影响,有人认为它造成城市空间的分割,破坏了城市景观等。但它毕竟是适应汽车交通而产生,充满了生机,并给城市带来了新的景象。

(一)高架路

现代城市的发展,交通往往是最突出的问题之一。公共交通早就以地铁方式到地下找出路。而道路交通当路网加密,道路拓宽难以实现和城市区域之间需要快速交通联系时,道路高架就有它的现实意义了。高架路可以在原有道路上高架,也可以利用河川,也可以在城市其他用地上空高架跨越。各国大城市的快速路相当部分都是高架,有的市郊高速路也以高架形式进入市内,在城市内部集散。我国第一条城市高架路在广州已经建成,不少城市也有在市内修建高架路的设想,这种高架尽管能给环境带来一些问题,但它以功能上独到的优势而继续发展,只要精心规划,就能在功能与景观协调上收到好的效果。

1. 高架路景观设计的一般方法

高架路的景观问题,主要是因连续高架对平面以及空间的上下分割的有关视觉效果问题。作为高架路的景观规划与设计大致有以下步骤:

(1)基础资料的搜集;

(2)路线的选定;

(3)研究高架的构造;

(4)用视觉检查的方法来研究景观配合;

(5)景观设计的评价。

其工作阶段大致可分为规划阶段与设计阶段。

2. 规划阶段的景观设计

连续高架桥的景观问题要注意两个方面。一方面是高架路自身景观问题;另一方面是高架路与环境的配合。规划阶段的工作分路线选定,道路构造选定,道路线形设计,周围景观的修整,以及构造物规划等。

(1)路线选定

高架路在城市内通过时可能利用原有道路在上面高架,也可能利用城市水道或在居民区边缘的次要道路上通过等(图 28)。路线方案选定时,对于城市不同区域要充分调查土地利用情况,使规划路线与地区景观能充分配合。如在有自然景观、文物保护、古建筑等地方,要离保护区有一定距离,避免路线对环境的破坏,并且使高架路成为景观的一部分。在水道通过时要尽量与水道边际线的走向配合(图 29)。

图 28　道路原为六车道,现利用外侧道路一个车道修建高架路的实例(日本)

在住宅区通过时需在两侧有一定的侧向空间,以便设置绿带,一方面绿带可以改善景观,缓和高架路对空间的分割,同时对环境保护也有一定作用(图 30)。当侧向空间不够时,往往使人产生压迫感。路线经过区域,高架的墩台是采用单柱还是双柱主要看高架桥的宽度,要减小对地面活动的人的压迫感。同时高架路往往是城市快速路的主要组成部分,路线要尽量选择在城市需要改造的区域,这样便于在今后改造时能创造一个好的环境。

(2)高架路构造选定

高架路构造形式对环境有直接影响,形式的选择主要考虑与周围景观的协调配合。其上部断面构造主要有三种形式(图 31),即上下车线一体构造,上下车线分离构造,上下车线二层构造。这些形式的选择要看高架路所在的地区来定。在处理高架路与地面关系时有三种方式(图 32):一是当地面道路很宽时可在其上部直接高架,两侧及高架下部有机动车道与人行道,因地面路幅较宽,对两侧用路者的重压感、威胁感可以减轻;二是侧道形式,由于侧方净空小比上述形式的重压感有所增加;三是单独形式,这种情况下往往两侧有密集的建筑,桥下可作为一些休息、儿童游戏场所,因和周围建筑之间没有空间做为缓冲,所以重压感增加,如果对附近影响大,应考虑有一定的隔离措施。

图 29　高架路的上部,下部构造与水道边际线配合

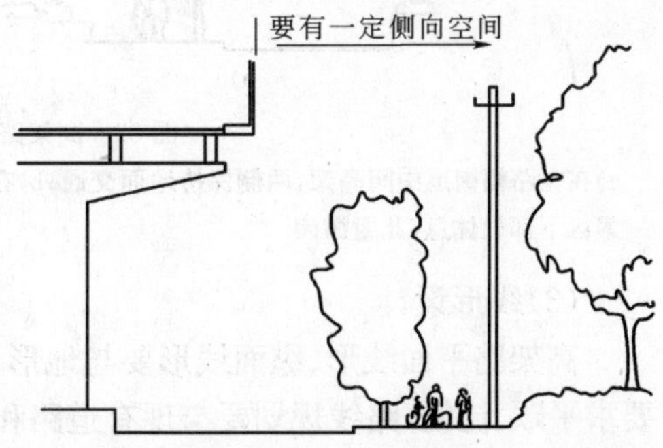

图 30　高架路侧向要有一定侧向空间以改善景观

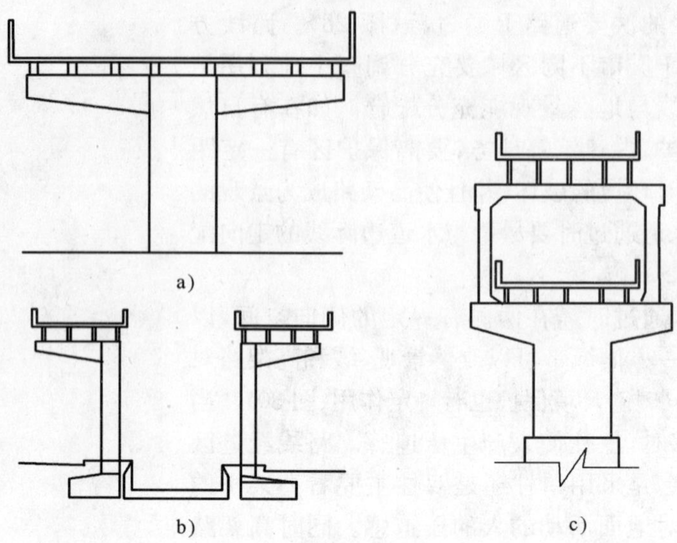

图 31　上部道路断面的三种形式

a)上下车线一体构造；b)上下车线分隔构造；c)上下车线二层构造

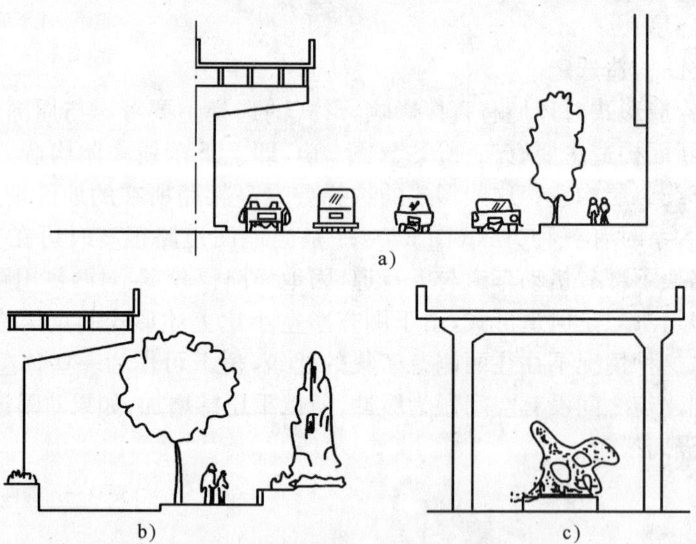

图 32　高架路与地面关系的处理

a)在宽路幅街道中间高架，两侧保持地面交通；b)在高架一侧或两侧设置铺道(适用快速路)；c)在居住密集区下部设休息，儿童游园

(3)线形设计

高架路平面线形、纵面线形要与地形，城市区域特点、土地利用方式相配合。线形要求平顺、流畅，路线规划要与现有道路和城市水道等规划结合。平面线形往往是高层俯视的一种优美的景观，而纵断面线形对于地面景观的关系最为密切。纵断面线形，

要充分考虑周围环境，如高架路纵面压得过低就有压抑感，要注意桥下近景有开放感，而远景要尽量减少对空间的分割。

(4)高架路周围环境的整理

高架路的建设对环境的影响除废气、噪声、震动以外，主要还是景观方面问题。为改善其环境可以充分利用高架下的空间，使其与周围环境有机地结合起来，例如在商业区可以利用高架桥下做商店或商业公司办公地点，而使其与原有街道一侧构成一个两侧封闭的亲切的街道空间(图 33)。为减少对环境的影响，在高架路两侧或路下可以设置绿带以改善环境与景观(图 34)。还可以利用高架路下空间开辟停车场，步行通道，利用它做为车。行道的一部分。在水道上高架路下空间还可以做为休息与垂钓场所。这些利用方式都有利于改善高架路与周围环境的关系。

图 33　利用浅架路下的空间构成两侧封闭的街道，而富有生活气息

图 34　高架路下与路边的绿带可以改善环境作为与周围地区连接的缓冲带

(5)构造规划

高架路的构造规划，从景观角度要注意以下问题。

①注意高架路构造与周围环境的配合。高架路与道路的关系，在规划时关键在于正确选择合适的景观检查的视点位置，这样能够在规划时就得到对高等路线形成后的印象。同时对土地利用情况，以及对高架路修建后周围土地利用和景观环境的变化都应进行研究，并且要正确选择材料，使材料的质感、色彩与周围环培协调。

②构造选择时要注意明确的力的表达形式，使人有安定感与安全感，这种选择对规划时也是一项重要的工作。

③注意构造形式的统一。高架路是一个有一定长度的构造物，一般高架路可能经过若干不同的地区，要使人们对高架路有良好的宏观印象就应注意高架路构造形式的统一。假若构造要变化也应注意高架路的整体性，例如在与其他道路交叉部位，上部构造因跨度的变化需要改变等。同时快速的高架路也受到地面街道制约，这样不同的桥脚可能混杂一起而影响统一感。

④高架路视觉的连续性。高架路在视觉上要有一定的连续性，这连续性表现在平、纵线形的连续性以及构造上的连续性。

⑤合理桥脚位置的选择。城市高架路桥脚位置在原有道路上一般设在中央分隔带的位置，这样从交通条件与景观上看都是好的。但在步行道设置墩台一定要尽力避免，这种桥脚位置妨碍行人活动，同时影响步行者的视线，并成为行人空间的活动与视觉障碍。

3.高架路构造设计阶段的景观问题

一条好的连续高架路，要有好的连续性和优美的造型以及和周围环境的配合。高架路构造设计时为了取好的视觉效果应注意下述问题。

(1)高架结构力量的表现

高架结构本身除应有优美的结构造型以外，构造物自身要有明白的力的表达，构造物内部力量的传递方向要表达清楚。同样上部构造与下部构造之间均应有这样明确的关系，只有具备明确的力的表现的结构才是美的。

(2)安定性的保证

高架结构本身除有优美造型，力的表达以外，还必须有安定感，有些结构从受力上看虽然是稳定的，但从形式与外形上看不稳定同样会使用路者与路外人的宏观印象中缺乏安定感(图 35)。图 35 中第一个例子是高架路一侧伸出的匝道由于用悬臂支撑看上去缺乏安定感。另一例是立柱的两侧与上部不对称，在一侧看上去很单薄而产生不安定感。第三例则是立柱交错排列也同样的起观瞻者不安定的心理效果。安定感的另一问题是注意构造的上下配合，上下构造配合协调就容易使人获得安安感，图 36a)中，上部两片主梁与下部立柱配合，两立柱之间有横系梁联系给人以安定感。图 36b)中，因上部较宽从受力和安定感。立柱两侧有两个斜向支撑使安定感有所改善。

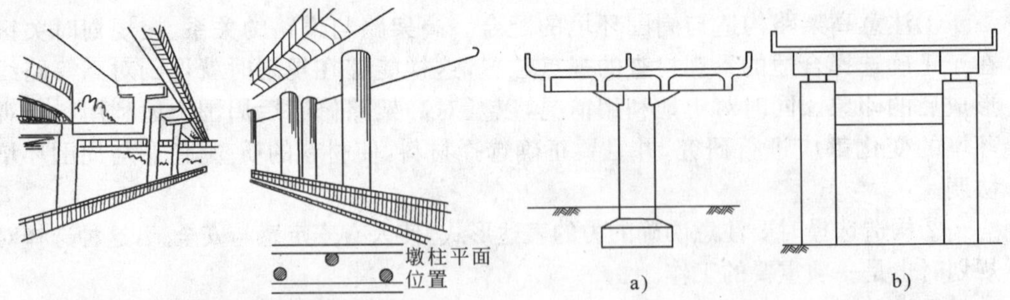

图 35　宏观印象中缺乏安定感的几个例子　　图 36　上部、下部配合获得安定感的两个例子

(3)压迫感的缓和

构造物的压迫感是指高架路下与高架路对周围环境的影响两个方面。对于高架路下空间，高架路使人有重压感，对周围是一种威压感(威胁、压抑)。因此在构造物设计和处理高架路与环境美学中都应尽量重视这方面问题。在构造物设计时为减少

重压感首先要注意高架路下空间的开放感。高架路下空间因光线稍暗，容易感到压抑。当上部构造较宽而纵断面标高受到限制时，为保证高架路下开放感，其净空不得少于5m，同时上部结构如是整体的箱形结构，其底部若能向上伸张也可增加开放感。另外对高架路下空间也可以采取一些其他措施，以增加其开放感。为减少高架路对周围环境的威压感，重点还是在于改进上部结构。如果上部构造比较轻盈则威压感就会缓和。箱形梁的梁高比较低，这种形式会使人感到比较轻，也就能减少地面观瞻者视觉中的威压感。为减少威压感也还可以采取一些其它措施，例如可用两侧边缘构造的阴影来改善，也可采用高的护栏，用高栏对水平线的强调来减少主梁的威压感。主梁在纵方向采用变截面的形式，也同样可以取得一定缓和的效果。

对于高架路的下部构造因距高架路下观瞻距离较近，为减少压迫感对下部构造也可以采取一些措施，如上、下部的适当配合以及改进立柱的造型等。

(4)连续性的保证

高架路的平面和纵断面的连续性无论对于高架路上的用路者，还是平地上或高层的鸟瞰者来讲都有特殊的重要地位。连续性首先要靠平纵立体线形设计时，各种线形要有良好的组合，这样就可以使用路者和路外人都能获得有优美线形的印象。连续性可以通过以下几方面得到保证。

①梁高的连续性。梁是视觉中引人注目的部位，等截面的各种梁容易使人获得和线形配合一致的连续性，而变截面梁，最好用外侧护栏部分来强调这种连续性。

②高架路的下部构造连续性。高架路的连续性和下部构造也有关系，例如立柱发生变化，连续性则受影响，特别是几条高架线路在一起相交时，下部关系则发生混乱，必须处理好它们位置与形状的关系，以确保连续性。

③材料质地与色彩的连续性。高架路在材料质地上要发较长段落的连续性，不可变化频繁。同时其色彩上，特别是护栏的涂料使用上，都能取得对连续性强调的效果。

(5)杂乱感的缓和

连续高架路和人们活动空间接近时，构造的细部容易引人注目，因此容易产生对细部的杂乱感，为减少这种杂乱感，在人流活动比较多的地方，梁的底部可以采用装饰板，将复杂的结构掩蔽。对于多条高架路线相交处的立柱要统一安排以减少杂乱，为减少杂乱感还应注意上部与下部构造的结合部的处理。

(6)构造物的修饰

对于人们接触比较密切的地方，构造物要注意修饰以增加人们的亲切感，有的地方表面可以用装饰材料(如大理石)镶面立柱也可以着色，立柱的根部也可进行修饰，甚至两侧下部也可以绿化等(图37)。

4.附属构造物与景观的配合

高架路的附属构造物指的是防音墙，紧急停车带、安全梯、收费所、照明设施、电力线等。这些附属设施都应和高架路的整体相协调,并与周围环境相协调。防音墙要有连续性,也不应很粗笨、单调,使用路者有良好视觉印象(图 38)。排水管要注意设置在合适的位置并与结构物有相同色彩,安全梯要注意造型,要与环境有好的配合。

图 37 高架路两侧用绿化来修饰

图 38 高架路上的防音墙

5. 色彩与高架景观的配合

连续高架路的视觉印象除构造以外,色彩是最重要的。色彩对于连续性的作用前面已经讲过。高架路上、下部要各有自己的基本色调,下部构造一般比上部要浅,这样视野中突出了上部构造的连续性,同时上下两部也不容易混淆。上、下部色彩既要有 一定对比,也要能够融合。

6. 高架路的景观评价

高架路的景观评价工作,主要采用视觉检查的方法。所谓视觉检查方法即将评价分为三个阶段,每阶段都有评价目的与要求,如表 1。

评价阶段的视觉检查方法 表 1

评价阶段	评 价 目 的	视觉检查的方法	评价的内容
第一阶段	景观中典型位置的抽样检查	通过典型位置的横断面图来检查	通过横断面图,检查上下部型式的配合,两侧道路以及建筑物与道路的关系等
第二阶段	典型的高架结构的抽样检查	通过制作部分模型和部分高架结构物的透视图来检查	通过模型和结构物的透视图检查构造物造型是否合理,上、下部有无良好配合
第三阶段	最佳方案的选择,选择和周围环境最协调的结构物设计	通过景观模型,或与周围环境配合的全景透视图	通过中景、远景的全景模型或全景透视图检查构造物与环境的配合

视觉检查方法的评价分三个阶段进行,在各阶段中同时要对构造物与环境协调,与环境配合,土地利用情况的变化,材料质感,高架路下的利用等内容进行评价。对构造物本身的力量的传达表现,安定感的保证,重压感、威压感的缓和,以及附属构造

物等也应分三阶段做出具体评价。通过评价工作,可对不同方案进行优化筛选,以求得景观设计上的最佳方案进行优化筛选,以求得景观设计上的最佳方案。

(二)立交桥的景观

城市道路立体交叉处是道路的结点,在道路交通与视觉环境中均有重要意义。在立交处用路者要做出方向的选择,结点的各方向也可能产生道路特征变化。立体交叉由于消除了冲突点,车辆能够连续通过,通行能力与速度均有所提高,用路者穿越交叉时也增加了安全感。但行人与骑率者通过立交时,由于纵坡的变化,需要付出更多的体力和绕行更长距离,从而增加了通过时间,因此大型立交对非机动车辆和行人有一种心理负担。但立交毕竟适应着城市交通机动化的发展需求,在城市建设中已成为改善道路交通条件的一项重要措施,国内一些城市也用大型立交来显示其市政建设的成就,并成为现代城市的重要景观。

1. 立交的视觉环境特点

道路立交是通过跨线桥(或隧道)、引道、坡道、匝道等来组织交叉处的立体交通。T字形的交叉可能出现喇叭形或黎形立交,十字形交叉则可能是苜蓿叶形、环行立交,其他多路交叉或交通量大的立交,则可能是多层并设有各种定向匝道的复杂交叉方式。城市立交占地大,对环境的影响也大,是城市视觉环境的重要因素。一座立交大致可从三个方面获得对它的印象。

(1)用路者从两条相交道路上看到的立交景象。以一座简单立交为例,在下穿方向用路者从远处看到引道、两侧挡墙(或坡面绿化),此时主要前景是一座跨线桥的侧面,接近立交处时还能看到两侧匝道,从上跨方向用路者看到跨线部分道路隆起,以及跨线桥两侧栏杆、灯柱等。用路者在爬坡道上能看到两侧匝道和下穿部分的引道。这种观察是从两个方向看到立交两个面的变化景象。

(2)用路者在立交处的印象。即用路者进入立交(包括匝道)时,对立交的印象。此时用路者有机会在桥上、桥下以及匝道等不同方向观察立交,但用路者视野中每次只能看到立交的一个部分,而在跨线桥上容易看清全貌。下穿部分,由于两侧及前方视野受到限制,不如桥上开阔。但是,在整个穿行全程中也能大致看清立交各组成部分的关系,在匝道上可从侧方向透视立交的大部分景观。

(3)对立交全景的宏观印象。在立交桥周围有高层建筑时. 可以俯视见立交全景,以及与立交周围环境的关系。

从上述对立交观赏的视觉特点分析,我们可以看到,用路者从两个不同方向得到两种不尽相同的印象,并且视野中能看到的只是立交的一个侧面(或一部分),通过立交后才能由一些局部印象由多处局部印象构成一个整体印象,这种印象是由视野中得到的各种立交部分印象拼联而成。由于视点位置受到限制(特别是机动车驾驶员)很难有全景的直接印象,而立交的全景印象,通常是在路外高处的俯视或高空鸟瞰的结果。

立交主要为机动车辆服务，但目前城市交通运输结构复杂，也往往使立交的交通组织复杂化。在立交中上跨、下穿车辆一般的情况下，均以较快的车速通过。如一座立交上下坡道全长400m时，若以40km/h车速通过，大约只需1.6min，这种情况下司机精力比较集中，不太会注意立交的细部，从平纵线形上看以40km/h车速在竖曲线上快速行驶，用路者也会有一定运动感的体验，这些特点也应注意。

2.立交桥景观设计要点探讨

城市道路立交以它的宏伟优美的造型、体量、现代的建筑风格显示城市风貌，使观赏者为之振奋。道路立交是用路者的通道，用路者穿行立交时观察它，因此要重视用路者的视觉要求。

一座立交首先要有满意的功能，这功能是要适应于它服务的对象，而不在于功能如何完善。从美学角度看只有具备满意的功能，才能使人产生美感，也就是要求立交的构造物功能与美学要求的一致性。现从立交与周围环境配合，立交桥的线形设计，构造物设计和景观修饰等几方面讨论立交景观设计的有关问题。

(1)立交与周围景观的配合

城市立交是城市整体环境的一部分，因立交占地大，工程规模庞大，在该地域内是景观主导因素。立交的形式、结构、规模很大程度上取决于交通组织方式与功能方面的要求。市区内的立交桥及其周围的环境是一种人造环境，从景观上来看立交如果没有周围建筑及其他景观元素衬托将会十分单调。因此立交要构成好的景观，首先在其周围要有与之相配合的建筑群，其体量、尺度、风格等都要与立交相协调。这种建筑群不是面向交叉口有大量车流、人流进出的公共建筑，它应离立交有一定距离，不影响立交桥交通功能的发挥，并和立交桥配合构成优美的景观，对各方向的用路者都应有良好的视觉印象。城市道路立交是现代交通发展的产物，在城市旧区一般很难融合到原有环境之中，旧城区往往是低速交通、低交通量时代所形成。因立交的修建以及旧区的改造，其附近的环境也随之变化而形成一种新的城市景观。如北京大部分立交桥周围景观的形成就属这种情况。通常在保留的旧城区内是不宜修建大型立交如修建也应控制其规模，大型立交影响原有的旧城风貌，而且很难有什么措施可以补救。立交又一重要景观元素是绿化，绿化给结构感强烈的环境带来朝气蓬勃的生气。绿化首先要衬托立交平面优美的图形，因此应以植被或低矮灌木为主，高大的绿化会遮挡用路者部分视线而影响景观。在匝道进出口等处，还应有指示性种植与视线诱导种植等。立交周围的绿化应使立交与周围环境有机地联系在一起。

(2)立交线形设计的美学问题

立交桥的平纵线形是两相交道路线形的有机部分，立交的交通组织方式对平纵线形设计有一定影响，立交桥的各组成部分线形一定要和两端的道路线形配合一致，使其有好的平顺性与连续性。在跨线方向，要注意纵坡不宜过大，纵坡过大线形的视觉连续性中断，衡景的连续性也中断，因此在跨线方向往往较长的缓坡视觉效果好。

在下穿部分，一般情况下因立交上部结构遮挡视线，当纵坡稍大时前方道路视线中断，假若坡道稍长，或者有较高的桥下净空时，则对凹形曲线上行驶时的视觉条件有所改善。多层立交由于结构重叠对视线影响很大，路线设计时要注意有一定的视线诱导，为改善立交的视觉环境。

立交的两端因纵坡影响，往往中断了街景的连续意象，如果立交桥前后建筑物的尺度、体量与立交桥规模有相应的比例关系，尽管立交桥可能造成视线的割断，但也能形成沿线景观的连续性(图 39)。

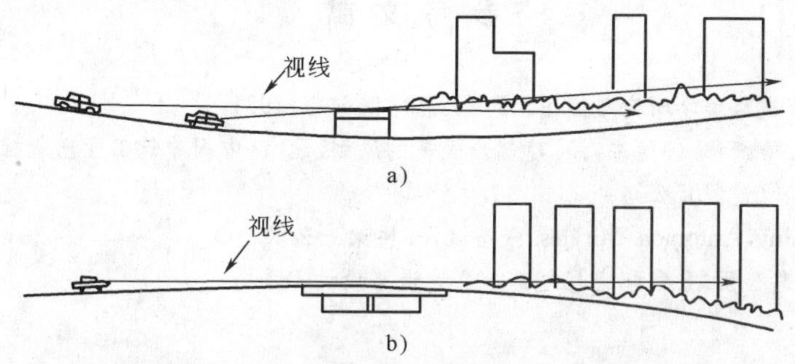

图 39　在视线前方建筑物有一定高度与体量也能形成沿线景观的连续性

(3)构造物设计

对立交主体构造物的印象一是顺桥向，一是垂直桥向，而在匝道上有 90°或 270°的变化。至于复杂的立交，多层的结构及各种单向匝道其观察方向有更多的变化。

对构造物设计首先要注意上部构造与下部构造有良好的配合，上部构造厚度不要太厚，以减少重压感，厚度小些则感到轻盈，同样墩台不宜粗笨，桥下应有较开阔的净空，这样在桥下穿行时两侧威压感会有所缓和。多层和带有单向瓯道的立交，上部结构重叠，墩台关系混乱，从而产生杂乱感觉影响景观，要处理好它们相互之间的关系。

关于桥梁造型的美学原则与高架桥的美学原则等，均适用于上述立交桥梁结构设计与高架引桥的景观设计。

(4)立交的景观修饰

立交桥的相交道路一般是交通性的，因此在景观细节的修饰上主要考虑这一特点。但我国城市中心区立交往往行人较多，并且有行人在立交附近停留观光，因此对于立交桥从桥体及附属构造物都应该适当修饰，其表面不宜光滑，但要有一定的基本色彩，和环境要有一定的对比，又要协调。如西安市星火路立交桥建成后一些桥梁构件以及桥上附属设施对比十分强烈，在城墙上眺望时十分刺目。立交两侧的挡墙也应和构造物周围环境协调。例如北京复兴门立交桥中的挡土墙用花岗岩的砌块，做装饰面，其水平线条虽然带来安定感，但和现代立交的建筑风格不相协调，和其周围建筑也不十分协调。北京建国门立交的挡土墙是采用浅绿色的抹面，并带有垂直线条，图中所示为匝道和自行车道附近的挡墙，可见其垂直线条的使用，也是在下穿部位的视线前方,都不会因有快速行车而造成的两侧迅速向后运动的不舒适感,其色彩、风格也和建国门附近的建筑群相协调。

立交桥的附属构造物如栏杆,灯柱等造型要简单,要与桥梁主体结构风格一致。其照明杆柱是重要垂直景观因素,夜间照明不论采用高杆集中照明,还是采用分散的照明方式;都应清楚地看到立交各个部分,以确保交通安全,并使立交有美丽的夜景。沿立交各条通道上的照明,在布置时要注意防眩问题。

参 考 文 献

[1] 熊广忠.城市道路美学研究与应用.西安公路学院学报.1984,4

[2] [美]托伯特.哈姆林.邹德浓,泽.建筑形式美的原则.北京:中国建筑工业出版社,1982

[3] 樊凡桥梁美学(连载).公路

[4] Waiter podolny,Antonioa. Mireles.张圣诚译.桥梁—艺术造型

[5] 阪神高速道路公团.景観配慮した都市高速道路设计の手引

论风景区道路

摘　要：风景区道路是游览通道，它是风景的一部分，本文初步探讨风景区道路平面布设、道路横断面、停车场的布设原则，为游客提供很好的游览环境与观赏条件。

不少城市在郊区有大面积的风景区，如北京的西山风景区，南京的东郊风景区，杭州的西湖风景区以及无锡的太湖风景区等。风景区的道路主要是便于市区居民和外地游人到风景点去游览，它是风景区的游览通道，也是风景的一部分。它主要为风景区内部服务并便于风景区与外界联系，它不同于一般公路、过境交通，货运服务很少。它是风景的一部份，因此在平面布置或线形设计要反映自身的特点。

一、风景区道路在平面布置上的一般要求

风景区道路首先要使各景点有便捷的交通联系，使各景点有机地分布在道路沿线，有的风景区较大还可以布置成环形路线，这样进入与离开风景区没有重复路线，沿途可以观赏不同景色，使游览者始终怀着很大的兴趣与高昂的情绪。例如杭州西湖、南京玄武湖都有环湖的游览道路(图1)。风景区道路在选线与设计时要注意与

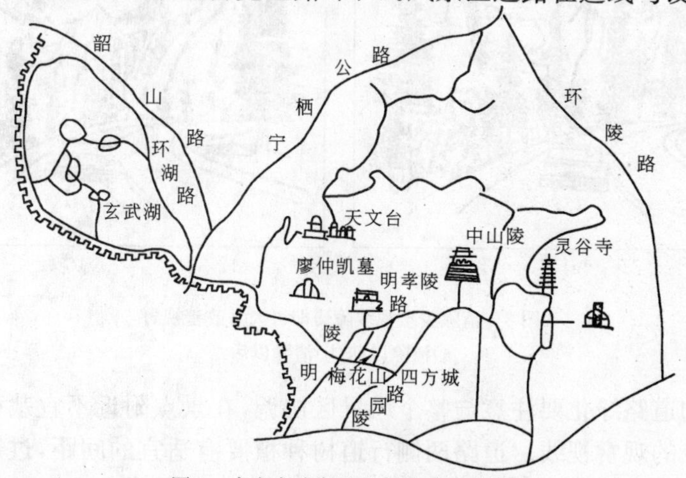

图1　南京玄武湖及东郊风景区的道路

地形的有机配合，尽量减少对自然地形的破坏，要与周围环境融为一体并成为风景的一部分。陕西20世纪60年代修建南五台风景区的盘山公路，在一个山头上盘延展线，加上施工中的石方爆破，使得自然景观遭到严重破坏。因此风景区的道路不只是技术设计的对象，也要作为景观对象加以研究。

风景区的道路一般要有较开阔的视野，两侧若有视线障碍游人看不到周围景色，就会感到单调、枯燥。因此有些地方要清除视野障碍物，以使视野内有好的景观(图2)，(图3)。路线设计要注意两侧环境保护，使旅行者能有更多的机会欣赏自然景色。要很好地利用自然环境中的景点，有的前方可以对景，在两侧的可以借景。一些好的景点可以使游人精神振奋，情绪高昂。

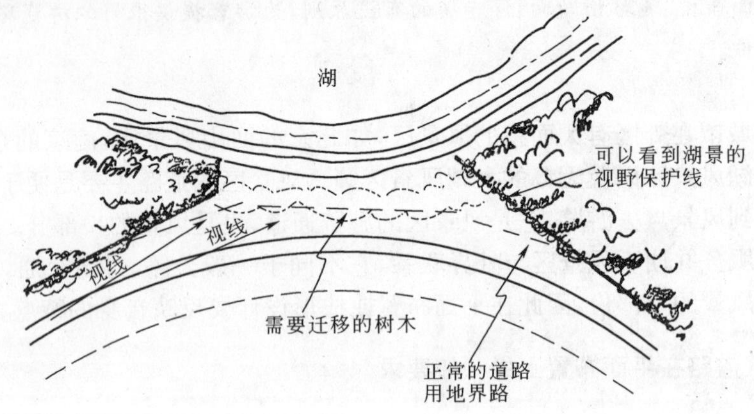

图2 在风景区可以加宽路边，清除树木以扩大视野

a)

b)

图3 清除少量视线障碍即可大大改善视野

a)清除以前；b)清除以后

风景区的道路绿化要注意与整个风景区协调，在景点附近不宜栽种高大乔木以免遮挡对景点的观赏视线。道路两侧行道树种植要有适宜的间距，过密的种植会使乘客在车上观赏风景时感到头晕目眩。

二、风景区的道路横断面

风景区的道路横断面要求与郊区道路不同，除机动车外，还有骑自行车的游人与步行的游人。浏览区的干道应该比双车道要宽，要考虑到两侧的骑车者与步行者，一般用三车道可以满足，如果人流很多可另辟人行道（图 4）。在景点附近若有服务设施，景点内的道路断面可以设置路牙，使人行道与车行道分开。

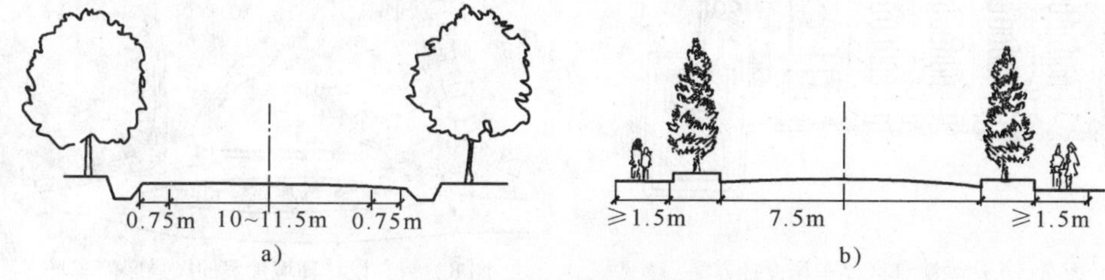

图 4　风景区道路的横断面

三、风景区道路的停车场的布设

风景区的停车场有两类：一类是路边停车场；另一种是风景游览点前的停车场。路边停车场设置在路边附近，一般有优美的风景可以眺望。在停车处乘客可以休息，欣赏路边风景（图 5、图 6），并可以使精神在行车的紧张中得到缓和，这些停车区附近，最好能有草地供人们休息或野餐。

图 5　设在路边的停车场，在这里可以欣赏湖光山色

风景点前的停车场一般要有足够的容量，其容量应与景点的容量相适应（图 7、图 8）。

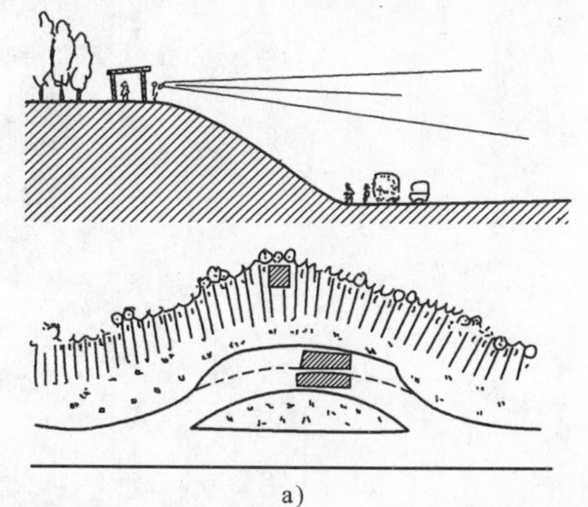

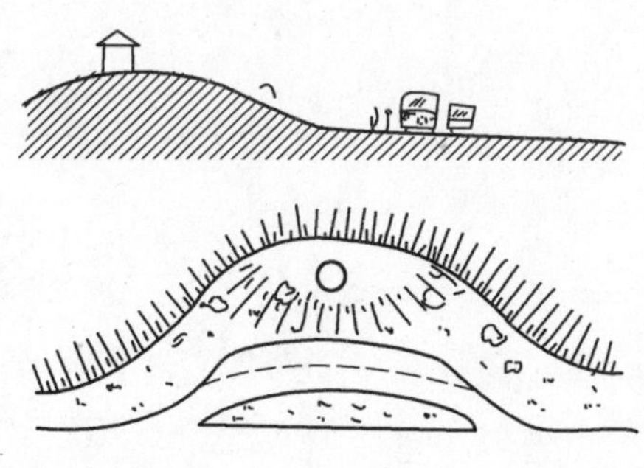

图 6　在可以眺望风景的地方设置路边停车场

a）向内眺望；b）向外眺望

有些地方将停车场安排在风景点的门前,因车辆停放和进出而大刹风景,并破坏了对景点的第一印象。一般可以将停车场布置在景点的两侧,不要布置在对风景点的观赏视线以内,要使景区前面有很好的游览环境与观赏条件。

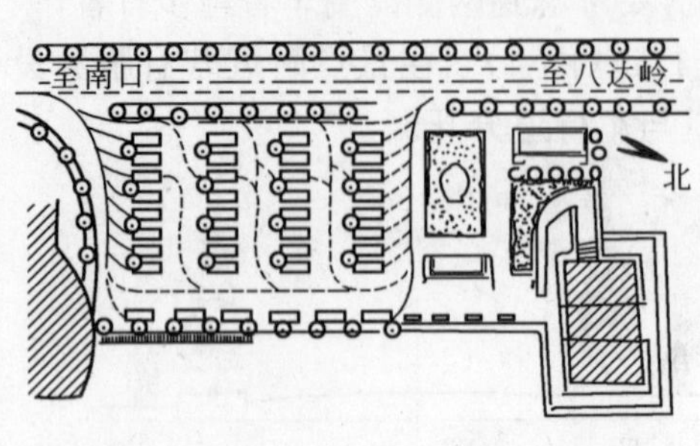

图 7 八达岭游览区停车场设计方案

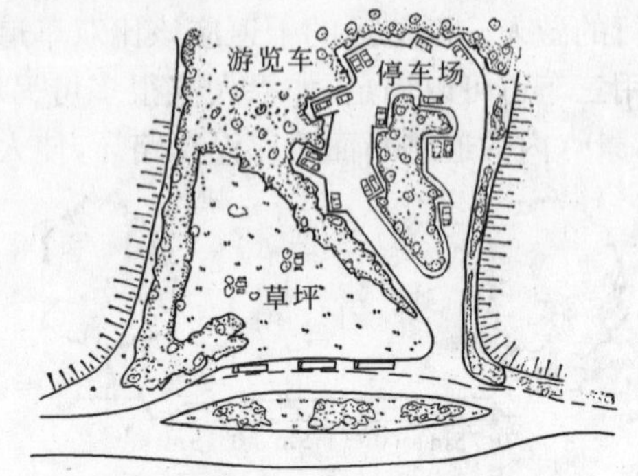

图 8 精心设计环境优美的风景区停车场

参 考 文 献

[1] 熊广忠. 城市道路美学研究与应用. 西安公路学院学报. 1984(4)

[2] [西德]汉斯·洛伦茨. 尹家锌,等,译. 公路线形与环境设计. 北京:人民交通出版社,1984

注:此文为交通工程学会 1988 年五台山"全国山区旅游公路综合治理"学术年会大会宣读论文,收于 1999 年出版的"城市道路美学"专著。

城市交通问题及其对策

摘　要：从八十年代开始我国城市交通问题在大城市提上日程，本文对结合国情的城市交通战略，以及个体交通机动化发展的必然趋势，如何做好城市交通规划，以适应城市交通建设发展的需要等问题进行了探讨。

现代交通的需求增加，城市交通基础设施难以适应，城市交通问题已成为一种城市病。世界一些大城市，包括我国的京、津、沪、穗的市长们也早已将城市交通列为城市首要问题，都在为解决城市交通问题寻找出路。

一、城市交通问题概说

20 世纪的城市化，生产、商业、工作以及购物、文化娱乐等出行大量增加，交通运输大量转为汽车运输，汽车逐渐成为个体出行、市际之间交通运输的主要工具。汽车大量的增加，交通问题加剧。20 世纪 60 年代世界汽车大量增加，交通拥挤，事故大幅度上升，损失严重，因此开始搞交通渠化、进行交通调查、规划、划分干线、支线、建立标志等等。20 世纪 70 年代由于车流密度进一步增加，车速降低，世界交通又进入多乘员化时期，采用一车多人，多人优先，供油优先，有些路线禁止单员乘坐。继而又进入公共交通复兴及提倡步行化时期，以此缓解交通紧张局面。由于汽车交通发展，城市开始分散，周末迁移郊区，人去楼空，如洛杉矶市的闹市区晚上只有四万人居住。城市化的发展使得城市扩大，人口增加，对城市交通提出了许多新的问题。因此城市快速路，城市快速交通系统，市际之间高速公路也应运而生。纽约曼哈顿的繁荣与林立的摩天楼是因为它有多层的地铁网络，波士顿也因为它的现代环路而使其周围成为现代文化的工业区。

从城市发展的历史可以看到，城市交通的发展史是与城市发展史密切相关的。资本主义发展初期交通工具落后，人们围绕工厂四周居住。马拉轨道车出现后人们又沿轨道沿线居住。现代交通发展，新交通工具的出现，城市在面上铺开，卫星城以及星形城市群出现。现代城市交通和城市布局是密切相关的，现代交通发展也是现代城市经济发展与繁荣的基本条件。但是当前城市交通由于原有城市布局不合理，交通设施不适应以及交通政策上的失误等，造成许多严重问题，给城市发展、群众生活带来诸多不便，而且日益尖锐。当前城市交通病主要表现在以下几方面。

(1)交通拥挤：城市交通干道、中心区交通繁忙，车辆密度很大，如洛杉矶平均每公里有车 501.4 辆，米兰平均每公里有车 753.8 辆，其拥挤程度可见一斑。

(2)车速下降：在高峰区间中心区车速下降到 4～9km/h，我国一些城市也因交通堵塞而车速下降，20 世纪 60 年代平均车速 25km/h，20 世纪 70 年代为 20km/h，20 世纪 80 年代平均车速则下降至 15km/h。有的交叉口车辆经 20 多个信号周期不能通过，个别路段全面堵塞。

(3)交通事故增加：世界每年交通事故受伤人数超过 100 万人以上。如纽约 1978 年一年交通事故 149 592 件，同年东京交通事故受伤人数为 38 000 多人。1987 年我国交通事故伤亡达 24 万人。这样就严重影响人民群众安全，并造成巨大的经济与物质损失。

(4)交通公害严重：城市噪声主要来源于汽车，同时汽车排放的一氧化氮等大量有害气体严重地污染了环境，使得城市环境质量大大下降。

目前我国由于经济的发展使得交通增长大大超过人们原来的估计，问题十分尖锐。当前交通问题主要反映在：

(1)道路交通设施落后，建设缓慢不能满足经济建设与车辆增长对交通的需求。

我国目前有汽车大约 400 万辆，自行车 2 亿辆。1982 年以前机动车平均每年增长 10%，而近几年如广州等城市增长达 20%～50%，自行车增长速度有的城市也达到 30%～50%。从机动车总量来看，还不及美国洛杉矶市(洛杉矶人口 710 万，汽车 530 万)，但城市道路数量全国只有 3.5 万公里左右；而洛杉矶有道路 1.04 万分里，莫斯科有道路 3.9 万公里，我国有 400 万汽车，加上 2 亿辆自行车，按动态时折算小汽车为 4 000 万辆，这样一比问题就突出了。世界 10 个城市平均有车 331.5 辆/公里，而我国每公里城市道路有车 79.82 辆，若加上自行车则为 274.89 辆/公里，其密度也是很高的。

我国道路设施不足也反映在道路面积率低与路网容量小等方面，多数城市道路面积率不到 10%，国外一般在 20%～30%，多的高达 40%～50%，建国三十年来车辆平均每年增加 10%，而道路面积增长率不足 5%，10 年动乱时下降到 2.7%。近年来道路增长仍低于车辆增长速度，如 1978—1985 年北京车辆增加 2.3 倍，而道路只增长 0.37 倍；上海车辆增加 0.9 倍，道路只增长0.4 倍；天津车辆增加 1.4 倍，道路只增长 0.5 倍。从上述可以看出第一、第二个五年计划期间基础建设与工业建设协调，矛盾不大，1965 年以后建设投资减少，比例失调，欠帐缺口变大，当前为什么可以维持？其主要是 20 世纪 50 年代一段时期建设快有些“积余”，再加上这几年的改造，所以尚能维持，随着交通发展已逐步难以适应。

道路基础设施另一问题，就是路网问题，道路网不完善，其结构缺乏层次，交通功能混乱。如西安一些主干道均作为商业大街,同时在交叉口搞大型公共建筑,这是一种自相矛盾的指导思想造成的混乱。另外我国道路网容量小,如上海与类型相同的伦敦、东京相比,这两个城市车辆几百万辆,而上海路网容量按测算只有7.2万辆。

道路设施不足的最后一个问题反映在缺乏停车设施。长期以来城市停车场缺乏全面的规划与有计划的建设,道路大约有10%~±20%被占用为停车之用。一些大型公共建筑没有停车场或车位不足,接近20世纪80年代末期修建的西安唐乐宫既然没有停车场也允许建设开业,这反映了有关部门不重视停车问题达到何种程度。

城市第三产业的兴起,侵占大量道路用地,有的缺乏规划,有的缺乏管理,造成很多路段堵塞,更加剧了这种紧张局面。

(2)城市公共交通落后。城市公交车辆少,而乘客多,乘车难的矛盾十分突出。自1949年以来客运量增加近60倍,而公交车辆才增加15倍,运量大于运力。城市平均2 500~3 000人才有一辆公交车,每辆车一年运送乘客达60万~70万人次,有的特大城市高达90万人次,高峰时每平方米要挤13~14人。同时公交线网密度低,经常不能正点运行。一般公交企业由于票价低及其他原因,亏损严重,使得企业发展缺乏活力。

(3)交通管理技术落后。目前全国交通管理设施水平低,色灯信号约5 000个,只及国外一个大城市的数量,中小城市还是人工指挥,缺乏现代城市交通管理设施。一些道路不划线,缺少标志,同时交管人员素质也与目前交通发展水平不相适应。

上述问题造成城市功能下降,大量的时间延误所造成的损失难以估计。北京六五期间因车辆受阻一项每年经济损失1000万元,上海因公交车速下降一项每年经济损失3000万元,天津六五期间因交通问题造成经济损失每年达5亿元。综合全国因交通问题而造成的经济损失将是十分惊人的。

二、根据我国国情应有解决自己交通问题的城市交通战略

各国为解决复杂的交通问题有各种不同的模式,不同城市也有解决自己交通问题的办法。如美国洛杉矶、底特律是充分发展小汽车的形式;墨尔本、芝加哥、哥本哈根采取了限制市中心的战略;巴黎、纽约是采取保持中心强大的战略;波哥大、卡拉奇是采取少划线的战略;而伦敦、中国香港、维也纳采取的是限制交通的战略。

我国是发展中的国家,由于经济发展水平与其他国家不同,社会制度也不相同,应有自己的特点。现阶段我们的特点是低消费水平,交通工具选择要与消费水平相适应,自行车作为个体出行工具符合现阶段一般群众的消费水平,因此自行车交通成为我国的重要特色,同时公共交通的发展也应放在优先地位。由于经济发展水平低,单位时间价值不高,为解决城市交通所付出的代价也不能过高,所以混合交通在今

天，甚至于一段时间内均是不可避免的。当前城市交通尚处在发展阶段，由于城市工业、商品经济都不是很发达，城市交通主要是内部的稳定交通。道路系统结构、客运交通结构、货运交通结构、交通管理结构等都比较单一，多为平面交通。上述各点都是在研究城市交通问题时必须高度重视的我国特点，只有根据这些特点才能制定出合乎我国国情的交通政策。

考虑具有中国特色的城市交通战略首先要考虑到这种交通战略要能充分体现社会主义特色，并且要与我国国民经济发展保持协调，同时要充分结合国情，以最小的代价获最大的效益。根据上述原则，我们的远期与近期交通战略可以有下述几个方面。

1. 我国近期的城市交通战略

近期战略首先要解决好自行车交通问题，要有明确的自行车交通政策，即充分发挥自行车优势，积极诱导自行车交通，努力改善自行车交通环境，自行车作为近距离交通工具（半小时以内），短期内很难被其他形式所取代。第二是要确定以公共交通为主的战略，积极发展快速的大众交通工具，如地铁 、轻轨、大站车、直达车等，逐步建立各种形式协调的公共交通体系，同时要完善为大众服务的公交系统。第三是要积极开展城市交通规划，挖掘现有道路网潜力，重视新路的配套建设，逐步完善多层次的城市道路系统；要实行城市交通综合治理，逐步提高交通管理水平；要使城市单一的混合交通逐步过渡到多元有机的综合交通。第四是结合城市土地利用，合理调整城市布局结构，向分散型的商业布局和多中心的城市结构发展，以均衡交通流量及其在时空上的分布，缓解市中心交通，这是我国城市交通又一少花钱而有效的战略。

2. 作为远期战略，主要考虑到 2000 年我国人民生活将达小康水平时，城市交通必然要发展一些新的变化，也带来新时期的交通战略

新时期的交通战略首先由于小轿车和其他机动个体交通工具以及汽车交通发展带来全面适应机动化交通的城市交通战略。因此需将要建立的自行车交通系统适应今后会转化为机动车区域交通系统的需要。要逐步加强静态交通网络建设，尽快地完善城市道路交通设施，努力提高交通管理技术水平，使之与这种发展相协调。根据世界上发展小汽车的经验与教训，我国还应实行适当控制发展的政策。第二，要逐步实现城市由平面交通向立体交通的转变，内部交通向市际交通扩展。这就是加速我国城市化进程与满足机动化交通高效能发展的根本战略。根据这个战略思想应该逐步建立市际之间的高速公路网络，促进合理的城镇体系形式，逐步建立城市内部与高速公路紧密相连的快速交通走廊和货物流通区。为了适应内外部交通发展，还应加速常规路网的配套建设，城市主要干道应逐步地实现立体化的快速交通，在大交通量的地段建立地面与地下相结合的人行系统，并加速城市综合交通管理中心的建设。

到 2000 年时预计特大城市出行时耗不超过 1 小时；大城市不超过 45 分钟；中等

城市不超过30分钟。城市道路面积率上升到15%，公交车由2 700人一辆增加到1 100～1 300人一辆，由每平方米13～14人，降至每平米7人。在客运方面仍然要注意贯彻大城市以公交为主小汽车为辅，自行车作为近距离的辅助交通工具，中等城市公交与自行车并重发展；小城市仍可以自行车为主；特大城市有条件的要逐步建立快速轨道交通；对特大城市、大城市摩托车与私人机动交通工具仍应有计划的控制发展。

三、关于城市个体机动交通工具及机动交通发展的有关问题

目前我国城市主要是混合交通，个体出行工具主要是自行车，全国自行车拥有量已有2亿多辆，是名副其实的自行车王国。城市自行车虽然仍在发展但已相对稳定，由于自行车现阶段适合我国城乡多数人消费水平，今后一段时期内仍然是近距离的主要出行工具，并且要延续相当长的历史时期。但自行车与机动车的混合交通带来很多复杂而难以解决的问题，对是否应该搞自行车专用道等问题都有待进一步论证。

城市交通机动化以及个体交通机动化等问题及发展趋势是大家所关注的问题。城市交通追求效率、舒适、安全，用新技术解决出行方式，世界各主要大城市已实现汽车化，小汽车已成为一种普通的出行工具而不是豪华的享受。80年代初全世界平均每千人拥有车70辆，美国537辆，日本208辆，南斯拉夫109辆，印度1.3辆，而我国千人只有0.26辆，远远低于世界平均水平，小汽车提高了生活节奏，改善出行条件，是20世纪物质文明的一大进步，但盲目发展也造成城市很多问题。由于我国长期以来采取限制政策，保有量虽有增加，但平均水平与世界距离很大，因此适当发展小汽车是完全必要的。

汽车工业是国家支柱产业，许多国家都从发展汽车产业中得到很多收益，美、日、南朝鲜、巴西都是如此。苏联、东欧这些年也调整产业结构发展小汽车生产。目前我国没有很好发展自已小汽车，而耗费大量外汇进口小汽车，这是发展中的失误。发展我国的小汽车生产对促进国民经济发展良性循环，必然有积极作用。

城市发展小汽车与个体交通机动化也是必然的发展趋势。过去小汽车没能发展的原因是国家资金不够，另一方面是群众不具备购车能力。随着经济发展人民生活水平提高，对这种需求必然增加，购车的单位及个人也必然增加。如工商企业有钱需要购车，并且不愿受行政级别限制确定购车资格；另一种是个体户和集体实业单位购车用于搞活流通发展生产。同时小汽车成为消费品，将会有部分小轿车逐步进入居民家庭取代自行车作为个体出行工具。目前城市公交结构趋于多元化，对出租车的需求也必然增加，这样可以作为公共交通的一种补充。1986年国家统计局对193个市、县、乡家庭进行调查，有2.8%的家庭希望在“七五”期间购买一辆万元左右小轿车，但因国家不能提供，同时能源供应紧张，道路条件差等，所以尚无法形成小汽车的商品市场。根据预测，到2000年城乡群众需小车700～1 000万辆（保有量），其中城

市可达 300～500 万辆，为目前数量的 15～25 倍。对这种需求趋势应有积极对策，但到 2000 年可能达不到这种生产能力，这样保有量将低于这个数字。综上所述，不难看出随着我国经济发展，人民生活改善，发展小汽车生产的必然性与必要性。

另外，从城市发展战略来看，发展小轿车也有一定积极意义。各国城市化的进程也伴随汽车化的进程，这已成为一般发展规律，因此城市化也必然促进汽车产业的发展。城市产业发展，人之间的交往，信息传递，社会活动频繁，也增加了对这种运量小，而且灵活方便的交通工具的需求。小汽车的普及与发展，有利于建立合理的城镇体系。目前一些小城市群距离不到100～200km，因没有便捷交通，相互不能取长补短，就难以进行专业分工，如胶东的烟台、威海、龙口、蓬莱中小城市群就是如此。同时城市发展自身结构会发生变化，也需要有便捷的交通工具。资料表明，当小汽车达到 80 辆/1 000 人时大城市集中将减缓；当达到 160 辆/1 000 人时，则出现效区化即逆城市化现象。由于小汽车快速、方便、舒适，可以实现门到门，同时城市之间，城郊等交通都能显示它的优势，因此发展一定轿车将有利于城市的合理布局，有利于城市运行机制向高效率、高质量变革，有利于城市交通多元化发展。

目前我国的城市现状要发展小汽车尚有一定困难。首先是道路面积率低，道路面积率只相当于发达国家的 1/3～1/4，而且道路不成系统，平交口多，大量混合交通，公共建筑的停车场及城市公共停车场少而且不系统。我国城市用地紧张，人均用地约 $100m^2$，如要适应到 2000 年的小汽车发展，需新增道路面积用地5%～10%，因此存在一定困难。我国城市布局、结构等均不适应小汽车时代的到来。一些城市建设很少考虑交通结构的变化，不适应小汽车将来的发展，缺乏快速道路系统，没有停车用地，加之商业、文化设施过于集中，单位、居民向中心集聚倾向明显。而发展小汽车最终导致城市形态发展松散，多元化。但初期大量汽车引入市中心。对市中心来讲，寻找停车场地将是极大的困难。此外，我国交通管理水平低，全国色灯控制路口相当于发达国家一个城市的数量。目前我国城市污染严重，小汽车增加也必然加剧这种局面。

综上所述，我国在今后 15～20 年是发展小汽车的前期，应研究城市与此发展相关的各种因素。同时要采取积极态度调整城市规划，完善交通政策，加强道路设施建设，以迎接这种变革，还应接受国外发展小汽车过程中的经验与教训，小汽车今后不会变成我国个体出行的主要交通工具，但可以作为一种辅助手段而得到应有的发展。

四、关于城市综合交通规划

为了有计划地进行城市道路交通建设与综合治理城市交通，使有限的建设资金能用在刀刃上，避免交通建设的盲目性与失误，制订城市综合交通规划是必不可少的。

目前沿海一些城市都进行这方面工作。从上海综合交通规划来看，主要有下述内容。即进行系统的交通调查(包括交通现状、居民出行、汽车出行、货物流通调查等);建立交通模型,结合城市用地规划、进行交通预测;提出适合上海情况的交通政策建议,提出综合交通体系方案(道路网、地面公交网络、地铁网络、货物流通系统、停车系统),建立交通评价系统,对方案进行评价,提出第一期建设项目建议和当前改善上海城市交通的措施,建立上海交通情报数据库。这项工作如果不做,城市交通建议必然带有极大的盲目性。一些城市城市用地与交通发生的关系十分不清,近期的和中远期的均缺乏定量的数据。一些城市讲有交通规划,而实际上是在依据不足情况下搞的路网规划,这与今天的交通规划概念相距甚远,一个城市的骨架道路系统只有是科学的有依据的才是合理的,只有具有科学的合理的道路系统一个城市才是好的,已做了总体规划的城市综合交通规划的课应该补上。

首先要解决好城市布局与交通规划的关系。随着汽车化的进程与现代交通的发展,必须在不同的用地方式中寻求一种土地使用与交通联系方式的最优组合方案。另外城市规划一定要适应城市交通发展,重视我国城市交通发展趋势。如我国的汽车化问题,城市快速道路的兴建,大城市的快速轨道交通等发展问题,这些交通技术的进步必然给城市各方面带来深远的影响。

搞综合交通规划,首先要引起领导部门的重视。要改变城市规划以建筑学为主的静态规划观点,改以土地使用与交通规划相结合、以城市生产、生活及其技术经济活动指导为主的动态综合规划观点。城市是有机的生命体,用地、交通、经济发展有其内在的联系,只有用动态的观点来研究它的规律,不断地对规划进行修正,才能适应不断发展的城市建设需要。

参考文献

[1] [英]W·鲍尔.城市发展过程.北京:中国建筑工业出版社,1981
[2] [苏]科尼连科.唐秀山,等,译.城市发展道路.北京:新华出版社,1984
[3] [苏]B·A拉夫洛夫.李康,译.大城市改建.北京:中国建筑工业出版社,1982

注:本文发表于《陕西建筑》1989年1期。

有关城市道路交通美学问题的一些思考

摘　要：学界有人提出交通美学这一概念，本文通过对道路美学的分析认为：交通是指人与交通工具在道路上流动的过程，有动态交通与静态交通，因此交通美学应探索上述二种交通形式所涉及的有关美学问题。

一、问题的提出

由于现代交通的发展，交通环境问题越来越受到人们的重视，交通环境的改善已成为刻不容缓的工作。十六届国际道路会议总结报告指出"城市中心交通拥挤加剧，公众对环境的看法的改变，使城市道路规划方针和交通组织发生根本变化"。环境保护，人性化已成为考虑一切问题的决定因素。国际经济开发机构(OECO)道路小组在1972年报告中指出道路发展的第三阶段是要在美学上、社会上、环境上求得经济适用的道路系统。该报告中还讲"有些国家已将美学问题列入环境保护的名目之下"，因此交通环境的改善有助于保护人们赖以生存的环境，对保证交通安全与提高运输效率也会有显著作用。我们正在进行四个现代化的建设，物质文明与精神文明均应在交通环境中得到体现，好的交通环境也反映我国社会主义的精神面貌。近几年来在国内一些学术会议上有些同志建议研究交通美学，我们就交通美学的含义与内容征询了国内一些专家的意见，但没有得到答复。1983年底日本加来照俊专家在哈尔滨座谈时，哈建院刘景星同志向加来先生提出这个问题，加来先生回答说他感到这个问题提得很好，值得研究，在日本他还没见到有关这方面作品，至于他个人，对此没有研究，故谈不出意见。1984年张秋先生来华讲学时也谈到了与上述相同的意见。笔者近几年在研究道路美学过程中感到交通环境中的道路美学问题与交通美学问题应该有所区分，现就这问题发表一些初浅意见。

二、关于道路美学与交通美学的一般讨论

什么是交通美学尚没有明确的概念，而道路美学研究的历史已很久远。但系统的研究还是高速公路修建以后的事，快速道路要求有保证快速与安全行驶的视觉线形，因此首先研究的是道路线形美学问题，就是路线自身协调问题，路线自身协调当然也含横断面协调问题，同时道路修建会给环境造成很大的破坏，所以也要研究道路

自身协调与道路与环境协调问题，并且还有土石方工程、挡土墙等工程的修饰问题。但最本质的问题是追求功能与美观的一致性。

研究道路美学与传统的建筑美学观点是有区别的，因道路是行人与车辆的通道(Path)，所以道路美学是一种动视觉艺术，动视觉是它研究的基础，研究驾驶者与乘座交通工具的人对路线及环境的印象是它的重要内容。道路美学问题的形象化就是动态过程中的道路景观，也就是交通工具中的人或行人视觉中道路及环境的四维空间形象。

因道路美学是动视觉艺术，所以交通工具的种类、速度的差异和交通工具条件对视线、视野的影响都关系到人们对路线及环境的感受与印象，因此对道路美的研究离不开交通工具自身特性和它运动过程的特性。交通组织，交通设施及交通安全等方面因素均能影响交通工具的运行状况，这种运行状况的变化又影响着人们对交通环境的美感。(美国)实用公路美学一书中讲到美学、驾驶人员动态与公路安全；(苏联)《公路美学》一书中也有这个内容，不论道路多美没有运动中的安全感在美学上是不可能满意的，安全关系到人的感情影响美感。对道路美的感受是离不开交通问题的。道路美与交通美不能一刀切：但是它们是有区别的，道路美学主要从动态角度研究道路设计的美学问题(也包含路外人的印象)，而交通美学主要是研究交通环境中的动态景观以及影响这种动态景观的各种元素。

交通从广义上来讲有铁路、公路、城市有轨交通、水运、航空等运输方式，广义的交通美学就包括这所有方面。而交通工程(Traffic Engineering)主要指的是道路交通工程，因此从交通工程角度而言应指的是“道路交通美学”。开始已讲了一些国家已将美学列入环境保护的内容，对环境的感受是通过人的五官，如污染与口、鼻有关，噪声与耳朵有关，而眼睛感受的是视觉环境，交通环境保护包含着视觉环境，这就是交通环境中的美学问题。目前上海同济分校，哈尔滨建工学院都有在交通工程中加进交通美学的想法，这也说明交通环境中的美学问题已开始引起人们的关注。

三、关于道路交通美学的概念及内容探讨

什么是道路交通美学有以下两种设想：

1.第一种设想——道路交通空间美学

这种设想认为从城市空间来看可以分为建筑空间、交通空间、开放空间，其中研究交通空间美学问题的就是交通美学，而研究道路空间的美学问题就是道路交通美学，它是交通美学的分支，它主要研究交通空间视觉环境中对美观有影响的各种因素，从这一概念出发道路交通美学主要有下述两方面内容：

(1)道路上的交通工具、交通设施、交通管理、人流等和交通路线有关的动态和静态景观问题，即交通路线外的人对交通环境的印象及乘座交通工具的人和行人对交通环境美的感受。

(2)道路自身的美学问题，它主要是从动视觉的概念出发，研究路线自身协调和路线与道路环境的协调问题。它包括用路者对道路环境的印象与路外人对道路宏观的印象。

上述设想是从空间环境角度来区分的，这种分法包含道路美学与道路上交通工具和行人的动态景观美学问题及静态交通的美学问题，它的特点是道路美学是交通美学的一部分。

2.第二种设想——交通运输美学

这种设想认为道路美学与道路交通美学应有不同的概念，即道路美学不属交通美学范畴。

道路美学主要研究的对象是路，它的特点是从用路者的动视觉特性研究路线几何设计和道路与环境协调(动观)，也包含路外人对路线与环境的印象(静观)，它的美学内容是属建筑美学的范畴，不属交通美学讨论内容。

交通是指人和交通工具在线路上的流动过程。从这概念出发可以认为交通美学是指路线上的人流、货流、客流在路线上所形成的动态景观，是行人对交通环境的印象以及乘座交通工具的人在运动过程中对环境的印象，也包含交通路线以外的人对交通环境的印象。那么交通美学不是研究道路的建筑美，它研究车流、人流在交通路线上动态景观，而这路线是指的动线和动线网路，这种想法我已在"公共交通与城市美学"一文中做了阐述。其他就是静态交通美学问题。笔者倾向于研究交通美的问题可以采用第二种设想，为了便于和第一种概念(道路空间交通美学)区分，可以理解它是交通(运输)美学，并设想有下述几方面内容(见图1)。

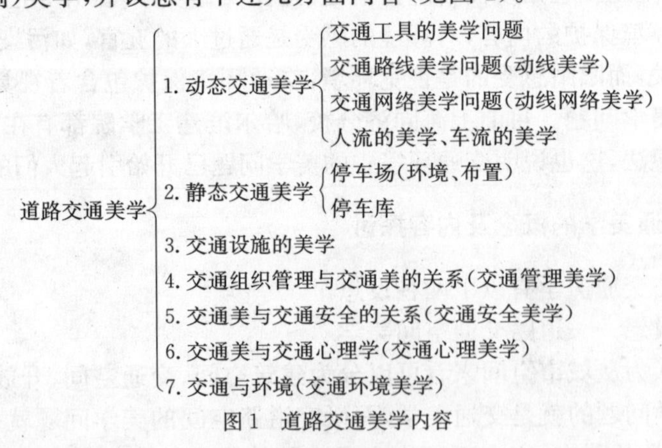

图1 道路交通美学内容

四、对道路交通美学的主要研究内容的一般阐述

(一)动态交通美学

(1)交通工具的美学问题：交通工具是交通环境的主要视觉因素，运动中的交通工具是最引人注目的动态景观。所谓交通工具美学问题重点有三个内容，一是交通

工具的造型(已有这方面专著),二是交通工具的色彩,三是交通工具要充分考虑司机与乘车者的视觉。

(2)人流:人群是交通环境中的重要视觉因素,也是一种壮观的艺术,而吸引人的部分是人群的穿着,随着物质文明的提高,穿着的色彩也将丰富起来。因此人流是交通环境中极其动人的景观,人群的秩序以及交通环境中的安全感是交通美学中人流部分的主要问题,也是物质文明与精神文明的厨窗。

(3)交通路线与交通网络

交通路线是交通的要素,对公路交通而言交通路线与道路路线方向是相同的。其中路线的交通环境、道路的交通条件,以及道路纵向及横向的干扰均影响交通工具在路线上运动的规律。

对城市来讲道路及道路网和交通路线、交通网络不一定相同。而交通路线及网络对观察城市及对城市的印象关系密切,用动线及动线网络的概念说明交通路线与城市美的关系问题,笔者在“公共交通与城市美学”一文中已详细的做了分析。交通路线周围的环境、景点等对交通环境均产生一定影响,要利用交通路线及交通网络组织环境中的景色,交通路线涉及人们对环境观察的顺序和印象,路线应有明确的方向性,并应赋予它一定特征。此外交通路线的便捷、舒适也是和美感联系在一起的。

交通路线上的美学还和下列因素有关:

①车速:它和交通环境在人们头脑中持续的时间有关,快速交通可以把相距较远的印象联系在一起,特别是车速相差较大时同样的环境也可能印象不同。快速交通对周围环境是模糊不清。目前国外路边的建筑或一些大型雕塑在尺度、造型等是和速度因素有关的,这可算作“汽车时代”的产物。国内曾经报导过北京机场路拟建雕塑群,笔者认为这条路线是以通行汽车交通为主的,这些群体的尺度等等如不考虑车速的因素,雕塑再多,造型再美也很难使人获得对它们的印象。

②流量、密度的影响:密度大,车辆间距小使得前面车辆挡住后面车辆的视线而形成视线上的屏障,因此车辆之间除了有安全距离之外,如果从司机视野考虑前面车辆在视野中所占比例不应过大,车辆拥塞影响驾驶者与乘车者的美感。

动态交通美学应包括在交通工具中的人对交通环境的印象和路线以外的人对交通环境的印象两个方面,因此车速高、流量大给路外人一种壮观的流动感,多数人对这种景象赞叹不已并认为是时代象征之一。

(二)静态交通美学问题

车辆停放是静态交通美的主要问题,特别是路边停车是静态交通的大问题,目前对停车场的设置没有引起足够的重视,尽管交通管理部门对车辆停放加以种种限制,但因缺乏停车场的系统规划设置,乱停乱放妨碍交通,影响美观的情况仍到处可见。停车场、车库、多层停车楼等是交通环境的组成部分,应有足够的停车场地,要有合适的位置,并与好的环境相配合。特别是大型停车场与建筑更是 20 世纪的交通景色和城市景色，要重视路边停车场及大型建筑前的停车设置，同时现代化的多层停车库问题已提上日程，这一切除注意功能上的效果以外，还应十分重视它们的美学问题。

(三)交通设施美学问题

交通环境中的标号志与交通安全关系密切，其尺度、造型、色彩对交通环境景色有直接影响。各种整齐的道路划线增加了交通环境美感，划线对组织交通，诱导视线，保证行车安全有重要作用，划线能创造良好的交通秩序，并使车辆行驶井井有条，因此划线对交通环境作用十分显著。近年来城市和郊区公路使用的各种造型的隔离墩、栅栏均是交通美的一部分。

(四)交通组织管理的美学问题

交通法规、交通组织管理会带来良好的交通环境，道路划线，车辆分道行驶，左右转弯车道的设置，是否是混合交通以及交通上的综合治理等措施都影响交通美，良好的交通组织管理才能带来交通的畅通，才能有好的交通秩序。交通混乱、拥挤、阻塞是不会有美感的。

(五)交通安全与交通美

好的道路，好的交通设施，好的交通环境并有良好的交通组织管理能为交通安全带来保证，没有安全感也就没有交通美的感受。

(六)交通美学与交通心理学

交通环境、车辆、人流以及交通中诸因素是否能使人产生对交通环境的美感和人们的心理状况有关。如交通拥挤、车辆抢道、车速太慢均影响人们的心理状况和情绪，这种情况下道路两侧环境再好也不会产生对交通的美感。交通美的感受与人们的情感密切相关，如繁华闹市中车水马龙的交通环境有人感到振奋，而有人感到厌烦，各种交通环境美与不美各人会有不同的评价态度。

(七)交通与环境

要有交通美则环境美是必要条件，没有好的环境就妨碍对交通美的感受，这环境包括交通空间及边界的视觉环境和对交通污染的种种防护措施等。

五、对交通美的评价问题

对交通美的问题应该有比较客观的评价，是否可以采用下述方法。

1.采用交通环境评价矩阵

对交通环境美应尽可能比较客观的进行评价，能否将对交通环境能直接施加影响的人、车等因素列入横座标，而把对交通环境美产生影响的其他因素列入纵座标，两者之间有关系的项目在各栏内斜线中表示。采用这种矩阵能否比较客观的评价交通美可以进一步探讨。

2.评分法

对交通环境中诸因素按其对交通美的影响程度分别记分，以获得对其整体印象的总评价。

3.特尔斐法

这是一种预测的方法,我们也可以借用此法用来评价交通环境的美学问题,因每一位专家都可以根据自己的经验做出综合的判断与评价,这也可以做为一个手段。

参 考 文 献

[1] 美国土木工程师协会公路分会公路路线几何与美学委员会. 实用公路美学. 北京:人民交通出版社,1981

[2] 熊广忠. 公共交通与城市美学(公交的交通美探索). 陕西建筑,1984,1

[3] Two-Lane raurl roads design and traffic flow——A REPORT PREPARED BY AN OECD ROAD RESEARCH GROUP, JULY 1972

[4] 〈英〉百科全书"城市设计"译文. 城市规划参考资料[23],1981,7

注:本文1984年5月发表于《汽车运输研究》杂志。

公共交通与城市美学

——公交交通的美学探索

摘　要:城市美学问题已为社会所瞩目,社会主义的精神文明与物质文明要求我们建设具有中国特色的社会主义的新型城市,在城市中发展公共交通是举世一致的看法。对公交系统的评价问题功能是第一位的,但也应同时考虑公交与城市美学的关系即公交的交通美学问题,并探索城市公共交通在功能上与城市美学要求的一致性。

一、交通路线与城市美学的关系

1."公交"与城市图像

一般认为构成城市美的5个因素是路(Path)、边界(Edge)、区域(Ditict)、中心点(Noode)、目标(Landmark),也就是衡量城市美的五个尺度,而其中路就是指的动线网络(Net Work)包括水路、有轨交通等。步行者或乘坐交通工具的乘客在道路上有方向性,连续性的运动过程中获得对城市的印象。其余4个因素要通过路与交通手段才能达到或体验到。人们乘坐交通工具以不同车速经过街道,可以得到不尽相同的印象。

交通路线设计的重点当然是旅客运输的有效工作。这是它功能的一方面。人们乘车经过城市就是认识与观察城市。交通路线涉及对城市观察的顺序与速度。因此它对城市或城市一部分印象的形成是十分重要的。乘客通过车窗观察街景,由于现代化的交通工具可以把相距较远的感受联系到一起,而较快的得到对城市的总印象。当然这种感觉也是有选择性的,也会由于交通路线不同而得到的印象不同。这种认识与印象的积累和反复便形成人们脑海中城市的形象(可能是正确的也可能是片面的)。

道路网是城市图形的骨架,道路是认识城市的媒介,而依附科学合理的道路网络的交通路线系统是人们认识城市的手段,新型的交通工具,由于速度的变化带来新的视觉上的特性改变了城市设计的尺度与概念,反过来交通路线的设计也得适应新的"城市化"概念的需求,这一切是相辅相成的。

2.公交是城市大众化的现代交通工具

公共交通是我国城市大众化的现代交通工具，对城市设计中的交通问题有重要地位。但现代城市设计没有注意公交乘客的视觉，目前我国私人小汽车较少，公共交通就成为群众出行主要的机动交通工具，它是本地（特别是外地）乘客作为观察与了解城市的一种手段之一。

公交路线网络合理的布设可促进城市功能与公交优势的发挥，可以使城市客运交通井井有条，反之客运拥挤，妨碍城市生产、生活，给社会秩序造成混乱，对各方面则产生很大影响。

3.对公交的印象与城市美的关系

对公交的印象不只是车辆外观，更重要的是其服务质量，公交给人们印象的好坏是人们对一个城市美感的一个方面，那么公交的方便性、可靠性、舒适性、经济性以及乘务人员态度好坏是人们对公交印象的主要方面。

方便性——是运输服务指标，如交通频率，行车线路系统及其分支的程度，交通联系的直达状况和正常外出时间的节省情况，以及服务时间长短等。目前城市自行车猛增其中原因之一就是公交方便性差，并造成一种恶性循环，天津就是一例，北京、上海则较好。

可靠性——要正点运行，这是公交信誉的关键之一，有时数十分钟一辆，要来就是 3～4 辆，这种情况过去经常见到，使得乘客怨声载道，可靠性可以使乘客更有效的利用时间以发挥时间的效益，要十分重视。

速度——公交车要有一定的速度，乘车希望快是乘客的一般心理状态，由于交通拥挤，交叉口延误，有些地方车速很低。“公共汽车不如自行车快”已被认为是城市一“怪”。加之车内拥挤，上下困难增加了行程时间，因此适宜的速度才能发挥公交的优势。

舒适性——很多地方乘车是受罪的，夏热冬冷，拥挤不堪。

具有起码的舒适感的线路可能有，但很少。目前的舒适不是要有豪华巴士的水平。而是希望能坐或站立不挤，这应是舒适感的最低标准。

经济性——要求有适宜的票价。公共车辆月票比较便宜，但外地旅客往往办事或游览城市所花车费很多，假若有一日票或数日票，持票几天内有效，对乘客方便、经济也一定会受欢迎。

服务态度——车内拥挤，舒适性差，服务人员态度好些可以改变公交的形象，至于与乘客吵架，殴打乘客，车上不报站名，甩站等等，都影响服务质量。

公交的质量与人们生活密切相关，是人们对城市美在感情上的直接体验。公交的水平反映城市的物质生活水平，也反映社会的精神面貌。根据我们现有的经济水平，加之科学的管理可以在功能上与美观上创造具有社会主义两个文明、具有中国特色的公共交通美，为社会主义增添一份美的色彩。

4.公共交通美学问题要列为对城市公交系统的评价内容。

城市公共交通的美学问题是人、车、路和环境组成的动态系统，在公交评价的指标系统中，公共交通的美学问题评价应作为评价指标之一，其内容为公交路线网络的美学评价与公交车辆，车站及路线上附属设施与环境协调的美学评价。

公共交通是多目标、多功能的系统，而道路是观察城市的窗口，公交又作为认识城市的手段，那么在城市公共交通系统的总体规划中，就应该考虑这问题，我们不能是纯功能主义，美学问题关系到人们生活质量与两个文明建设密切相关，人们随着生活水平的提高逐渐注重“行”的舒适性与美学上的问题，因此评价中有公交美学内容是社会需求，也是环境因素所决定的。

二、公共交通的乘客视觉特点

目前在不同车速下的驾驶员视觉特性材料不少，但司机与乘客对城市所获得的印象是有区别的。20世纪由于汽车的发展过去慢速交通变为快速，因此时间的概念带进了城市美学，城市的街道艺术对乘车者来讲成为一种动态的视觉艺术。这种视觉和乘坐的交通工具性质，运动的速度，车辆在道路上的位置，乘客在车中的位置(坐或站)以及乘客受到公交车辆窗口限制的视线范围有关。

目前城市设计已认识到交通路线对城市印象的重要性，但由于国外小客车盛行，并不重视公交车辆与乘客的视觉要求，甚至认为公交车辆的乘客往往想不到欣赏景观(注:见英百科全书中“城市设计”交通路线一段)。

本文不准备讨论乘客在不同交通工具中及不同车速下的视觉特性，但认为乘客要求看到城市面貌并通过乘车欣赏街景，这是乘客的一般心理状态。外地乘客注重城市风光，市面繁华的景象，留心车辆在路线上的位置，注意自己的到站。并观察行人注意他们的衣着，本地乘客关心更多的是迅速到达要去的地方，当然也注意街景、商店、厨窗并看“热闹”(有人认为街道上的人群、五颜六色的穿着，商业区的行人熙熙嚷嚷是壮观的艺术)。旅客对城市关心的重点是风景点，主要商业街道……。而对城市的大部分印象是从乘坐公共交通的视觉中获得的，乘坐公交观察城市是对城市艺术的一种连续不断的审美体验。

因此从车辆设计到路线布置要求都应适合乘车者特别是站立者的视觉，这是和我国的公交作为大众化的机动交通工具这一特点相一致的。

三、考虑城市美学要求的公交路线网络

城市公交网络的形状取决于生产、生活和文化娱乐活动等的客流分布情况，这些是网络构成的主要因素。公交网络依附于道路系统，而城市道路格局的含义在规划过程中包含着城市运输系统的格局(客运、货运)，是城市设计的骨架，对城市各项活动进行分类，考虑它们的联系，再进行权衡是设计的主要技术制约因素之一。所以在城市道路公交路线网络设计上交通功能是首要的。但这些要求并不是不可变的法

则，作为交通网络系统应该考虑它是多功能的，因此通过公交网络认识城市，看到城市美。这是以城市设计角度对公交路线提出的要求。

1. 考虑城市美学要求的公交网络

前面已经讲了依附道路系统的公交网络是人们应用现代交通工具获得对城市完整形象的一种手段。路、区、边缘、标志、中心这五个城市图象的形成因素都离不开交通，而其中标志(目标)则是全市最瞩目的地方，如上海的海关、国际饭店、南京鼓楼、西安钟楼、郑州二七纪念塔等。公交路线所经过的街道如能看到这些标志可以加深人们对城市的印象。同时在其他地方看到标志也便于人们识别在城市中的位置。至于中心它不同于目标，没有明显的标志，它是人们在城市中的活动中心，一个城市有一个或几个中心，人们对中心的印象也是人们构成城市完整图象的一部分。北京长安街，有顺路向公交 16 条，穿越长安街的也有 14 条，这些有利本地乘客乘车到达北京中心地带(天安门广场，王府井及前门大街)，而形成人们对城市的一种初步印象。南京主要公交线路经过中山路、古楼、新街口广场同样可以形成对南京的印象。一条街道上公交路线多可能有很多问题，但从人们了解城市心理上的需求和城市美学原则来看，城市主要线路能经过中心或其附近能看到目标(标志)或经过比较方便的换乘可以达到上述目的，这就是交通功能的需要与城市美学相结合的基本原则。城市公交网络及线路评价应有上述因素，在网络的最优方案中也必然存在着考虑上述美学需要的最佳系统。

区域、边界是城市图象中另两个元素。“公交”是容易得到对于区域的概念，至于区域的边缘，有的公交路线上也可以看到，从城市美学的角度看，公交线路经过城市的有特征的区域越多，那么对城市印象也就越深刻，这是衡量路线布局好坏的又一因素。

此外一条路的起终点，最好是公园、广场，有名的建筑或地点，如西安叉路原是火车站到大雁塔，这样路线关系明确，并赋于路线明显的特征，同时每条路可能有自已的特征，一条公交路线频繁的变换道路就容易失去这些特征在人们脑海中的印象，并造成形象上的某种混乱，各城市有自已的特色，从公交上看到城市的特色也应是公共交通美学问题考虑的一条原则。如青岛莱阳路上可以看到海滨城市景色，这就是很好，而苏州交通路线上使人很难感到这是水乡城市(当然有道路网的问题)。

2. 路线两边的景点序列

交通路线两边可能有不少景点，在路线上看到的景点越多越容易满足人们认识城市的要求，并加深对城市景观的印象。因此城市公交路线布置也应考虑景点构成序列的因素，南京中山码头至建康路上公交线路从长江之滨开始，接着看到热河路广场渡江胜利纪念碑、绣球公园、狮子山、南京古城挹江门、山西路广场、古楼北极阁、市府前的花园、秦淮河边公园。都是一些很有名气景点，加上绿化出众的北京东路与太平北路，从美学上看是一条景点很多并构成序列很有特色的路线。

3.要有一个方便游览的交通网络

由于生活水平提高,国内已兴起旅游热,一些名城游人如云。而游人主要的工具是公交车辆。有人反映南京交通很好,只要上车一天就能把想去的地方都去了,也就是上了车就象上了一个系统可以达到任何目标,并以明确、便捷的线路和最少的换乘到达要去的地方,中间线路重复最少并很便利的返回原处。不少城市这方面注意不够,如把距离稍远的景点或风景区等作为起终点是会受到游人欢迎的。目前城市中一日游、二日游……,很多,但不少人以为不经济而去乘公交,南京公交的游1、游2串联大量景点,而苏州众多园林没有一个很好的公交网络把它们组织起来。若组织得好,可以形成对这些景致的连续印象,也正是公交对城市美学的作用。

4.城市交通图要反映公交网络与城市的关系

对于城市商业中心、区域中心、政府部门、大医院、风景区、名胜古迹等等,他们之间的交通路线要体现在城市交通图中,使人一目了然(路线组织得好是一目了然的关键)。

四、公交车辆、公共交通设施与城市环境美

公交车辆及公交设施是城市美的一部分。中央批准了北京等城市的总体规划,很多地方城市建设规划也逐级得到批准,城市建设现代化的步伐将会加快,公交系统的一切要与城市建设相适应。

1.公交车辆颜色要与城市景色相协调

公交车辆的造型、色彩、舒适感是车辆给人美感的直接印象。国外吉普尼、大蓬车和有些地区的公交车上面涂着五颜六色的广告,充满了商业色彩,没有美感。目前公交车辆已开始改变了数十年一贯的红色,这样很好,车辆的颜色要注意与交通空间环境的协调。上面的图案线条要简洁清晰不要使人眼花缭乱,要使其成为城市动态的景色中最生动的一部分。

2.各种路线车辆的易辨性

车辆的颜色要使乘客容易分辨是单位交通还是公交车,在一条街道上还应从车型或颜色上区别车辆的线路,这就是公交车辆的易辨性。一些地方各种路线车辆不易辨认,路线标记也不明显,致使一些外地乘客错乘,一条路线的车辆除色彩上一致外还应在车型上尽量统一。

3.站牌

站牌是城市街头小品,还适用的前提下注意造型与色彩,要请专业人员协助设计。站牌应有城市图形以及反映路线在城市中的位置,目前一些城市站牌没有这样做,甚至只有一条横线,东西南北也分不清。对不熟悉的乘客很不方便。站牌还应标明首尾车时间,甚至末班车已过也应显示。要考虑乘客的心理与需求,尽可能从站牌上体现对乘客服务细致的人文关怀。

4.停车站、调度室、路边停车场

停车站在街道上的位置要统一,有的上下行在不同路线上设置不一致,致使乘客找不到车站。车站的雨(凉)棚也是街头小品。哈尔滨公交车站在路线上的雨棚造型各异很有特色,值得借鉴。

调度室,起终点的停车场是城市交通环境的组成部分,目前许多车辆在街道上停放妨碍交通影响美观。哈尔滨火车站和友谊路两处调度室造型优美,在不同的环境中体量适度,又具有浓郁的地方特色与环境配合十分协调,是城市公交调度站中考虑到交通美学问题的极好范例。

公交与城市美学关系密切,关系到对城市的印象及生活质量。这里提出的只是一些原则性想法,与实践有些方面还有一定距离。城市美学,交通美学均十分重视交通对城市美学的作用,作为城市公交应探索应用这些美学原则的途径,以达到公共交通在功能上与城市美学上的协调,并以此作为对公交的评价标准之一。

参考文献

[1] 熊广忠.城市道路美学研究与应用.西安公路学院学报,1984,4

[2] (英)百科全书"城市设计"译文.城市规划参考资料[23],1981,7

注:此文发表于1984年陕西建筑第一期,并刊于《全国公交系统工程学术讨论会论文选摘要》。(大会宣读)